新工科建设·计算机类精品教材

计算机软件技术基础

主　编　陆　熊　孔德明　陈　燕
副主编　储剑波　田祥瑞　黄晓梅

電子工業出版社
Publishing House of Electronics Industry
北京•BEIJING

内容简介

本书系统地介绍了计算机软件设计和开发所涉及的核心基础知识。全书共3部分，第1部分（第1～4章）介绍了基本数据结构的概念、运算和应用；第2部分（第5～9章）介绍了操作系统的基本功能和实现原理；第3部分（第10～14章）介绍了软件工程技术基础。全书的数据结构和算法采用C语言进行描述。

本书针对高等院校理工科非计算机专业"计算机软件技术基础"课程的教学要求编写。本书可作为理工科非计算机专业本科生和研究生的教材，也可作为广大计算机软件开发和应用科技工作者的参考书。

图书在版编目（CIP）数据

计算机软件技术基础 / 陆熊，孔德明，陈燕主编. —北京：电子工业出版社，2023.11

ISBN 978-7-121-46781-3

Ⅰ. ①计… Ⅱ. ①陆… ②孔… ③陈… Ⅲ. ①软件－技术－高等学校－教材 Ⅳ. ①TP31

中国国家版本馆CIP数据核字（2023）第228413号

责任编辑：杜　军
印　　刷：天津嘉恒印务有限公司
装　　订：天津嘉恒印务有限公司
出版发行：电子工业出版社
　　　　　北京市海淀区万寿路173信箱　　邮编　100036
开　　本：787×1092　1/16　印张：17.5　字数：437千字
版　　次：2023年11月第1版
印　　次：2023年11月第1次印刷
定　　价：59.00元

凡所购买电子工业出版社图书有缺损问题，请向购买书店调换。若书店售缺，请与本社发行部联系，联系及邮购电话：（010）88254888，88258888。

质量投诉请发邮件至zlts@phei.com.cn，盗版侵权举报请发邮件至dbqq@phei.com.cn。

本书咨询联系方式：（010）88254556，dujun@phei.com.cn。

前　言

随着计算机技术的飞速发展，其应用已经深入社会的各个领域和人们生活的各个方面。作为新一代信息技术的灵魂，计算机软件是数字经济发展的基础。以人工智能、大数据、区块链、虚拟现实和元宇宙等新兴技术为代表的全球新一轮科技革命与产业变革对计算机软件人才的培养提出了更广泛和更高的要求。

在高等院校理工科非计算机专业学生的知识结构中，除要求学生掌握计算机的基础知识外，还应培养学生具备较深入的计算机系统知识、软件应用和软件开发能力。只有使学生既掌握本专业知识和技能，又能使用计算机解决本专业领域的复杂工程性问题，才能将他们培养成为新世纪的综合型、创新型和复合型人才。

计算机软件技术基础涵盖的课程知识较多，本书从实用的角度出发，针对高等院校理工科非计算机专业学生应掌握的计算机软件技术的实际需求，选编了数据结构、操作系统和软件工程这 3 部分内容。这 3 部分内容是计算机软件技术中最基本的内容，它们既是独立的，相互之间又存在必然的联系。

（1）数据结构是计算机软件开发人员必备的基础知识，在计算机软件开发中，常用到各种数据结构及相应的算法。

（2）操作系统是整个信息技术领域中一块极其重要的基石，只有了解了操作系统的基本工作原理、内部的体系结构，才能更深入、更高效地开发一些系统软件和应用软件。

（3）学习计算机软件知识的最终目的是能有效地开发软件，软件工程即指导人们在开发软件的过程中应遵循的规范、采用的方法和技术，以及如何编写相应的文档。

本书对这 3 部分内容进行了详细、全面的介绍，以基本内容为主线，同时介绍了国内外相关技术的最新发展情况。编者在编写时既力求保持各部分的系统性，又强调内容通俗易懂、图文并茂，以及理论结合实际。书中各部分相对独立，自成体系，授课时可根据专业需要在次序和内容上进行任意调整，酌情取舍（有的内容可供学生自学）。每章之后均附有小结和习题，帮助学生进一步掌握和巩固所学知识。同时，应注意计算机是一门实践性、操作性很强的学科，应配套相应实践性环节来提升和巩固所学习的理论知识。

本书由南京航空航天大学自动化学院教师编写，由陆熊组织并统稿。编者以自编讲义版本为基础，总结多年的教学经验，并汇总南京航空航天大学自动化学院历届学生宝贵的反馈意见，进行了系统的编写。其中，第 1 部分由孔德明总体负责，陆熊（第 1 章和 4.2.5～4.2.7 节）、孔德明（2.1 节和 2.2 节）、田祥瑞（2.3 节和 2.4 节）、黄晓梅（第 3 章）、储剑波（第 4 章）参与编写；第 2 部分由陆熊总体负责；第 3 部分由陈燕总体负责。

在本书编写过程中得到了南京航空航天大学自动化学院和课程组教师的大力支持与帮

助，在此特别感谢陈鸿茂、施玉霞和万晓冬 3 位老师。此外，对课题组历届参与全书 C 语言程序验证的多位研究生表示感谢。

由于时间仓促，加之编者水平有限，书中难免有不足之处，恳望读者批评指正。

编者

2023 年 08 月

目　　录

第1部分　数据结构

第 2 部分　操作系统

第 3 部分 软件工程

第 1 部分　数据结构

第 1 章　概述

自 1946 年世界上第一台通用数字计算机 ENIAC（Electronic Numerical Integrator And Computer）诞生以来，计算机科学应运而生并飞速发展。如今，计算机已经广泛并深入应用于人们生活的各个领域，并且正以万物互联、大数据、云计算、人工智能、元宇宙，以及人机物融合与交互等新的应用场景改变着人们的生活方式，促进社会科技的进一步发展。

1.1　计算机软件技术

计算机系统可以分为计算机硬件和计算机软件两部分，它们密不可分、相互依存、相互促进。硬件是软件存在的基础，是软件运行的物理环境；软件是硬件性能发挥的关键，是对硬件的扩充。它们共同定义了计算机系统在各类应用中的功能。

随着超大规模集成电路技术的发展，计算机硬件技术的发展日新月异。以 Intel 台式机处理器为例，1978 年的 16 位 8086 处理器的主频为 4.77MHz，而 2022 年的 64 位 13 代酷睿 i9-13900KF 处理器（含 8 个性能核和 16 个能效核）的基本频率为 3GHz、最大睿频频率（主频）为 5.8GHz，仅工作频率就提升了近 1216 倍。

计算机硬件技术的发展也促进了计算机软件技术的迅速发展。从狭义上定义，软件就是计算机程序；从广义上定义，软件是包括程序、数据和文档 3 个要素的完整集合。计算机软件种类众多，可以分为系统软件、应用软件、工程和科学计算软件、嵌入式软件、生产控制过程软件、互联网和移动终端软件、人工智能应用软件等。对于这些不同应用领域和不同类型的软件，它们的开发过程往往需要各种不相同的技术。但是，这些软件的开发过程都涉及最为基础和核心的 3 部分内容，即数据结构、操作系统和软件工程。

1．数据结构

虽然早期的计算机软件主要用于科学计算，但现今绝大多数计算机软件的主要任务变成了对各类数据进行存储、获取、处理和管理等，即用于处理各类非数值计算任务。相应地，计算机加工处理的对象已经由科学计算中的数值扩展到各类应用中的字符、表格、语音、图像和视频等各种具有自身结构的数据。

研究如何在计算机中有效地组织和存储这些具有不同结构的数据，提高操作处理的效率，就是数据结构的主要内容。针对具体应用问题，只有选择合适的数据结构，并结合高效的算法，才能开发出高质量的计算机软件。

2．操作系统

作为对计算机硬件的首次扩充，操作系统是计算机系统中最重要的系统软件，是配置在计算机硬件上的第一层软件，也是其他各种软件运行的软件环境。操作系统通过有效地控制和管理计算机中的硬件和软件资源，合理组织计算机工作流程，为用户和各类其他软件充分而有效地使用计算机提供各种服务。

计算机软件在运行过程中往往需要借助各种系统调用接口，与操作系统内核进行深层次的交互，以便高效地完成相应的处理任务。

3．软件工程

软件工程是将工程领域中的概念、原理、技术和方法应用于计算机软件开发和维护的一门工程学科。软件工程通过各类软件开发过程模型和适用于软件开发各阶段（问题定义、可行性研究、需求分析、软件设计、软件编程、软件测试和软件维护等）的软件开发方法，以及各类软件开发工具，为高质量的计算机软件开发提供了有力保障。

1.2 数据结构的概念

计算机在处理一个数值计算问题时，一般需要经过以下几个步骤：①根据相应学科领域的客观规律，从具体问题中抽象出一个合适的数学模型；②设计一个求解该数学模型的算法，选择合适的编程语言（如 C 语言、Java 语言和 Python 语言等）编写源程序；③将具体问题的已知条件作为输入数据，通过测试、调试和运行程序，最终得到问题的答案。在这类数值计算问题中，计算机软件的处理对象是纯粹的数值。

前面提到，随着计算机技术的发展，计算机的任务进一步扩展为对不同应用领域中数据（数值、字符、表格、语音、图像和视频等）的存储、获取、处理和管理等。在这些任务中，如何快速且高效地（如程序代码容量小、运行所需存储空间小等）完成任务是计算机软件性能评价的重要指标。

例如，某单位的田径赛时间安排问题：设有 6 个比赛项目，每位选手至多参加 3 个比赛项目，有 5 人报名参加比赛，如表 1.1 所示，要求编写软件设计比赛日程表，使得比赛在尽可能短的时间内完成。

表 1.1 田径赛项目名单

姓 名	项目 1	项目 2	项目 3
选手 1	跳高	跳远	100 米
选手 2	标枪	铅球	/
选手 3	标枪	100 米	200 米
选手 4	铅球	200 米	跳高
选手 5	跳远	200 米	/

如果使用如下6个符号分别代表不同的项目：A（跳高）、B（跳远）、C（标枪）、D（铅球）、E（100米）、F（200米），则表1.1可以转换成如表1.2所示的形式。表1.2所包含的信息可以用连线图来表示：图的顶点代表比赛项目，在不能同时进行的比赛项目之间连上一条线。显然，某位选手报名参加的多个比赛项目不能同时进行，即这些比赛项目之间需要有连线，如图1.1所示。

表1.2 符号化的田径赛项目名单

姓　名	项目1	项目2	项目3
赵　一	A	B	E
钱　二	C	D	/
孙　三	C	E	F
李　四	D	F	A
陈　五	B	F	/

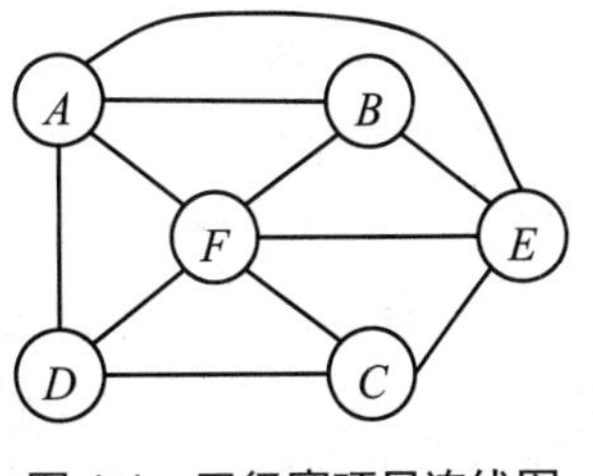

图1.1 田径赛项目连线图

根据图1.1及比赛日程的设计要求，两两之间没有连线的项目可以安排在同一时间段内进行，因此田径赛的比赛日程表需要4个时间段，如表1.3所示。

表1.3 田径赛项目安排

时 间 段	项　　目
1	A、C
2	B、D
3	E
4	F

在该例中，根据数据（见表1.2），以及数据之间的约束关系（数据的逻辑关系）建立了连线图，用它来描述数据之间已经定义的各种逻辑关系。采用适当的方式将如图1.1所示的连线图输入并存储在计算机中，通过适当的算法编写软件，就可以输出最后的结果，如表1.3所示。这里的原始数据和最终结果都不是数值数据，而是一些广义的数据及其之间的关系。

因此，分析不同问题中数据内部之间的逻辑关系，选择合适的方式将其存储在计算机中，并设计高效的数据操作和处理方法即数据结构的主要研究内容。数据结构和用于解决具体问题的高效率算法研究已经成为计算机科学的核心内容，也是决定计算机软件质量的关键因素。

1.2.1 数据结构中的概念和术语

在数据结构的研究中，相关的基本概念和术语介绍如下。

1. 数据

数据（Data）是信息在计算机中的符号表示。数据是计算机软件的操作对象。数据分为数值数据和非数值数据。数值数据表示数量的概念，如整数和实数；非数值数据表示广义的信息，如字符、记录表格、语音、图像和视频等。

2．数据元素

数据元素（Data Element）是数据的基本单位，其在计算机中一般作为一个整体进行考虑和处理。在不同的数据结构中，数据元素也被称为元素、结点、顶点和记录等。在具体问题中，数据元素一般用于完整地描述一个对象。例如，在学生信息管理系统中，学生信息表中的一条记录就是包含了学生基本信息的一个数据元素。

3．数据项

通常一个数据元素可由若干数据项（Data Item）组成。例如，学生信息表中的一条记录可以包括学生的学号、姓名、班号、性别、籍贯和出生年月等数据项。

数据项可以分为两种：初等项和组合项。初等项是在数据处理时不能或不需要再分割的最小信息单位，如学生的性别、籍贯等。组合项可以继续分割成若干初等项，如学生的成绩，成绩可以再划分为数学、物理、化学等更小的数据项。

4．数据对象

数据对象（Data Object）也叫数据元素类，是性质相同的数据元素的集合。数据对象是数据的一个子集。例如，整数数据对象可表示成 $N=\{0, \pm1, \pm2, \cdots\}$；在田径赛项目时间安排问题中，连线图中的所有顶点是一个数据对象，顶点 A 和顶点 B 各代表一个项目，是该数据对象中的两个实例，其对应的数据元素值分别为 A 和 B。

5．数据结构

数据结构不仅描述了一组相关数据的集合，还建立了数据模型，以便用适当的算法处理这些数据。因此，数据结构的定义可以描述为按某种逻辑关系组织起来的数据元素的集合，以及在其上定义的一组操作。用集合论方法可以给出数据结构的形式化定义为

$$\mathrm{DS} = (D, R)$$

上式表示数据结构 DS 是一个二元组，其中，D 是由数据元素组成的非空有限集合，R 是定义在 D 上的“关系”的非空有限集合。这里的“关系”描述了数据元素之间的逻辑关系，即定义在 D 上的一组操作。

数据只有被存储到计算机中，才能实现对它的操作。因此，数据结构应当包括以下 3 方面的内容。

（1）数据元素之间的逻辑关系，称为数据的逻辑结构。

（2）数据在计算机中的存储方式，称为数据的存储结构或物理结构。

（3）定义在数据集合上的一组运算，称为数据的操作。

1.2.2　数据的逻辑结构和物理结构

数据的逻辑结构研究数据集合中数据元素之间的关系，与数据在计算机中的存储方式无关，是独立于计算机而存在的。数据的逻辑结构可以看作从具体问题抽象出来的数学模型。

研究数据的逻辑结构的目的是能用计算机对数据进行操作。数据的物理结构是数据的逻辑结构在计算机中的表示，它依赖计算机实现，并体现数据的逻辑结构。因此，研究数据的

物理结构就是研究数据元素之间的关系在计算机中的表示方法。

数据的逻辑结构和物理结构密切相关，数据的操作由其逻辑结构定义，但其实现依赖物理结构。对于同一逻辑结构，采用不同的物理结构存储时，同一种操作往往会有不同的效率。

1. 数据的逻辑结构

根据数据元素之间关系的不同特性，数据通常有下列 4 类基本的逻辑结构（见图 1.2）。

（1）集合结构：数据元素之间的关系是“属于同一个集合”。集合结构是数据元素之间的关系极为松散的一种结构。

（2）线性结构：数据元素之间存在着一对一的关系。

（3）树形结构：数据元素之间存在着一对多的关系。

（4）图形结构：数据元素之间存在着多对多的关系。图形结构也称为网状结构。

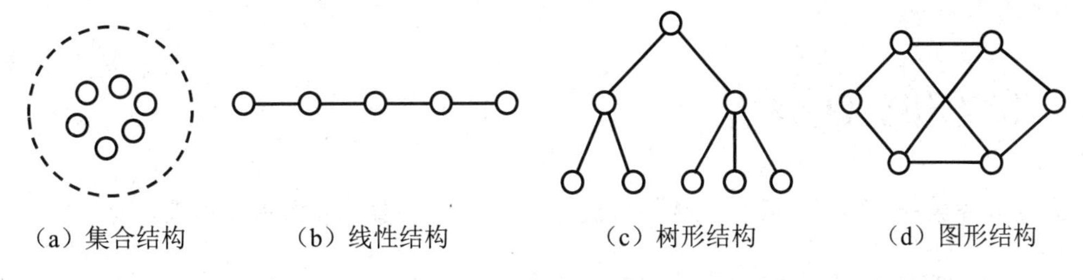

图 1.2 4 类基本的逻辑结构

数据的逻辑结构可分为线性结构和非线性结构。

线性结构的逻辑特征是有且仅有一个开始数据元素和一个终点数据元素，且所有数据元素最多只有一个直接前驱和一个直接后继。线性表（Linear List）是典型的线性结构。

非线性结构的逻辑特征是其中一个数据元素可以有多个直接前驱或直接后继。一般情况下，若对任何一个数据元素的直接前驱和直接后继的个数不做任何限制，则该结构被称为图形（Graph）结构。若对数据结构中数据元素的直接前驱和直接后继做如下限制：有且仅有根元素无直接前驱，其他数据元素有且仅有一个直接前驱；所有数据元素都可以有多个直接后继；所有数据元素（除根元素）都存在一条从根元素到该数据元素的路径，则该结构被称为树形（Tree）结构。数据的逻辑结构的分类如图 1.3 所示。

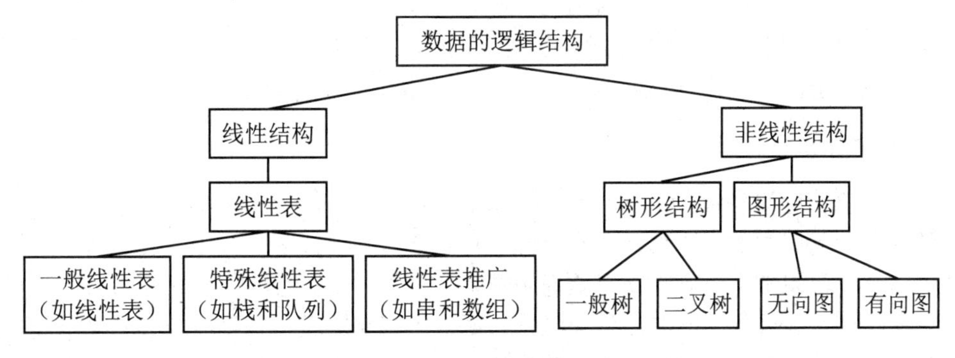

图 1.3 数据的逻辑结构的分类

2．数据的物理结构

数据的物理结构主要有顺序存储和链式存储两种。

（1）顺序存储。在顺序存储中，逻辑上相邻的数据元素被存储在计算机存储器物理位置（地址）相邻的存储单元中，由此得到的存储表示称为顺序存储结构。顺序存储结构是一种最基本的存储表示方法，它通过数据元素在计算机存储器中的相对位置来表示数据元素之间的逻辑关系。顺序存储结构通常可以借助程序设计语言（如C语言）中的数组类型来实现。

（2）链式存储。在链式存储中，逻辑上相邻的数据元素可以被存储在任意存储单元中，数据元素之间的逻辑关系通过指示数据元素存储地址的指针来表示，由此得到的存储表示称为链式存储结构。链式存储结构需要占用额外的存储空间来存储每个数据元素的存储地址，通常借助程序设计语言中的结构类型和指针来实现。

对数据结构的命名通常是以存储结构和逻辑结构的组合来进行的，如顺序表、链表、顺序栈和链栈等。

1.3　算法和算法分析

在具体问题中，往往需要首先选择合适的数据结构，然后提出具体的求解算法。

1.3.1　算法的基本概念

算法（Algorithm）是某一问题求解步骤的描述。在使用具体的程序设计语言实现算法时，算法就是指令的有限序列，指令往往用于实现一种或多种操作。

算法与数据结构互相约束、相互影响。数据的逻辑结构会影响算法的设计思路，而数据的物理结构则可能会进一步影响算法的效率。因此，数据结构的选择决定了算法的效率，而数据结构和算法共同决定了软件（程序）的质量。

算法与程序的关系密切，但差别也很明显。上面提到，算法表示问题的求解步骤，而程序则是算法在计算机上的具体实现。若用程序设计语言来描述一种算法，则它就是一个程序。

1.3.2　算法的分析与度量

对于一个具体问题的算法设计，算法的正确性、可读性和健壮性是基本要求。除此之外，用于评价算法性能的主要指标还有两个：时间复杂度和空间复杂度。

1．时间复杂度

时间复杂度（Time Complexity）是指算法从开始执行到结束所需的时间。然而，这个时间往往受很多因素的影响，包括算法本身的设计策略、问题规模、程序设计语言、编译软件的质量，以及计算机的运行速度（计算机硬件）。可见，使用绝对的运行时间来衡量算法的效率往往不准确。排除计算机硬件和程序设计语言等影响因素后，算法的时间复杂度应当由算法本身的设计策略和问题规模（通常用整数 n 表示）决定。

考虑到一种算法一般由控制结构（如顺序、分支和循环）和原操作（如加、减、乘、除等）构成，算法的执行时间应由两者综合决定。评价算法的时间复杂度的通常做法是首先确定算法中对应求解问题所需基本运算的原操作，然后统计原操作的重复执行次数，并以此来度量算法的执行时间。

通常，算法中原操作的重复执行次数是问题规模 n 的某个函数 $g(n)$，此时，算法的执行时间可以记为

$$T(n)= O(g(n))$$

表示随着问题规模 n 的增大，$T(n)$和 $g(n)$的比值是一个正的常数 C，即 $T(n)$不大于 $g(n)$的 C 倍：$T(n) \leqslant C \times g(n)$。其中，$T(n)$称为算法的渐近时间复杂度（Asymptotic Time Complexity），简称时间复杂度。例如，一个程序的原操作的重复执行次数为 $g(n)=2n^3+3n^2+1$。则有 $T(n)=O(n^3)$。这是因为 $g(n)$与 n^3 是同阶的，即数量级相同。

“O”是用于描述函数渐进行为的数学符号。通常用 $O(1)$表示常数计算时间。常见的时间复杂度及其关系为

$$O(1)<O(\log_2 n)<O(n)<O(n\log_2 n)<O(n^2)<O(n^3)<O(2^n)$$

例 1.1　程序段如代码 1.1 所示，试分析其时间复杂度。

代码 1.1　例 1.1 的程序段

```
1    int s=0;
2    for(int i=1; i<=n; i++)
3    {
4        for(int j=1; j<=n; j++)
5        s++;
6    }
```

本例程序段对应的运算次数为 n^2，设每次运算的时间为 k，则 $T(n)\leqslant k\times n^2$，故其时间复杂度为 $O(n^2)$。

例 1.2　程序段如代码 1.2 所示，试分析其时间复杂度。

代码 1.2　例 1.2 的程序段

```
1    for(int i=0;i<n;i++)
2    {
3        for(int j=i;j<=n;j++)
4            if(a[j]>a[i])
5                {   int t=a[i]; a[i]=a[j];  a[j]=t;}
6    }
```

本例程序段的总比较次数为$(n-1)+(n-2)+\cdots+2+1=(n-1)\times n/2\leqslant n^2/2\leqslant n^2$，故其时间复杂度为 $O(n^2)$。

例 1.3　程序段如代码 1.3 所示，试分析其时间复杂度。

代码 1.3　例 1.3 的程序段

```
1    int i=1;
2    while(i<=n)
3        i=i*2;
```

设本例程序段的 while 结构体中的语句循环 k 次，则有 $2^{k-1} \leqslant n \leqslant 2^k$，$k-1 \leqslant \log_2 n \leqslant k$，进而有 $k \leqslant (\log_2 n)+1 \leqslant 2\log_2 n$（$n>1$ 时成立）。因此，本例程序段的时间复杂度为 $O(\log_2 n)$。

2. 空间复杂度

空间复杂度（Space Complexity）是指算法从开始执行到结束所需的存储空间，记为 $S(n)$，其中 n 为问题规模。

程序运行所需的存储空间一般包括以下两部分。

（1）固定部分。这部分空间与所处理数据的大小和个数无关，主要包括程序代码、常量、简单变量、定长成分的结构变量等所占的空间。

（2）可变部分。这部分空间与具体问题中算法需要处理的问题规模有关。

算法的时间复杂度和空间复杂度往往是相互矛盾的两个指标，时间复杂度的降低往往是以空间复杂度的提升为代价的，反之亦然。在算法的设计过程中，应当根据具体问题的需求，综合考虑这两个指标。

1.4 抽象数据类型

1.4.1 抽象数据类型的概念

数据类型（Data Type）是与数据结构密切相关的一个概念。在高级程序设计语言（如 C 语言）中，每个变量、常量或表达式都有一种确定的数据类型。数据类型显式地或隐含地规定了这些变量、常量或表达式所有可能的取值范围，以及在其上允许进行的操作。因此，数据类型是一个值的集合和定义在这个值的集合上的一组操作的总称。

在某种意义上，各种数据结构可以看作由若干具有相同结构的值（数据元素）组成的集合，同时对这些值定义了一组标准的操作。

抽象数据类型（Abstract Data Type，ADT）指一个数据的集合，以及定义在该集合上的一组操作。抽象数据类型的定义取决于数据的逻辑特征，而与其在计算机内部如何表示和实现无关。也就是说，抽象数据类型独立于实现它的程序设计语言，也独立于它在计算机中的具体实现方式。

抽象数据类型和数据类型实质上是一个概念。例如，不同的高级程序设计语言的整数类型可以看作同一种抽象数据类型。尽管它们在不同的高级程序设计语言中的实现方式可能不同，但由于它们定义的数学特性相同，因此在用户看来，它们都是整型。因此，“抽象”的意义在于抽象了数据类型的数学特性。

另外，抽象数据类型的定义更具有普适性，它除了包括各种高级程序设计语言中已定义并实现的数据类型，还包括用户自己定义的数据类型。

1.4.2 抽象数据类型的实现

抽象数据类型可通过高级程序设计语言（本书采用的是 C 语言）中的固有数据类型来表示和实现。有时也可以采用介于伪码和 C 语言之间的类 C 语言作为抽象算法的描述工具。

下面给出数据结构中常用的一些类 C 语言示例。

1. 预定义常量和类型

部分预定义常量和类型如代码 1.4 所示。

代码 1.4　部分预定义常量和类型

```
1   #define     TRUE     1
2   #define     FALSE    0
3   #define     OK       1
4   #define     ERROR    0
5   #define     OVERFLOW    -2
6   #define     NULL     0
7   #define     Status   int
8   typedef     int      Length;
```

这些宏定义可以用于表示函数运行结构的状态代码或类型，也可以用 typedef 定义新的类型名称 Length（它与 int 类型完全相同）。

2. 数据结构类型

数据结构在计算机中的表示（存储结构）一般用类型定义（typedef）描述。数据元素类型约定为 ElemType，可以是 int、char 或 float 等基本数据类型，也可以在实现具体数据类型时自行定义。例如，定义学生信息的结构类型，如代码 1.5 所示。

代码 1.5　学生信息的结构类型定义

```
1   typedef struct student {
2       int     ID;          //学号
3       char    Name[20];    //姓名
4       int     Class;       //班级
5       float   Score[4];    //成绩
6   } ElemType;
```

3. 函数的参数表

在参数表中，一般而言，a、b、c、d、e 等用作数据元素名，i、j、k、l、m、n 等用作整型变量名，p、q、r 等用作指针变量名。

在 C 语言中，&a 表示取变量 a 的地址；而*表示指针运算，如*p 表示指针 p 指向的变量。

4. 注释

单行注释的格式：

```
//文字序列
```

5. 结束语句

函数结束语句：

```
return 表达式;
```

case 结束语句：

```
break;
```

异常结束语句：

```
exit(异常代码)
```

例如：

```
exit(OVERFLOW);      //溢出时退出
```

6．输入/输出语句

输入语句：

```
scanf([格式串],变量1,…,变量n);
```

输出语句：

```
printf([格式串],表达式1,…,表达式n);
```

7．申请存储单元函数

申请存储单元函数的格式为：

```
malloc(n)              //申请n字节的存储单元，并返回起始地址
```

在为自定义的数据元素类型申请存储单元时，可以通过 sizeof(数据类型)获得该数据类型变量所占的内存空间，如代码 1.6。

代码 1.6　申请存储单元函数使用示例

```
1    ElemType *p;
2    p=(ElemType*)malloc(sizeof(ElemType));
```

上面的语句序列为一个 ElemType 类型的数据元素申请存储单元，申请的存储单元的大小为 sizeof(ElemType)，单位为字节。申请成功后，所申请的存储单元的起始地址赋给了指针变量 p；若申请不成功，则申请存储单元函数将返回 NULL。

小　结

本章首先介绍了计算机软件技术的基本概念，然后讲述了数据结构的基本概念，以及相关的术语和名词。掌握数据结构的概念应该从数据的逻辑关系（逻辑结构）、存储实现（物理结构）和对数据执行的操作这 3 个层次来理解。

数据的逻辑结构可以分为线性结构和非线性结构。典型的线性结构有线性表、栈、队列、串和数组等。非线性结构有树形结构和图形结构两种。

数据的物理结构可以分为顺序存储和链式存储两种。它们的区别在于，顺序存储采用地址连续的存储单元存储逻辑上相邻的数据元素，用存储单元的位置关系表示数据元素之间的逻辑关系；链式存储不要求逻辑上相邻的数据元素存储在地址连续的存储单元中，即逻辑上相邻的数据元素可以存储在任意存储单元中，它利用指示数据元素存储地址的指针来表示数据元素之间的逻辑关系。链式存储结构需要占用额外的存储空间来存储每个数据元素的存储

地址。

对数据执行的操作依据数据存储结构的不同而有所差别。对算法的衡量有时间复杂度和空间复杂度两个指标。本章最后给出了用类 C 语言描述数据类型的相关内容。

习题 1

1.1　问答题。

（1）什么是数据结构？

（2）试说明数据结构与 C 语言中数据类型的概念有何异同。

1.2　在以下二元组表示的数据结构中，K 表示数据元素的集合，R 表示数据元素之间关系的集合。画出它们对应的图形，并指出它们属于何种结构。

（1）$A=(K, R)$，其中，$K=\{a, b, c, d, e\}$，$R=\{<a, b>, <b, c>, <c, d>, <d, e>\}$。

（2）$B=(K, R)$，其中，$K=\{a, b, c, d, e\}$，$R=\{<a, b>, <a, c>, <b, d>, <c, e>\}$。

（3）$C=(K, R)$，其中，$K=\{a, b, c, d, e\}$，$R=\{(a, b), (a, c), (b, d), (\mathrm{c}, \mathrm{e}), (d, e)\}$。

1.3　试用 C 语言描述下列算法。

（1）求一个 n 阶方阵的所有元素之和。

（2）对于输入的任意多个整数，输出其中的最大值和最小值。

1.4　设 n 为正整数，给出下列各种算法关于 n 的时间复杂度。

（1）：

```
void  fun1(int n)
{   i=1;k=100;
    while(i<n)
    {   k=k+1;
        i+=2;
    }
}
```

（2）：

```
void  fun2(int n)
{   i=0;s=0;
    while(s<n)
    {   i++;
        s=s+i;
    }
}
```

第2章 线性结构

线性结构是最基本和最重要的数据结构。线性结构的特征是其数据元素类型相同、逻辑有序且数量有限。线性结构的逻辑特征是有且仅有一个无直接前驱而仅有一个直接后继的数据元素，称为起始元素（头元素）；有且仅有一个无直接后继而仅有一个直接前驱的数据元素，称为终点元素（尾元素）；其余数据元素为中间元素，它们有且仅有一个直接前驱和一个直接后继。

因此，线性结构的数据元素可表示为线性序列：

$$a_1, a_2, \cdots a_i, \cdots, a_n$$

其中，a_1 为起始元素；a_n 为终点元素。通常用 a_i 表示逻辑序号为 i 的数据元素。

线性结构根据操作特点可分为线性表、栈和队列；此外，还有串和数组等形式。其中，线性表、栈和队列是线性结构中最基本的 3 种形式，一般程序至少会用到其中的一种。例如，在程序中进行函数调用时，系统会配置栈这种线性结构。

2.1 线性表

线性表是一种常用的线性结构。对于简单的应用场合，如记录班级学生信息、记录测试系统状态序列等，通常采用线性表来实现。只有在需要组织并处理（如搜索、迭代等）大量数据对象时，才有必要采用比较复杂的数据结构。事实上，线性表也是非线性结构或其他特殊数据结构的基础。

2.1.1 线性表的定义

线性表是有限个数据元素的集合，以及在此集合上定义的一组操作（Operation）。集合中的数据元素在逻辑上一个接一个地依次排列。因此，线性表数据元素的逻辑位置具有线性特点。

1. 线性表的逻辑结构

线性表是由 n（$n \geqslant 0$）个类型相同的数据元素构成的有限线性序列，记为$(a_1, a_2, \cdots, a_{i-1}, a_i, a_{i+1}, \cdots, a_n)$。其中，$n$ 为**表长**，$n = 0$ 的线性表称为**空表**。

线性表中的数据元素之间存在着先后顺序的逻辑关系：将 a_{i-1} 称为 a_i 的直接前驱，将 a_{i+1} 称为 a_i 的直接后继。当 $i \in [2,n]$时，a_i 有且仅有一个直接前驱 a_{i-1}；当 $i \in [1,n-1]$时，a_i 有且仅有一个直接后继 a_{i+1}。a_1 是线性表的第一个元素/起始元素/头元素，它没有直接前驱；a_n 是线性表的最后一个元素/终点元素/尾元素，它没有直接后继。进一步推广来说，任意一个数据元素 a_i 与起始元素 a_1 之间的逻辑距离是 $i-1$。

数据元素 a_i 的数值与它的逻辑序号 i 之间或者有关联关系，或者无关联关系。

当利用 C 语言中的数组来表示线性表时，要特别注意数组元素的下标从 0 开始。数组元素 data[0]～data[$n-1$]表示线性表($a_1, a_2, \cdots, a_i, \cdots, a_n$)。

2. 线性表的基本操作

线性表的基本操作定义在线性表逻辑结构的基础上，而线性表的基本操作的实现则依赖线性表的存储结构。因此，线性表的基本操作的具体实现只有在确定了线性表的存储结构之后才能完成。

常见的线性表的基本操作如下。

（1）初始化线性表 Init_List(void)：构造一个空线性表。

（2）求线性表的长度 Length_List(L)：返回线性表 L 中的数据元素的个数。

（3）读取线性表中的数据元素 Get_List(L, i)：如果 $1 \leqslant i \leqslant$ Length_List(L)，则返回线性表 L 中的第 i 个数据元素；否则读取指定数据元素操作失败，返回某个特殊值（如-1）。

（4）按值查找 Locate_List(L, x)：在线性表 L 中查找给定的数据元素，返回在 L 中首次出现的值为 x 的数据元素的序号或地址，并标识查找成功；如果在 L 中未找到给定的数据元素，则按值查找操作失败，并返回某个特殊值（如-1）。

（5）插入操作 Insert_List(L, i, x)：在线性表 L 的有效逻辑位置 i（$1 \leqslant i \leqslant n+1$，$n$ 为插入前的表长）处插入新的数据元素（值为 x）。插入成功后，原来第 $i \sim n$ 个数据元素的序号由 $i, i+1, \cdots, n$ 变为 $i+1, i+2, \cdots, n+1$，新表长=原表长+1。

（6）删除操作 Delete_List(L, i)：删除线性表 L 中的有效逻辑位置为 i（$1 \leqslant i \leqslant n$，$n$ 为删除前的表长）的数据元素。删除成功后，原来第$(i+1) \sim n$ 个数据元素的序号由 $i+1, i+2, \cdots, n$ 变为 $i, i+1, \cdots, n-1$，新表长=原表长-1。

这里有以下两点需要说明。

（1）以上列出的线性表的基本操作不是全部操作。这些基本操作在实现时也可能根据不同的存储结构选择不同的实现算法，相应的时间复杂度和空间复杂度也不同。例如，线性表的查找操作在顺序存储结构和链式存储结构中各自有不同的算法，其性能（查找所需的时间）也存在明显的差别。

（2）以上基本操作中定义的线性表仅是一个逻辑结构层次上的抽象线性表，与存储结构无关。因此，这些操作在逻辑结构层次上还不能用程序设计语言给出实现算法，只有在选定存储结构之后才能给出实现算法。

2.1.2 线性表的顺序存储与实现

线性表有两种基本存储方法：①顺序存储的线性表，简称顺序表；②链式存储的线性表，简称链表。线性表的两种存储方法在 C 语言中的定义不同，算法实现及其时间复杂度和空间复杂度也各异。本节阐述线性表的顺序存储与实现。

1. 顺序表及C语言描述

线性表的顺序存储是指在内存中用地址连续的一组存储单元顺序存储线性表的数据元素。存储单元地址具有线性连续的特点——物理上相邻的两个存储单元，其地址线性连续。因此，用物理上线性连续的存储单元来存储逻辑上顺序的数据元素是既简单又自然的方法。

设起始元素 a_1 的存储地址为 $ADDR(a_1)$，每个数据元素占用 1 个存储单元，则第 i 个数据元素 a_i 的存储地址 $ADDR(a_i)$为

$$ADDR(a_i)=ADDR(a_1)+(i-1)\ (1\leqslant i\leqslant n，n\ 为表长)$$

每个数据元素占用存储单元的个数与其类型有关。不失一般性，假设某类型数据元素占用 D 个存储单元，仍然设起始元素 a_1 的存储地址为 $ADDR(a_1)$，则第 i 个数据元素 a_i 的存储地址 $ADDR(a_i)$为

$$ADDR(a_i)=ADDR(a_1)+(i-1)\times D\ (1\leqslant i\leqslant n，n\ 为表长)$$

从上面的讨论可以看出，顺序表首地址 $ADDR(a_1)$和数据元素占用的存储单元个数 D（与数据类型有关）是确定的，根据数据元素的逻辑序号 i 即可求出数据元素 a_i 的存储地址。该地址是对线性表中的任意数据元素 a_i 进行操作的基础。此时，数据元素的存储地址与数据元素的逻辑序号之间是简单的线性关系，因此具备随机读/写的特点。

在 C 语言中，一维数组在内存中占用一组连续的存储单元；一维数组的数组名代表数组在内存中存储的起始地址——数组首元素的存储地址；数组元素的序号（下标）从 0 开始；数组元素的数据类型决定了其占用存储单元的个数。因此，线性表的顺序存储常借助 C 语言中的一维数组来实现。

具体来说，定义一维数组 data[MaxSize]，MaxSize 为数组元素个数的最大值，数组元素类型与顺序表数据元素类型相同。此时，顺序表的数据元素 a_1～a_n 依次存储在数组元素 data[0]～data[n-1]中。设置一个整型变量 cnt 来记录顺序表中数据元素的个数，即当前表长。顺序表没有数据元素（空表）时 cnt＝0。用一维数组存储线性表的示意图如图 2.1 所示。

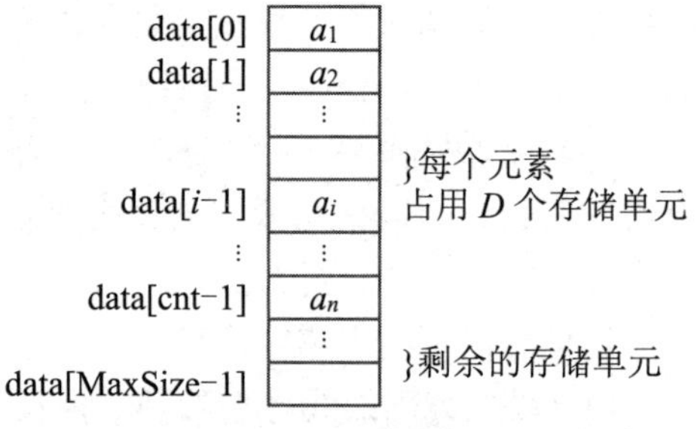

图 2.1　用一维数组存储线性表的示意图

用一维数组实现顺序表的 C 语言描述如代码 2.1 所示。

代码 2.1　用一维数组实现顺序表的 C 语言描述

```
1    #define ElemType int;
2    /* ElemType的含义见1.4.2节，方便起见，本书将其定义为int类型。*/
3    ElemType    data[MaxSize];
4    int       cnt;
```

线性表的数据元素存放在 data[0]～data[cnt-1]中，MaxSize 为顺序表的最大表长，当前表长为 cnt。从结构性上考虑，通常将一维数组 data[ ]和 cnt 组织成一个结构体作为**顺序表类型**（见代码 2.2）。

代码 2.2　顺序表类型定义

```
1    #define SeqList struct SeqListType
2    #define MaxSize 1000          //可以是其他整数
3    SeqList {
4        ElemType    data[MaxSize];
5        int         cnt;
6    };
```

用该顺序表类型 SeqList 定义一个顺序表变量：

```
SeqList L1;
```

这样表示的线性表如图 2.2（a）所示。顺序表的数据元素 a_1～a_n 依次存储在 L1.data[0]～L1.data[L1.cnt−1]中，表长为 L1.cnt。

有时采用指针变量更为方便。用顺序表类型 SeqList 定义一个顺序表指针变量：

```
SeqList *L;
```

其中，L 是一个指针变量，指向顺序表的首地址，如图 2.2（b）所示，表长为(*L).cnt 或 L->cnt。顺序表的数据元素的存储空间为 L->data[0]～L->data[L->cnt−1]。

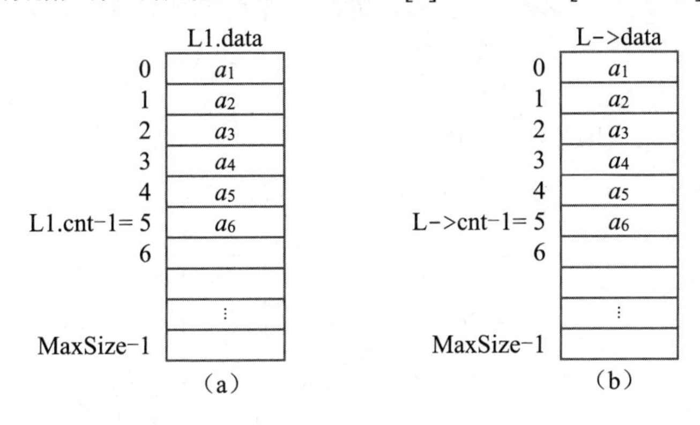

图 2.2　线性表的顺序存储的实现

2. 顺序表基本操作的实现

在使用一维数组实现顺序表时，可以方便地通过数组元素下标实现对数据元素的读/写，但需要特别注意数组元素下标与数据元素逻辑序号之间的关系（它们相差 1）。

1）顺序表的初始化

顺序表的初始化即构造一个空表。为此，首先定义顺序表类型（SeqList）的指针变量 L，并将 L 指向申请到的连续存储空间的起始位置；然后初始化表长 cnt 为 0，表示当前没有数据元素，如代码 2.3 所示。初始化函数的调用方式为 L=init_SeqList( )。

代码 2.3　顺序表的初始化

```
1    SeqList* Init_SeqList()
2    {
3        SeqList* L;
4        L = (SeqList*)malloc(sizeof(SeqList));
```

```
5       if (L == NULL) //申请存储空间失败
6           return NULL;
7       L->cnt = 0;
8       return L;
9   }
```

2）插入操作

顺序表的插入操作指在第 i 个逻辑位置上插入新数据元素 x，插入新数据元素后，使原表长为 n 的顺序表：

$$(a_1, a_2, \cdots, a_{i-1}, a_i, a_{i+1}, \cdots, a_n)$$

变成表长为 n+1 的顺序表：

$$(a_1, a_2, \cdots, a_{i-1}, x, a_i, a_{i+1}, \cdots, a_n)$$

其中，i 是数据元素逻辑序号，$1 \leqslant i \leqslant n+1$。

在顺序表中插入数据元素 x 的操作步骤如下。

（1）判断插入数据元素的位置和空间有效性（$1 \leqslant i \leqslant n+1$）。

（2）将 a_i～a_n 依次向后移动一个位置，为新数据元素腾出存储空间。

（3）将 x 放入已经腾出的第 i 个位置上。

（4）修改 cnt 变量的值（表长）。

顺序表插入操作示意图如图 2.3 所示。

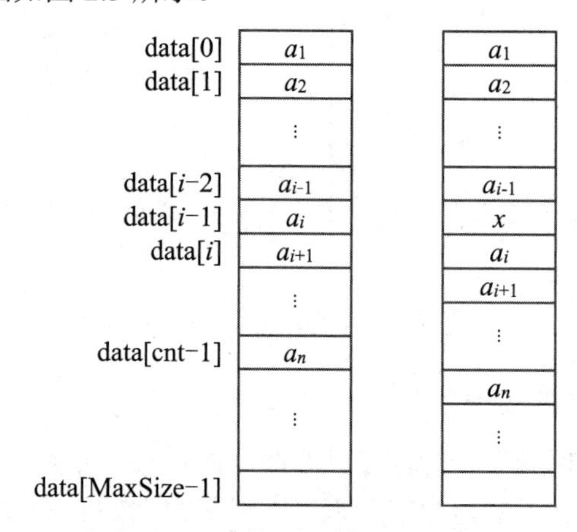

图 2.3　顺序表插入操作示意图

顺序表插入算法如代码 2.4 所示。

代码 2.4　顺序表插入算法

```
1   int  Insert_SeqList(SeqList *L, int i, ElemType x) {
2       int j;
3       if(L->cnt >= MaxSize)            //存储空间已满
4           return  -1;
5       if( i<1 || i>L->cnt+1)           //插入位置无效（i是数据元素逻辑序号）
6           return  0;
7       if(i==L->cnt+1)                  //在表尾插入数据元素，无须移动数据元素
```

```
8           L->data[L->cnt] = x;
9       else {
10          for( j=L->cnt-1;  j >= i-1;  j--)
11              L->data[j+1] = L->data[j];      //结点移动
12          L->data[i-1] = x;                   //插入新数据元素
13      }
14      L->cnt++;                               //修改表长
15      return  1;                              //插入成功，返回
16  }
```

对于上述算法，需要注意以下几个问题。

（1）顺序表数据区共有 MaxSize 个存储单元，因此，在顺序表中插入数据元素前要判断其是否满，表满时无空闲存储单元，不能插入数据元素。这是用数组实现顺序表时存在的典型问题。

（2）要判断插入位置的有效性，插入位置 i 的有效取值是 $1 \leqslant i \leqslant$ L->cnt+1。

（3）移动数据元素的操作顺序是从后向前。

（4）表长为 L->cnt。

插入操作中重复的基本操作是移动数据元素。在第 i 个位置插入新数据元素，从 a_n 到 a_i 都要向后移动一个位置，共需要移动 $n-(i-1)$ 个元素。i 的有效取值是 $1 \leqslant i \leqslant n+1$，即有 $n+1$ 个位置可以插入。设在第 i 个位置插入数据元素的概率为 p_i，则平均移动数据元素的次数为 $E_{\text{in}} = \sum_{i=1}^{n+1} p_i\left(n-i+1\right)$。若在任何一个位置插入新数据元素的概率相同，则有 $p_i = \dfrac{1}{n+1}$。此时，有

$$E_{\text{in}} = \sum_{i=1}^{n+1} p_i\left(n-i+1\right) = \frac{1}{n+1}\sum_{i=1}^{n+1}\left(n-i+1\right) = \frac{n}{2}$$

可见，插入操作平均需要移动表中一半数量的数据元素。因此，在线性表顺序存储方式下，插入操作的时间复杂度为 $O(n)$。

3）删除操作

删除操作是指将表中第 i 个位置的数据元素从顺序表中删除。删除操作使原表长为 n 的顺序表：

$$(a_1, a_2, \cdots, a_{i-1}, a_i, a_{i+1}, \cdots, a_n)$$

变为表长为 $n-1$ 的顺序表：

$$(a_1, a_2, \cdots, a_{i-1}, a_{i+1}, \cdots, a_n)$$

其中，i 的有效取值为 $1 \leqslant i \leqslant n$。

从顺序表中删除数据元素 a_i 的操作步骤如下。

（1）将 $a_{i+1} \sim a_n$ 顺序向前移动一个位置。

（2）修改 cnt 变量的值（表长）。

顺序表删除操作示意图如图 2.4 所示，顺序表删除算法如代码 2.5 所示。

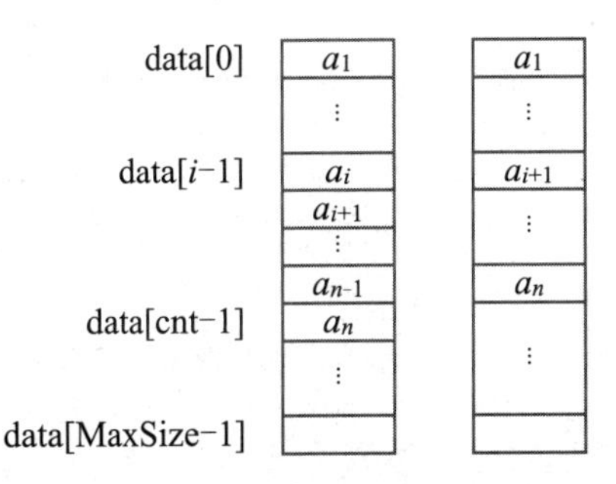

图 2.4　顺序表删除操作示意图

代码 2.5　顺序表删除算法

```
1    int  Delete_SeqList(SeqList  *L;     int  i)
2    {                                     //i是数据元素逻辑序号
3        int j;
4        if(i<1 || i>L->cnt)               //判断空表及删除位置的有效性
5            return  0;
6        for(j=i-1;  j < L->cnt-1;  j++)
7            L->data[j]=L->data[j+1];      //向前移动数据元素
8        L->cnt--;
9        return  1;                        //删除成功
10   }
```

对于上述算法，需要注意以下几个问题。

（1）i 的有效取值应为 $1 \leqslant i \leqslant n$，否则第 i 个数据元素不存在。在进行删除操作前，需要判断删除位置的有效性。

（2）顺序表为空表时（L->cnt = 0）不能执行删除操作。

（3）删除 a_i 后，线性表中再无该数据元素，若还需要使用该数据元素，则应先保存 a_i 再删除。

与插入操作相同，删除操作中重复的基本操作也是移动数据元素。在删除第 i 个数据元素时，其后的数据元素 $a_{i+1} \sim a_n$ 向前移动，即共移动 $n-i$ 个数据元素。因此平均移动数据元素的次数为 $E_{\mathrm{de}} = \sum_{i=1}^{n} p_i (n-i)$。若在任何一个位置删除元素的概率相同，则有 $p_i = \frac{1}{n}$。此时，有

$$E_{\mathrm{de}} = \sum_{i=1}^{n} p_i (n-i) = \frac{1}{n} \sum_{i=1}^{n} (n-i) = \frac{n-1}{2}$$

可见，删除操作平均大约需要移动表中一半数量的数据元素。因此，在线性表顺序存储方式下，删除操作的时间复杂度也为 $O(n)$。

4）按值查找

顺序表按值查找指在线性表中查找与给定值相等的数据元素。按值查找的一种实现方法是从头元素 a_1 开始，依次与给定值进行比较，直到找到一个与给定值相等的数据元素，返回其逻辑序号；若与顺序表的所有数据元素比较后都没有找到与给定值相等的数据元素，则返回-1。顺序表按值查找算法如代码 2.6 所示。

代码 2.6　顺序表按值查找算法

```
1    int  SL_Location(SeqList  *L,  ElemType  x) {
2        int i=1;
3        while(i <= L->cnt  &&  L->data[i-1] != x)
4            i++;
5        if(i > L->cnt)
6        //搜索完顺序表后，未找到与给定值相等的数据元素，查找失败
7            return  -1;
8        else
9            return  i;        //返回数据元素逻辑序号
10   }
```

在上述算法中，重复的基本操作是比较运算。比较的次数与顺序表中数据元素的初始排列和表长有关。当 $a_1=x$ 时，比较 1 次，查找成功；当 $a_n = x$ 时，需要比较 n 次才能查找成功。按值查找成功的平均比较次数为$(n+1)/2$，该算法的时间复杂度为 $O(n)$。按值查找失败的时间复杂度留给读者自行分析。

3. 顺序表应用举例

例 2.1　将顺序表$(a_1, a_2, \cdots, a_n)$以 a_1 为界重新排列为两部分：a_1 前面的数据元素均比 a_1 小，a_1 后面的数据元素均比 a_1 大（假设数据元素类型可进行数值比较，不妨设为整型）。该操作称为**划分**，a_1 称为**基准**。顺序表划分操作示意图如图 2.5 所示。

（a）划分前
25
30
20
60
10
35
15
⋮

（b）划分后
15
10
20
25
30
60
35
⋮

图 2.5　顺序表划分操作示意图

下面是一种简单的划分算法。

（1）从第二个数据元素开始到最后一个数据元素，将其逐一与 a_1 进行比较。当数据元素 a_i（$i=2,3,\cdots,n$）比 a_1 大时，由于 a_i 已经在 a_1 的后面，因此不必改变 a_i 与 a_1 的前后位置，继续比较下一个数据元素。

（2）当数据元素 a_i（$i=2,3,\cdots,n$）比 a_1 小时，说明 a_i 应该在 a_1 的前面，此时，首先将 a_i 前面的数据元素都依次向后移动一个位置，然后将 a_i 放置在最前面的位置。

划分算法如代码 2.7 所示。

代码 2.7　划分算法

```
1    void SLPart(SeqList *L) {
2        int     i, j;                        //i是数据元素逻辑序号，j是循环变量
3        int     x, y;
4        x = L->data[0];                      //将a1读入x中
5        for(i=2; i<=L->cnt; i++)
6            if(L->data[i-1] < x) {           //当前元素ai小于a1
7                y=L->data[i-1];
8                for(j=i-1; j>=1; j--)        //向后移动ai-1～a1
9                    L->data[j] = L->data[j-1];
10               L->data[0] = y;
11           }
12   }
```

该算法有两重循环，其中，外循环执行 $n-1$ 次；在内循环中，移动数据元素的次数与当前数据元素的大小有关，当第 i 个数据元素小于 a_1 时，要移动它前面的 $i-1$ 个数据元素，加上当前数据元素的暂存和最终写入，共需要进行$(i-1+2)$次移动数据元素操作。

在最坏情况（在初始情况下，a_1 后面的数据元素都小于 a_1）下，总的移动次数为

$$\sum_{i=2}^{n}(i-1+2)=\sum_{i=2}^{n}(i+1)=\frac{(n-1)(n+4)}{2}$$

即最坏情况下的移动数据元素的时间复杂度为 $O(n^2)$。可以看出，该划分算法简单，但效率较低。

例 2.2 现有顺序表 A 和 B，它们的数据元素均按数值从小到大排列。试编写算法，将它们合并成新的顺序表 C，要求 C 的数据元素也按数值从小到大排列。

算法思路：从顺序表 A 和 B 的头元素开始，比较当前两个数据元素，将值较小的数据元素插入顺序表 C，如此循环，直到比较完其中一个顺序表中的数据元素，将没有比较完的顺序表中余下的数据元素全部插入顺序表 C 即可。显然，C 的表长等于 A、B 两个顺序表的表长之和。两个顺序表合并算法如代码 2.8 所示。

代码 2.8 两个顺序表合并算法

```
1   void  merge(SeqList *A,  SeqList *B,  SeqList *C) {
2       int i=0, j=0, k=0;
3       while(i<A->cnt && j<B->cnt)
4           if(A->data[i]<B->data[j])
5               C->data[k++]=A->data[i++];
6           else
7               C->data[k++]=B->data[j++];
8       while(i<A->cnt)
9           C->data[k++]=A->data[i++];
10      while(j<B->cnt)
11          C->data[k++]=B->data[j++];
12      C->cnt=k+1;
13  }
```

该算法的时间复杂度是 $O(m+n)$，其中，m 是顺序表 A 的表长，n 是顺序表 B 的表长。

2.1.3 线性表的链式存储与实现

线性表的顺序存储利用存储空间地址的连续性来表示线性表中数据元素的逻辑相邻关系。顺序表的插入和删除操作的平均移动数据元素的次数较多，操作算法效率低。本节介绍线性表的链式存储结构，通过"链"的指向来表达数据元素的逻辑关系，在进行插入和删除操作时，无须移动数据元素，因而操作算法效率高。

在链式存储方式下，除了需要存储数据元素 a_i 的信息，还需要存储其直接后继（或直接前驱）的存储地址。这两部分组成一个整体，称为**结点**。结点的结构如图 2.6 所示。其中，data 称为结点的数据域——存放当前数据元素 a_i；next 称为结点的指针域——存放其直接后继的存储地址。下面详细阐述指针域的类型、实现等内容。

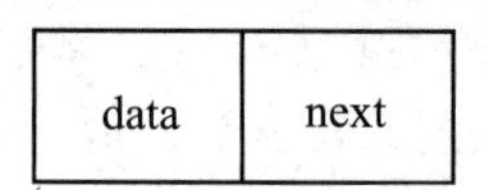

图 2.6 结点的结构

链式存储通过增设指针域的指向关系来建立数据元素之间的线性逻辑关系，而不再依靠存储空间地址的相邻性来表达线性表中数据元素之间的逻辑关系。因而逻辑上先后相邻的结点的存储位置可以相邻，也可以不相邻。相对于顺序表需要一组连续的存储空间，链表的结点（数据元素）的存储位置是任意的，因此在申请内存空间时更灵活，也易于实现。

线性表的链式存储主要有两种实现方法：一种是除了存储数据元素，只增设一个指向其直接后继（或直接前驱）的指针域，这样的链表称为线性单向链表，简称**单链表**（Single Linked List）；另一种是增设两个指针域，分别用于指向其直接前驱和直接后继，这样的链表称为线性双向链表，简称**双向链表**（Dual Linked List）。

1. 单链表

单链表的逻辑结构示意图如图 2.7 所示。为了能够访问单链表，需要设置一个指向**表头结点**（首结点，a_1）的指针，称为表头指针（或**头指针**），其中存放着表头结点的存储地址。从头指针出发，沿着结点的指针域就能依次访问单链表的所有结点。通常以头指针来命名单链表。在图 2.7 中，单链表的头指针为 h，可以称该单链表为 h 单链表。

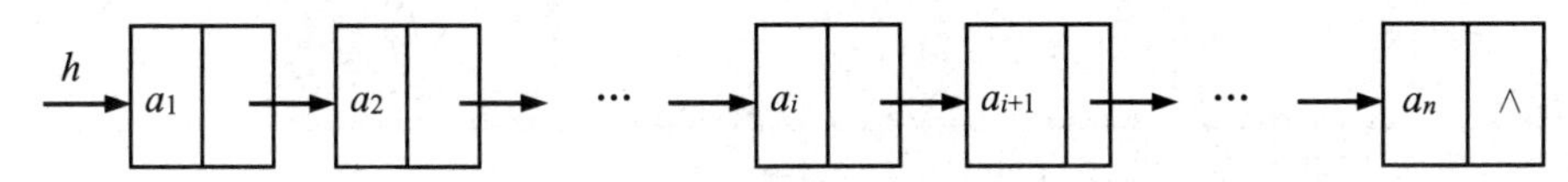

图 2.7 单链表的逻辑结构示意图

有时为了编写程序方便，常常将表头结点的地址放入一个特殊结点 HEAD 的指针域中，而在该结点的数据域中不存放数据元素，从而形成**头结点**，如图 2.8 所示。此时，头指针 h 将指向头结点，用于存放其存储地址。

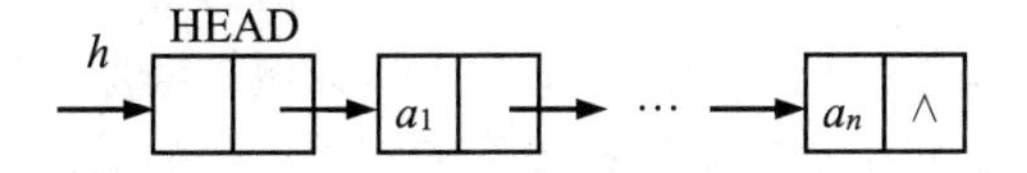

图 2.8 头结点与头指针

终点元素（尾结点）无直接后继，因此该结点的指针域不指向任何结点，在逻辑意义上，其值为空，实现时用符号常量 NULL（需要事先定义）表示。在图 2.7 中，用“∧”表示**空指针**。

1）链表结点类型定义与链表初始化

单链表含有 n 个结点，每个结点都由数据域和指针域组成。链表结点类型定义如代码 2.9 所示。

代码 2.9 链表结点类型定义

```
1   #define NULL        0               //定义空指针符号常量
2   #define SLNODE   struct  SLNodeType
3   SLNODE {
4       ElemType    data;
5       SLNODE   *next;
6   };
```

用该结点类型 SLNODE 定义头指针变量如下：

```
SLNODE      *h;
```

下面阐述采用头结点时单链表的初始化过程。单链表初始化是指建立一个空单链表。空单链表没有元素结点，只有头结点，并且头结点的指针域为空（NULL），不指向任何结点。单链表初始化的步骤如下。

（1）申请 SLNODE 类型的内存空间作为头结点空间，并将该空间地址赋给 SLNODE 类型指针变量，从而获得头结点（或单链表）的位置。

（2）将头结点的指针域赋值为空（NULL）。

带头结点的单链表初始化算法如代码 2.10 所示。

代码 2.10　带头结点的单链表初始化算法

```
1   SLNODE*  InitSL(void) {
2       SLNODE      *HEAD;
3       HEAD = (SLNODE*)malloc(sizeof(SLNODE));
4       HEAD->next = NULL;
5       return  HEAD;
6   }
```

初始化后，空链表的逻辑示意图如图 2.9 所示。

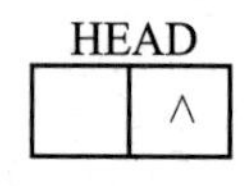

图 2.9　空链表

2）创建单链表

从链表初始化操作过程中可以看出，结点空间通过动态申请获得，因此链表是一种动态存储结构。创建单链表的方法根据操作需要动态管理链表中结点所需的存储空间。创建单链表有两种方法：①头插法；②尾插法。

头插法建立单链表从空链表开始，为新加入单链表的结点申请存储空间，将数据元素填入数据域中，并修改指针域的指向关系——新结点指针域指向原单链表的首结点，并修改头结点指针域以指向新结点。新结点成为单链表新的首结点。头插法建立带头结点的单链表算法如代码 2.11 所示。

代码 2.11　头插法建立带头结点的单链表算法

```
1   #define ElemType int;
2   ElemType get_data() {
3      int data;
4      printf("Pls input your data (-1 for the end)\n");
5      scanf("%d", &data);
6      return data;
7   }
8   SLNODE*  CreateSL_H(void){
9      SLNODE      *h, *s;
10     ElemType x;
11     h = InitSL();              //初始化空单链表
12     x = get_data();            //输入一个数据元素的值
13     while(x != -1) {           //线性链表结点输入结束标志
14        s = (SLNODE *) malloc(sizeof( SLNODE ) );
15        s->data = x;
16        s->next = h->next;
17        h->next = s;
18        x = get_data();
19     }
20     return  h;
```

在上面的算法中，函数 get_data()用于输入结点数据元素，可以是 C 语言的 scanf()函数，也可是自行编写的输入函数。线性链表结点输入结束标志（x=−1）可根据实际情况进行设置。

相对于头插法，在利用尾插法建立带头结点的单链表时，始终将新结点插入原单链表尾结点之后，使之成为新的尾结点。为了操作方便，常使用一个指针变量指向尾结点（算法中为 r）。尾插法建立带头结点的单链表算法如代码 2.12 所示。

代码 2.12　尾插法建立带头结点的单链表算法

```
1    SLNODE*  CreateSL_R(void) {
2        SLNODE      *h, *r, *q;
3        ElemType    x;
4        h = InitSL();             //初始化空单链表
5        r = h;
6        x = get_data();           //输入一个数据元素的值
7        while(x!=-1) {            //线性链表结点输入结束标志
8            q = (SLNODE*)malloc(sizeof(SLNODE));
9            q->data = x;
10           r->next = q;
11           r = q;
12           x = get_data();
13       }
14       r->next = NULL;
15       return h;
16   }
```

头插法与尾插法建立单链表的时间复杂度都为 $O(n)$。

下面将上述结点定义、初始化单链表、创建单链表的操作放在一起，并增加输出功能，给出一个 C 语言参考程序（见代码 2.13）。该程序将算法中的输入/输出函数已经分别具体化为 scanf()和 printf()。

代码 2.13　单链表的定义与创建示例程序

```
1    #include     <stdio.h>
2    #define NULL          0
3    #define SLNODE   struct SLNodeType
4    SLNODE {
5        int      data;               //将ElemType具体化为int（也可为其他类型）
6        SLNODE   *h,*r,*s,*p;
7    };
8    main()
9    {   SLNODE       *h, *p, *s;
10       int          x;
11       //初始化单链表
12       h = (SLNODE*)malloc(sizeof(SLNODE));
13       h->next = NULL;
14       r=h;//用尾插法建立单链表（带头结点）
15       scanf("%d",  &x);
16       while(x! = -1) {
17           s = (SLNODE*)malloc(sizeof(SLNODE));
18           s->data = x;
```

```
19            r->next = s;
20            r = s;
21            scanf("%d", &x);
22        }
23        r->next = NULL;
24        //输出结点元素
25        p = h->next;                        //从首结点开始
26        printf("the list is:\n");
27        while(p != NULL) {
28            printf("%d", p->data);          //输出单链表的结点元素
29            printf("\n");
30            p=p->next;
31        }
32    }
```

3）插入结点

单链表插入结点操作是指在单链表中的指定位置插入新结点。单链表中的指定位置可由数据元素逻辑序号转化为某一指针指向的结点存储地址。因此，单链表插入结点操作就是指在由指针变量指定的结点之后（或之前）插入新结点。

根据插入结点与插入位置的关系，插入结点的方法分为前插结点和后插结点两种。后插结点实现较为方便；前插结点需要首先找到指定结点的直接前驱，从而将问题转化为指定结点直接前驱的后插结点。

（1）后插结点。

后插结点操作是指在指定结点后面插入新结点。后插结点操作过程分为以下 3 个步骤。

①申请生成新结点，并将数据元素填入新结点的数据域中。

②修改新结点的指针域，使之指向指定结点的直接后继。

③修改指定结点的指针域，使之指向新结点。

在指针 p 指向的结点之后插入数据域为 x 的新结点的算法描述如代码 2.14 所示。

代码 2.14 后插结点算法

```
1   void  FWInsertNode(SLNODE  *p,  ElemType  x) {
2       SLNODE  *s;
3       s = (SLNODE*)malloc(sizeof(SLNODE));   //申请新结点
4       s->data = x;            //步骤①
5       s->next = p->next;      //步骤②
6       p->next = s;            //步骤③
7   }
```

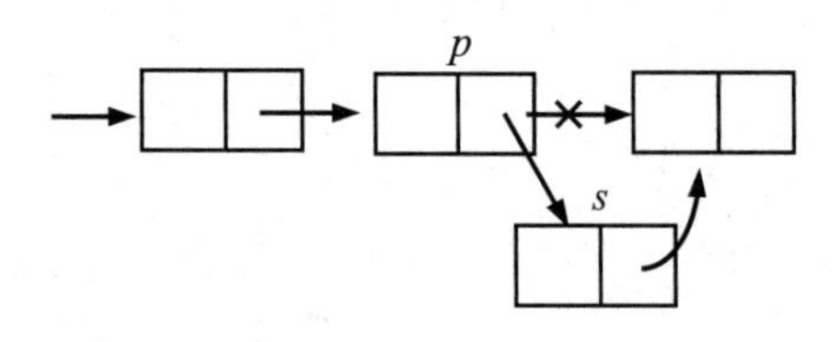

图 2.10 后插结点操作过程示意图

后插结点操作过程示意图如图 2.10 所示。需要注意的是，算法的步骤②与步骤③中的修改指针域的操作顺序**不能交换**。在执行步骤③时，将实现 p 从指向结点的直接后继改为指向新结点 s。

（2）前插结点。

前插结点操作是指在指定结点前面插入结点。在插入结点之前，要找到指定结点的直接前驱，将前插结点操作转化为指定结点直接前驱的后插结点操作。从单链表的头结点开始，可以通过查找操作找到指定结点的直接前驱。

设带头结点的单链表头指针为 HEAD，指定结点记为 p。将新结点 s（其数据域为 x）插入单链表中结点 p 之前的算法描述如代码 2.15 所示（操作示意图如图 2.11 所示）。

代码 2.15 前插结点算法

```
1   void BWInsNode(SLNODE *HEAD,   SLNODE *p,  ElemType x)
2   {   SLNODE      *s, *q;
3       q = HEAD;
4       while(q->next != p)
5           q=q->next;                          //搜索结点p的直接前驱q
6       s=(SLNODE*)malloc(sizeof(SLNODE));      //在q后插入s
7       s->data = x;
8       s->next = p;
9       q->next = s;
10  }
```

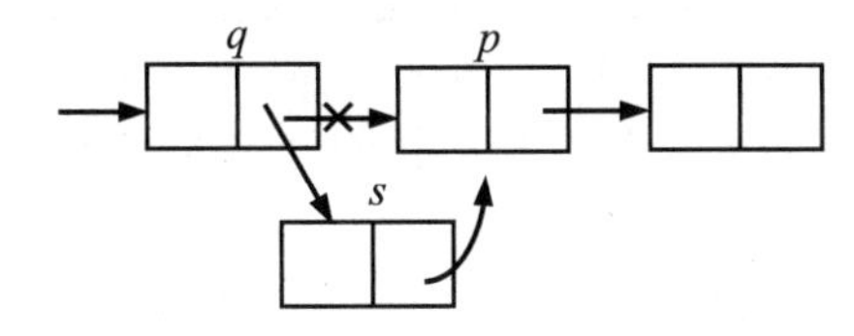

图 2.11 在 p 之前插入 s

后插结点操作的时间复杂度为 $O(1)$。前插结点操作因为要从头结点开始，一遍搜索结点 p 的直接前驱 q，所以其时间复杂度为 $O(n)$。

其实对于前插结点操作，在确保结点间逻辑关系正确的前提下，仍可先在结点 p 后面插入结点 s，然后将结点 p 的数据域与结点 s 的数据域互换。这样既能满足结点间的逻辑关系，又能使前插结点操作的时间复杂度为 $O(1)$。

（3）一般插入操作。

单链表一般插入操作是指在单链表的第 i 个结点位置插入数据域为 x 的新结点，新结点成为第 i 个数据元素（结点）。该问题可以转化为在第 i–1 个结点之后插入新结点。根据单链表依次访问的特点，可以从头结点开始，一遍搜索单链表以找到第 i–1 个结点 p。

单链表一般插入操作记为 Insert_LinkList(HEAD, i, x)，其中，HEAD 是带头结点单链表的头指针，i 是插入新结点的逻辑位置，新插入结点的数据域是 x。该操作的步骤如下。

①从头结点开始搜索第 i–1 个结点；若第 i–1 个结点存在，则继续步骤②，否则插入操作失败并结束。

②生成新结点，并将数据元素 x 填入新结点的数据域中。

③按照后插结点操作的方法修改指针的指向关系。

在指定逻辑位置插入结点算法如代码 2.16 所示。

代码 2.16　在指定逻辑位置插入结点算法

```
1    int Insert_LinkList(SLNODE *HEAD,  int i,  ElemType x)
2    {   //在HEAD单链表的第i个结点位置插入数据元素为x的新结点
3        SLNODE      *p, *s;
4        int  j=0;
5        p = HEAD;
6        while(p->next != NULL && j < i-1) {
7            p = p->next;
8            j++;
9        }
10       if(j!=i-1)                  //第i个结点不存在，不能插入
11           return  0;
12       else {                      //后插结点操作步骤
13           s = ( SLNODE* )malloc(sizeof(SLNODE));
14           s->data = x;
15           s->next = p->next;
16           p->next = s;
17           return  1;
18       }
19   }
```

插入新结点主要通过修改指针的指向关系来完成，因此单链表一般插入操作没有移动结点的基本操作，操作所需时间主要消耗在寻找指定结点的搜索比较上。

4）删除操作

单链表删除操作是指删除单链表中指定位置的结点。单链表中的指定位置可由数据元素逻辑序号转化为指针指向的位置。根据单链表指针域单向指向的特点，先找到被删除结点的直接前驱位置，然后通过修改指针的指向关系即可完成删除操作。被删除结点的直接前驱位置或者已知，或者从头结点开始搜索得到。

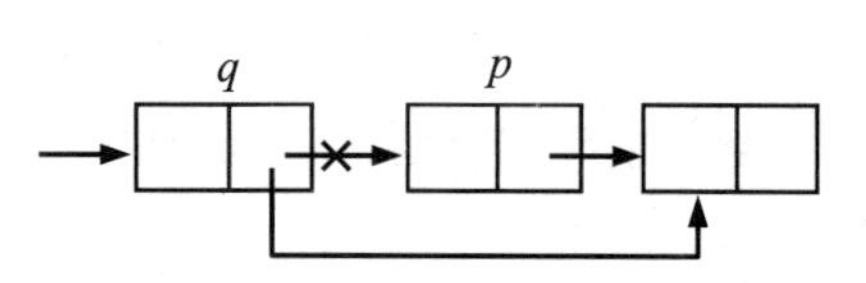

图 2.12　删除结点 p 的操作示意图

设有带头结点的非空单链表 HEAD，则删除其中的结点 p 的过程分为 3 个步骤，操作示意图如图 2.12 所示。

①找到结点 p 的直接前驱 q。若事先已知结点 p 的直接前驱 q，则该步骤可省略。

②修改结点 q 的指针域，使之指向结点 p 的直接后继。

③释放结点 p 的存储空间。

删除结点算法如代码 2.17 所示。

代码 2.17　删除结点算法

```
1    int  Delete_SLL(SLNODE  *HEAD,  SLNODE  *p) {
2        SLNODE      *q;
3        q = HEAD;
4        while(q != NULL  &&  q->next != p)
5            q = q->next;                    //搜索结点p的直接前驱q
6        if(q == NULL)
```

```
7           return  0;                   //搜索不到结点p，删除失败
8       else {
9           q->next = p->next;           //修改指针的指向关系
10          free(p);                     //释放被删除结点的存储空间
11          return  1;
12      }
13  }
```

该算法的时间复杂度为 $O(n)$。删除单链表中第 i 个逻辑位置结点的操作过程与此类似，其算法描述如代码 2.18 所示。

代码 2.18　删除指定逻辑位置结点算法

```
1   int  Delete_LinkList(SLNODE  *HEAD, int  i ) {
2       SLNODE      *q, *p;
3       int         j=0;
4       q = HEAD;
5       while(q->next != NULL && j < i-1)
6       {
7           q = q->next;
8           j++;
9       }                                //使q指向第i-1个逻辑位置结点
10      if((j!=i-1)||(q->next==NULL))
11          return  0;                   //第i个逻辑位置结点不存在，不能删除
12      else
13      {   p=q->next;
14          q->next = p->next;           //修改指针的指向关系
15          free(p);                     //释放被删除结点的存储空间
16          return  1;
17      }
18  }
```

通过上面的基本操作可知：①单链表插入或删除结点的操作需要获得操作结点的直接前驱；②单链表不能按数据元素逻辑序号对指定结点进行随机访问，只能从单链表的头结点开始依次搜索，找到指定结点；③单链表插入或删除结点无须移动数据元素，只需修改指针的指向关系。

2. 双向链表

单链表结点的结构中只有指向其直接后继的指针域 next，若需要访问其直接前驱，则只能从该链表的头结点（或头指针）开始，按照结点指针域的指向来依次搜索。对单链表来说，搜索某结点的直接后继的时间复杂度是 $O(1)$，搜索某结点的直接前驱的时间复杂度是 $O(n)$。

如果希望搜索某结点的直接前驱的时间复杂度也达到 $O(1)$，那么可通过增加空间复杂度来达到目标。在单链表结点的结构基础上增加一个指向其直接前驱的指针域，该结点的结构如图 2.13 所示。其中，prior 是指向其直接前驱的指针，data 是数据域，next 是指向其直接后继的指针。

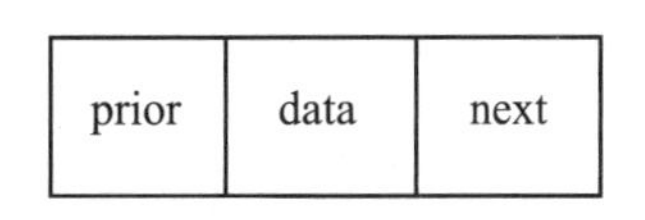

图 2.13　双向链表结点的结构

用上述结点组成的链表称为**双向链表**。双向链表的逻辑结构示意图如图 2.14 所示。

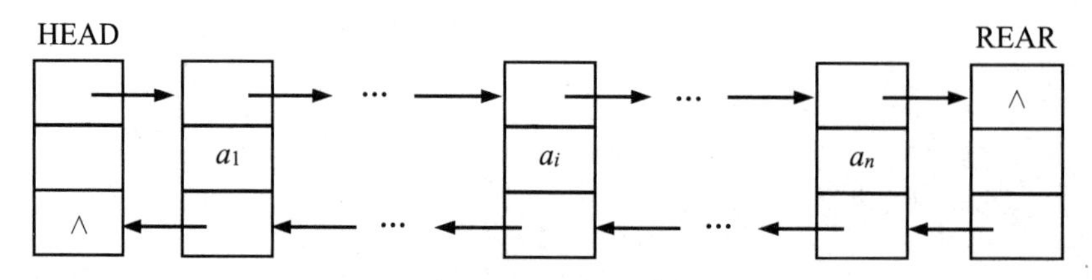

图 2.14　双向链表的逻辑结构示意图

在图 2.14 中，HEAD 为头结点，双向链表中还增加了与头结点类似的尾结点 REAR。双向链表通常也用头指针 h 来标识。**双向链表结点类型定义**如代码 2.19 所示。

代码 2.19　双向链表结点类型定义

```
1   #define NULL        0                  //定义空指针符号常量
2   #define DLNODE      struct DLNodeType
3       ……
4   DLNODE {
5       ElemType    data;
6       DLNODE  *prior, *next;
7   };
```

该结点类型可以用来定义结点的指针变量。在定义双向链表结点类型的基础上，下面简要阐述双向链表的插入和删除操作，其他基本操作留给读者自行完成。

通过双向链表中的任意结点 p，既可访问其直接后继，又可访问其直接前驱。通过结点的直接前驱和直接后继指针对结点本身及其前、后位置结点的访问更加灵活，操作形式具有对称性，表达式描述如下（这些操作的时间复杂度均为 $O(1)$）：

```
p->prior->next = p->next->prior = p;
p->next->prior = p->prior->next = p;
```

双向链表前插结点操作即在双向链表的结点 p 之前插入新结点 s，新结点的数据域为 x。实现该插入操作的 3 个步骤如下。

（1）申请生成新结点 s，在新结点的数据域中填入 x。

（2）修改新结点 s 的指针域，分别指向其直接前驱和直接后继。

（3）修改其他结点的指针域，使之指向新结点 s。

双向链表插入操作示意图如图 2.15 所示。

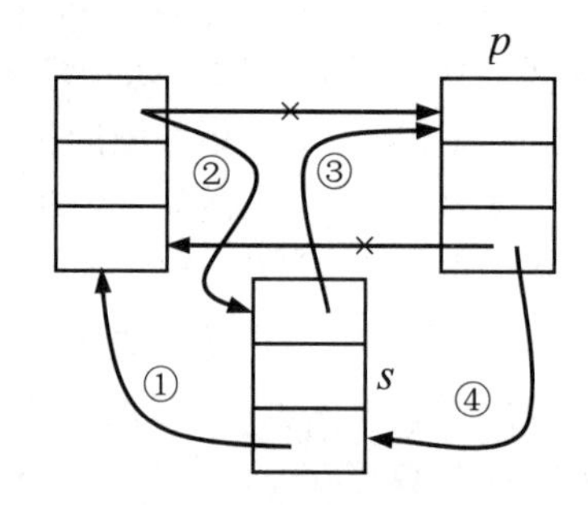

图 2.15　双向链表插入操作示意图

双向链表前插法结点算法如代码 2.20 所示。

代码 2.20　双向链表前插结点算法

```
1   int  Insert_FWDLL(DLNODE  *p,   ElemType  x) {
2       DLNODE  *s;
3       if ( !( s = (DLNODE*)malloc(sizeof(DLNODE))))
4           return  0;          //创建新结点失败
5       s->data = x;            //步骤(1)
6       s->prior=p->prior;      // ①
7       p->prior->next=s;       // ②
8       s->next=p;              // ③
9       p->prior=s;             // ④
10      return  1;              //插入结点成功
11  }
```

修改指针的指向关系的操作顺序并不唯一，但也不是任意顺序。在上述算法中，一般来说，操作①、③先执行；因为要将结点 s 插入结点 p 之前，所以操作④放在最后完成。

双向链表删除指定结点 p 的操作步骤如下。

①修改结点 p 的直接前驱和直接后继的指针域，以符合删除结点后的逻辑关系。

②释放结点 p 的存储空间。

双向链表删除操作示意图如图 2.16 所示，双向链表删除结点算法如代码 2.21 所示。

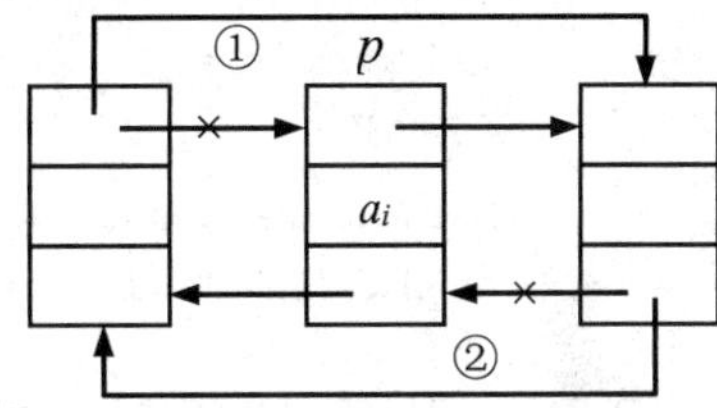

图 2.16　双向链表删除操作示意图

代码 2.21　双向链表删除结点算法

```
1   void  Delete_BWDLL( DLNODE  *p ) {
2       p->prior->next=p->next;         // ①
3       p->next->prior=p->prior;        // ②
4       free(p);                        //释放被删除结点的存储空间
5   }
```

3. 循环链表

将单链表的尾结点的指针域由指向 NULL 更改为指向头结点就构成循环单链表，如图 2.17 所示。循环单链表的结点类型定义、插入、删除等操作与一般单链表基本相同。循环单链表为空表的判据是 h->next = h，而单链表为空表的判据是 h->next = NULL。

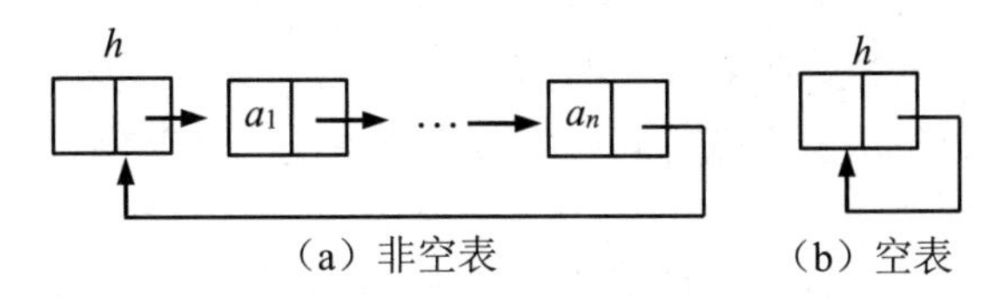

图 2.17　带头结点的循环单链表

循环单链表常用尾结点 r（指向尾结点的指针）来标识，这样有利于提高操作性能。例如，两个循环单链表分别用尾结点 ra、rb 来标识，将这两个循环单链表合并成一个循环单链表 rb 的操作过程如图 2.18 所示。

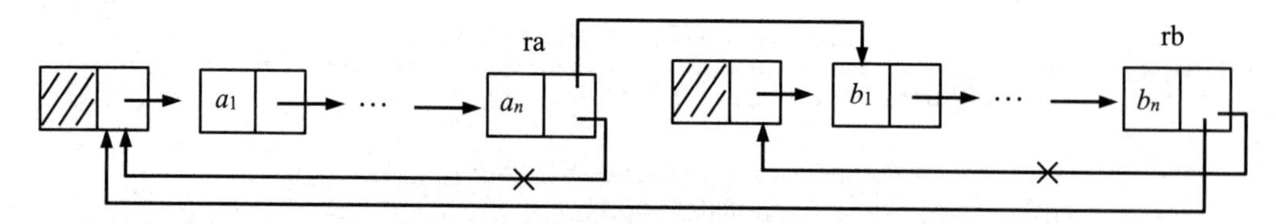

图 2.18 将两个循环单链表合并成一个循环单链表的操作过程

两个循环单链表合并算法如代码 2.22 所示。

代码 2.22 两个循环单链表合并算法

```
1   void connect(SLNODE  *ra, SLNODE  *rb)
2   {
3       SLNODE  *p;
4       p = rb->next;
5       rb->next = ra->next;
6       ra->next = p->next;
7       free(p);
8   }
```

该算法的时间复杂度为 $O(1)$。

2.1.4 顺序表和链表的比较

前面简要阐述了线性表的顺序存储和链式存储的定义与基本操作。从实现算法来看，线性表的顺序存储借助数组来实现，在 C 程序设计语言中易于实现。但是顺序表（数组）要求事先确定最大表长，这种约束条件存在以下不利之处：一方面，当操作中超过所定义的表长时，无法通过追加存储空间来扩展表长；另一方面，当操作中顺序表的数据元素较少时，将造成大量存储空间空闲。线性表的链式存储结构是一种动态存储结构，只需根据线性表中数据元素的个数来申请存储空间即可。只要物理存储空间允许，链表中数据元素的数量就无须事先确定，可动态增减。

从空间效率来说，顺序表利用存储空间地址的连续性来表示线性表中数据元素的逻辑相邻关系，申请到的存储空间用来存放数据元素，没有额外存储空间的开销。对链式存储的线性表来说，每个结点都需要增加额外的存储空间来存放其直接后继（或直接前驱）的存储地址。如果数据元素的数据类型简单（如字符型或整型），那么相对来说，结点的指针域在整个结点中的存储空间开销就比较大。因此，简单来说，顺序表的空间效率高于链表的空间效率。考虑到顺序表的静态分配和链表的动态申请，可以从实际数据元素的数量、数据类型，以及指针域所占存储空间的大小来分析两种存储方式在实际使用中的空间效率，这部分内容留给读者自行分析。

从访问线性表中数据元素的时间效率方面来看，顺序表是一种随机访问的结构，即给定数据元素逻辑序号后，能够快速访问线性表中的数据元素；单链表是一种顺序依次访问的结构，即给定数据元素逻辑序号后，需要从头结点开始依次搜索。因此，顺序表的访问时间效率优于单链表。

基于以上对顺序表和链表特点的分析，在实际中选取存储方式时通常考虑以下几点。

（1）基于存储考虑。

顺序表采用静态分配存储空间的方法，在实现前需要确定存储空间的大致规模，即要求顺序表的表长能事先确定或在操作过程中变化不大。当线性表的表长事先未知或表长会在较大范围内变化时，适合采用链式存储结构。

（2）基于运算考虑。

顺序表按数据元素逻辑序号访问 a_i 的时间复杂度是 $O(1)$，链表按数据元素逻辑序号访问 a_i 的时间复杂度是 $O(n)$。因此，如果经常执行按数据元素逻辑序号访问数据元素的操作，则顺序存储结构优于链式存储结构。

在顺序表中执行插入和删除操作时，需要平均移动表中一半数量的数据元素，当每个数据元素所占的存储空间较大且表长较大时，顺序表插入和删除操作的时间性能较差；相对来说，链表中的插入和删除操作虽然也要查找插入位置，但搜索过程主要是比较操作，从这个角度考虑，链式存储的时间性能优于顺序存储。

（3）基于编程语言考虑。

顺序表易于实现，因为一般高级语言中都有数组类型，而链表基于指针操作。

2.2　栈和队列

栈和队列是两种特殊的线性结构，因为从逻辑结构上看，栈和队列仍然是线性结构。相对于线性表在其表长范围内的任意位置均可进行插入和删除操作，栈和队列将插入与删除操作的位置限制在线性表的一端或两端。因此，栈和队列是操作受到限制的线性表。具体来说，栈将插入和删除操作限制在线性表的同一端，从而具有“后进先出”的特点；队列将插入操作限制在线性表的一端，将删除操作限制在线性表的另一端，从而具有“先进先出”的特点。栈被广泛应用于编译软件和子程序调用，而队列则被广泛应用于操作系统和任务管理。

2.2.1　栈

由于栈是将数据元素的插入和删除操作限制在一端的线性表，因此栈在操作灵活性方面不如线性表，但其在实现上更加容易，在特定的应用场合使用起来具有更高的操作效率。栈的“后进先出”的特点表示在栈中删除数据元素的顺序与插入数据元素的顺序相反。

1．栈的基本操作

栈中允许插入和删除操作的表端称为**栈顶**（Top），相应的另一端称为**栈底**（Bottom）。栈顶位置会随着插入或删除操作改变，栈底作为边界，其位置固定不变。在栈中插入一个数据元素称为**压栈**（或称入栈），删除一个数据元素称为**出栈**。当栈中没有数据元素时，称为**空栈**。在使用栈的算法中，空栈状态往往表示某个操作过程的结束。

设栈初始为空栈，现有 3 个数据元素 a_1、a_2、a_3 依次入栈，a_1 第一个入栈，因此 a_1 的位置是栈底；a_3 最后一个入栈，因此 a_3 的位置是栈顶，如图 2.19 所示。此时，从栈顶依次出栈 3 个数据元素，输出的顺序是 a_3、a_2、a_1。可以看出，数据元素的出栈顺序与入栈顺序相

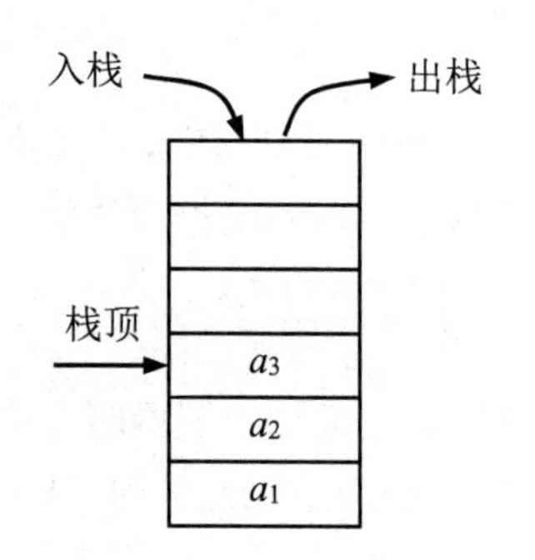

图 2.19　入栈与出栈示意图

反。因此栈被称为“后进先出”（Last In First Out，LIFO）的线性表。在程序设计中，子程序调用与返回、表达式运算等常常用到栈。

栈的基本操作定义在栈的逻辑结构之上，而栈的基本操作的实现则依赖栈的存储结构。因此，只有在确定了栈的存储结构之后才能实现栈的基本操作。栈的基本操作定义如下。

（1）栈初始化 Init_Stack()：构造一个空栈。

（2）判空 IsEmpty_Stack(s)：若栈 s 为空栈，则返回 1，否则返回 0。

（3）入栈 Push_Stack(s,x)：将数据元素 x 插入栈 s，x 成为新栈顶元素。

（4）出栈 Pop_Stack(s,x)：从非空栈 s 的栈顶删除数据元素，将原栈顶元素存入返回变量 x，并修改栈顶指向新栈顶元素。若栈空，则无法执行出栈操作。

（5）读栈顶元素 GetTop_Stack(s,x)：读取非空栈 s 的栈顶元素，将栈顶元素存入返回变量 x，并保持栈顶不变。若栈空，则无法读取栈顶元素。

2．栈的存储结构和算法实现

与线性表一样，栈有顺序存储和链式存储两种存储方式。采用顺序存储方式的栈称为**顺序栈**，采用链式存储方式的栈称为**链栈**。栈的不同存储方式也会影响其操作的实现。

1）顺序栈

顺序栈用一组连续的存储空间存放栈的数据元素。顺序栈通常采用一维数组 data[MaxSize]来实现，其中 MaxSize 是根据问题规模确定的常量。可以设定数组的任意一端（如下标最小的位置端）为栈底，并设置一个整型变量 top 来指向随着插入和删除操作而变化的栈顶位置。

通常将数组 data[]和指向栈顶的 top 位置变量组织成一个结构体作为**顺序栈类型**，该类型的 C 语言定义如代码 2.23 所示。

代码 2.23　顺序栈的类型定义

```
1   #define SqStack     struct  StackType
2   #define MaxSize     1024 //根据需要设定
3   SqStack {
4       ElemType    data[MaxSize];
5       int     top;
6   };
```

用该顺序栈类型 SqStack 可定义一个指针：

```
SqStack *s;
```

假设栈底设置在一维数组下标最小的位置端，空栈时令位置变量 top=-1，数据元素入栈时，栈顶位置变量加 1，出栈时栈顶位置变量减 1 。此时，顺序栈的操作过程示意图如图 2.20 所示。

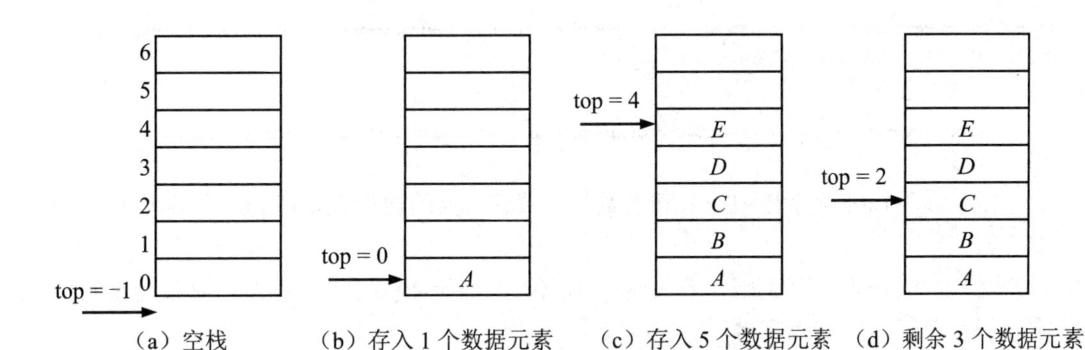

（a）空栈　（b）存入 1 个数据元素　（c）存入 5 个数据元素　（d）剩余 3 个数据元素

图 2.20　顺序栈的操作过程示意图

图 2.20（a）所示的栈中没有数据元素，栈顶位置变量 top = −1，表示空栈。

图 2.20（b）所示为数据元素 *A* 入栈，栈顶位置变量加 1，即 top=0。

图 2.20（c）所示为 *A*、*B*、*C*、*D*、*E* 这 5 个数据元素依次入栈后的状态。此时，栈顶位置变量 top=4。

图 2.20（d）所示为在如图 2.20（c）所示的状态的基础上，数据元素 *E*、*D* 依次出栈：*E* 先出栈，栈顶位置变量减 1，top=3；然后 *D* 出栈，栈顶位置变量减 1，top=2。此时，栈中还剩余 3 个数据元素。事实上，最近出栈的数据元素 *D*、*E* 仍可能在原先的存储空间中，但栈操作限制为通过栈顶位置来访问栈顶元素，因此，在如图 2.20（d）所示的状态下，top 指向新栈顶，无法访问数据元素 *D* 和 *E*。

顺序栈的基本操作及其实现如下。

（1）顺序栈初始化。

顺序栈初始化即构造一个空栈。为此，首先定义顺序栈类型 SqStack 的指针变量，并将其指向申请到的一组连续存储空间的起始地址；再将栈顶位置变量 top 初始化为−1，如代码 2.24 所示。

代码 2.24　顺序栈初始化算法

```
1   SqStack *Init_SeqStack( void ) {
2       SqStack *s;
3       s = (SqStack*)malloc(sizeof(SqStack));
4       s->top = -1;
5       return  s;
6   }
```

（2）顺序栈判空。

在读取栈顶元素或进行出栈前，均需要对顺序栈进行判空操作，因为栈空时不能执行这些操作。根据空栈的特点，通常将 top = −1 作为顺序栈为空的判据。顺序栈判空算法如代码 2.25 所示。

代码 2.25　顺序栈判空算法

```
1   int  IsEmpty_SeqStack(SqStack  *s) {
2       if( s->top == -1 )
3           return  1;
```

```
4       else
5           return  0;
6   }
```

（3）入栈。

顺序栈入栈是指在顺序栈中插入新的数据元素。插入的数据元素成为新栈顶元素。入栈步骤如下。

①判断栈空间是否仍有空闲。若栈空间无空闲，则无法执行入栈操作，返回错误状态；若栈空间仍有空闲，则转入步骤②。

②修改栈顶位置变量，指向下一个空闲存储单元。

③将新的数据元素放入栈顶位置变量指向的空闲存储单元中。

顺序栈入栈算法如代码 2.26 所示。

代码 2.26　顺序栈入栈算法

```
1   int  Push_SeqStack(SqStack  *s, ElemType  x) {
2       if(s->top == MaxSize-1)
3           return  0;              //栈满，不能入栈
4       else {
5           s->top = s->top + 1;    //新的栈顶位置
6           s->data[s->top] = x;
7           return  1;              //入栈成功
8       }
9   }
```

（4）出栈。

顺序栈出栈是指删除顺序栈的栈顶元素，并修改栈顶位置变量指向下一个数据元素，使之成为新栈顶元素。出栈步骤如下。

① 读取栈顶元素。

② 修改栈顶位置变量，使之指向下一个数据元素。

顺序栈出栈算法如代码 2.27 所示。

代码 2.27　顺序栈出栈算法

```
1   int  Pop_SeqStack(SqStack  *s,  ElemType  *x) {
2       if(IsEmpty_SeqStack(s))     //判空
3           return  0;              //栈空，不能出栈
4       else {
5           *x = s->data[s->top];   //栈顶元素存入指针x指向的存储单元
6           s->top = s->top - 1;
7           return  1;  }
8   }
```

（5）读取栈顶元素。

相对于出栈操作，读取栈顶元素仅读取栈顶元素，而不修改栈顶位置，如代码 2.28 所示。

代码 2.28　顺序栈读取栈顶元素算法

```
1   int  Top_SeqStack(SqStack  *s,      ElemType  *x) {
2       if(IsEmpty_SeqStack(s) == 1)       //判空
3           return  0;
4       else {
5           *x = s->data[s->top];
6           return  1;
7       }
8   }
```

在实际应用中，常常需要同时使用多个栈。此时，可申请一组足够大的顺序栈存储空间，利用栈的动态特性让不同的栈共享该存储空间以提高空间利用率，这就是栈的共享技术。

在栈的共享技术中，两个栈的共享最为常见。首先为两个栈申请共享的一维数组空间data[MaxSize]；然后将两个栈的栈底分别设置在一维数组的两端，两个栈的栈顶处于数组的中间位置。利用“栈底位置不变，栈顶位置动态变化”的特性，使两个栈能够充分利用存储空间。

顺序共享栈类型定义如代码 2.29 所示。

代码 2.29　顺序共享栈类型定义

```
1       #define SharedSqStack struct ShareStackType
2       #define MaxSize 1000
3       SharedSqStack {
4           ElemType    data[MaxSize];
5           int      top1, top2; //top1、top2分别为两个栈的栈顶
6       };
```

用该共享栈类型 SharedSqStack 可定义一个指针：

```
SharedSqStack  *s;
```

两个栈共享存储空间的逻辑示意图如图 2.21 所示。

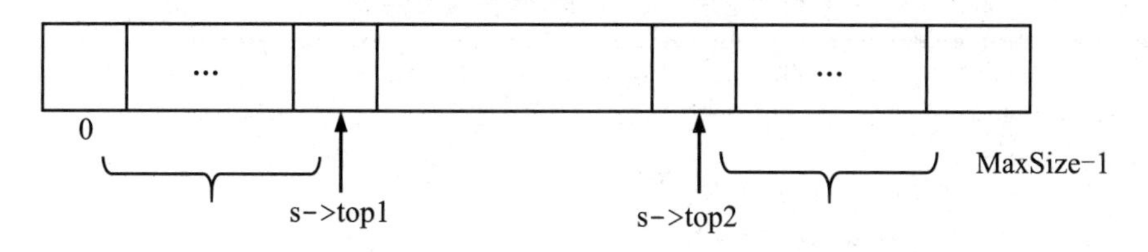

图 2.21　两个栈共享存储空间的逻辑示意图

从图 2.21 中可以看出，当两个栈的栈顶位置变量指向数组的左端或右端时，对应的栈为空栈：当 s->top1=−1 时，左边的栈为空栈；当 s->top2=MaxSize 时，右边的栈为空栈。

当一维数组的空间全部使用完毕时，共享栈为栈满状态。此时，两个栈的栈顶位置在数组的中间位置左右相邻，满足 s->top1+1 = s->top2。根据上述分析，顺序共享栈初始化算法如代码 2.30 所示。

代码 2.30 顺序共享栈初始化算法

```
1    SharedSqStack*  InitSharedStack( void ) {
2        SharedSqStack  *s;
3        s = (SharedSqStack *)malloc(sizeof(SharedSqStack));
4        s->top1 = -1;
5        s->top2 = MaxSize;
6        return  s;
7    }
```

顺序共享入栈算法如代码 2.31 所示。

代码 2.31 顺序共享栈入栈算法

```
1    int PushSharedStack(SharedSqStack *s, ElemType x, int i) {
2        if(s->top1+1 == s->top2)
3            return -1;                  //栈满
4        switch(i) {                     // i: 栈号
5            case 1:
6                s->top1++;
7                s->data[s->top1]=x;
8                break;
9            case 2:
10               s->top2--;
11               s->data[s->top2]=x;
12               break;
13           default:
14               return -1;
15       }
16       return  1;
17   }
```

顺序共享栈出栈算法如代码 2.32 所示。

代码 2.32 顺序共享栈出栈算法

```
1    int PopSharedStack(SharedSqStack *s, ElemType *x, int i) {
2        switch(i)  {                    // i: 栈号
3            case 1:
4                if(s->top1==-1)
5                    return -1;
6                *x=s->data[s->top1--];
7                break;
8            case 2:
9                if(s->top2==MaxSize)
10                   return -1;
11               *x=s->data[s->top2++];
12               break;
13           default:
14               return -1;
15       }
```

```
16      return 1;
17  }
```

2）链栈

链栈通常用单链表存储堆栈数据元素，即每个结点都由数据域和一个指向其直接后继的指针域组成。该结构与单链表结点的结构相同。

链栈结点类型定义如代码 2.33 所示。

代码 2.33 链栈结点类型定义

```
1   #define NULL             0                    //定义空指针符号常量
2   #define LinkStack   struct  LStackType
3   LinkStack {
4       ElemType        data;
5       LinkStack   *next;
6   };
```

可以看出，该类型定义与单链表结点类型定义相同。

栈的插入和删除操作限制在栈顶，因此将链表起始端作为栈顶比较合适，而且可以采用不带头结点的单链表形式。链栈的逻辑结构示意图如图 2.22 所示，用 top 标识头指针。

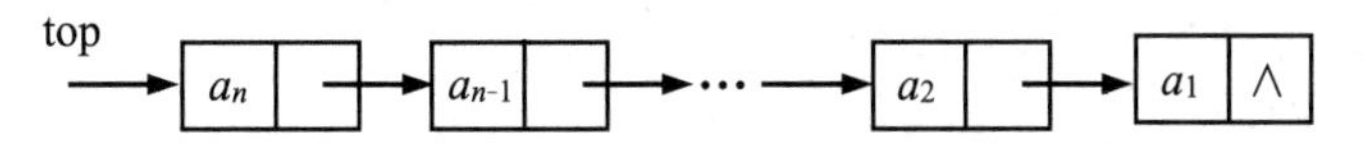

图 2.22 链栈的逻辑结构示意图

链栈的基本操作（如初始化、入栈、出栈等的）算法描述如下。

（1）初始化。

链栈初始化是指建立一个空链栈。空链栈中没有结点，只有头指针 top，该头指针指向空（NULL）。链栈初始化算法如代码 2.34 所示。

代码 2.34 链栈初始化算法

```
1   int  Init_LinkStack(LinkStack **ptop){
2       *ptop = NULL;        //ptop为指向头指针top的指针
3       return  1;
4   }
```

当不使用头结点时，链栈的头指针 top 指向的地址会随着入栈和出栈操作发生变化，通常需要使用指向头指针 top 的指针作为函数参数，以便将新地址传递给头指针 top。

（2）入栈。

链栈的入栈操作是指在链栈的栈顶（链表的表头）位置插入新结点，并调整栈顶指针指向该新结点。链栈入栈算法如代码 2.35 所示。

代码 2.35 链栈入栈算法

```
1   int  Push_LinkStack(LinkStack  **ptop, ElemType x) {
2       LinkStack  *s;
3       if ( !( s = (LinkStack*)malloc(sizeof(LinkStack)))
4           return  0;
```

```
5        else {
6            s->data = x;
7            s->next = *ptop;
8            *ptop = s;
9            return  1;
10       }
11   }
```

（3）出栈。

链栈的出栈操作是指删除链栈的栈顶结点，释放该结点空间，并调整栈顶指针指向新栈顶结点。链栈出栈算法如代码 2.36 所示。

代码 2.36　链栈出栈算法

```
1   int  Pop_LinkStack(LinkStack  **ptop,   ElemType  *x) {
2        LinkStack  *p;
3        if(*ptop == NULL)
4            return  0;
5        else {
6            *x =(*ptop)->data;
7            p = *ptop;
8            *ptop=(*ptop)->next;
9            free(p);
10           return  1;
11       }
12   }
```

在使用时，可以通过以下语句定义链栈的头指针 top，完成链栈的初始化并进行相应的操作：

```
LinkStack* top;
Init_LinkStack(&top);                    //初始化
Push_LinkStack(&top, 10);                //入栈
ElemType value;
Pop_LinkStack(&top, &value);             //出栈
```

3．顺序栈和链栈的比较

在栈的顺序存储和链式存储方式下，入栈和出栈等主要基本操作的时间复杂度均是常数阶，因此两者的时间效率一样；而两者在存储空间开销上的差异与顺序表和链表之间的情况类似。

如果应用中需要使用多个栈，则通常在顺序栈中采用栈的共享技术来实现，以提高空间利用率。两个栈共享一维数组的方法特别适合数据元素从一个栈中弹出并被压入另外一个栈中的应用场合。如果共享栈主要用来保存数据元素，那么这两个栈均向数组的中间生长，数组中间的空闲空间将很快被使用完毕，这种场合不适合采用顺序存储方式下的栈的共享技术。

4．栈的应用

栈具有“后进先出”的特点，在很多场合被用作重要的辅助数据结构，以解决实际问题，如子程序嵌套调用与返回信息的保存和恢复。由于顺序栈实现和使用方便，因此其应用较多。

下面举例说明。

例 2.3　数制转换。

将十进制数 N 转换为 r 进制数的方法是重复“除以 r 取余”操作，步骤如下。

（1）如果 N 大于 0，则重复“将 N 除以 r 的余数入栈，用 N 除以 r 的商替换 N”操作；否则转入步骤（2）。

（2）输出栈中的余数，直到栈为空。该输出序列即转换得到的 r 进制数。

以 N=2345，$r=8$ 为例，转换过程如下：

N	N/8（商）	N%8（余数）	权位
2345	293	1	低
293	36	5	↑
36	4	4	↑
4	0	4	高

因此，转换结果为$(2345)_{10}=(4451)_8$。

可以看到，转换后的八进制数按权位从低位到高位的顺序产生，而输出结果顺序是从高位到低位，与计算产生的顺序相反。在转换过程中，每得到一位余数（八进制数），就入栈保存，转换结束后依次出栈即得转换结果，算法描述如下。

（1）若 $N\neq0$，则将 $N\%r$ 压入栈 s 中，执行步骤（2）；若 N=0，则将栈 s 中的内容出栈，栈空后算法结束。

（2）用 N/r 代替 N，转向步骤（1）。

栈在数制转换中的应用如代码 2.37 所示。

代码 2.37　栈在数制转换中的应用

```
1   void Dec2R(int N, int r) {
2       SqStack *ns;
3       int     x;                //ElemType具体化为int类型
4       ns=Init_SeqStack();
5       while(N) {
6           Push_SeqStack(ns, N % r);
7           N=N/r;
8       }
9       while(IsEmpty_SeqStack(ns) == 0) {
10          Pop_SeqStack(ns, &x);
11          printf("%d", x);
12      }
13  }
```

例 2.4　栈与递归。

有些应用问题是递归定义的，此时采用递归方法可以大大简化问题的求解。栈的一个重要应用是在程序设计语言中实现递归调用。

下面以求 n 的阶乘 $n!$为例来说明栈与递归。$n!$定义为

$$n! = \begin{cases} 1 & n=0 \quad \text{（递归终止条件）} \\ n\times(n-1)! & n>0 \quad \text{（递归步骤）} \end{cases}$$

根据定义写出求 $n!$的递归算法，如代码 2.38 所示。

代码 2.38　*n*!递归算法

```
1   int  fact(int n) {
2       int ff, tmp;
3       if(n==0)
4           return  1;
5       else {
6           tmp = n*fact(n-1);
7           return tmp;}
8   }
```

递归函数应当具有递归终止条件。在上例中，当 n=0 时，递归结束。

递归函数的调用类似多层函数的嵌套调用，区别在于，在递归过程中，调用函数和被调用函数是同一个函数，即函数调用它自己。每次调用时，系统都将属于各个递归层次的信息组成一个活动记录（包含本层调用的实参、本层调用结束的返回地址、局部变量等信息），并将这个活动记录保存在系统的递归工作栈中。每递归调用一次，就在栈顶建立一个新的活动记录（新的活动记录作为数据元素入栈）。当递归终止条件满足时，将栈顶活动记录依次出栈，将活动记录中的返回地址和参数信息等返回对应层次的调用处，完成递归调用。

为了便于理解例 2.4 的递归调用求解过程，标识 RA 为 fact()函数中执行完 fact(n−1)函数后的返回地址，其用于返回上一层继续执行。计算 3!的递归工作栈入栈过程如图 2.23 所示。

图 2.23　计算 3!的递归工作栈入栈过程

第三次递归调用（参数 n=1，调用 fact(0)）后，获得 fact(0)的结果且不再有入栈操作，此后便转入出栈操作。第一次出栈后，返回此时 RA 存储的地址处，执行 ff = 1 * ff(0) = 1；第二次出栈，返回此时 RA 存储的地址处执行 ff = 2 * ff(1) = 2；第三次出栈，返回此时 RA 存储的地址处执行 ff = 3 * ff(2) = 6。当栈为空栈时，递归调用过程结束，返回的结果就是要求计算的结果。程序的执行过程及通过栈实现递归调用与返回的示意图如图 2.24 所示。

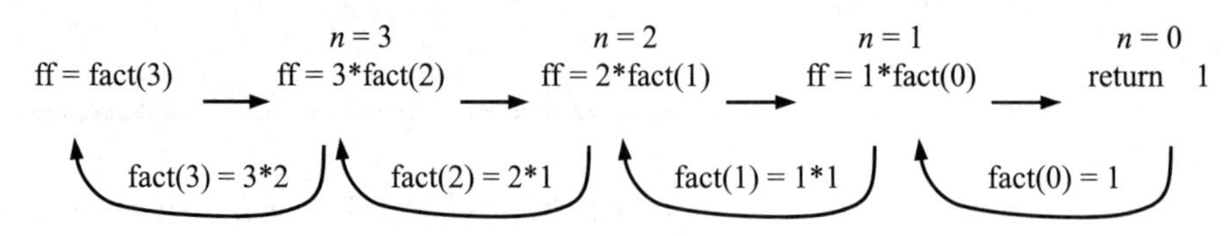

图 2.24　程序的执行过程及通过栈实现递归调用与返回的示意图

2.2.2　队列

队列是另一种数据元素操作位置受到限制的线性表。队列与现实生活中排队的场景一样，后来的人（队列的数据元素）从队尾加入队列，队列最前头的人获得服务后离开队列。因此，队列具有“先进先出”（First In First Out，FIFO）的特点，表示删除数据元素（出队）的次序与插入数据元素（入队）的次序相同。队列体现了先来先服务的思想，在任务优先级管理等问题中有着广泛应用。

1. 队列的定义与基本运算

若对线性表数据元素的操作位置限制为只能在表的一端插入数据元素，而在表的另一端删除数据元素，则称这样的线性表为**队列**。队列中允许插入数据元素的一端称为**队尾**（rear），允许删除数据元素的一端称为**队头**（front）。在队尾插入数据元素的操作称为**入队**，在队头删除数据元素的操作称为**出队**。当队列中没有数据元素时，称之为**空队列**。队列变为空队列往往代表队列应用问题中某个过程的结束。

为了操作方便，可以设置队头 front 和队尾 rear 两个位置变量，并且约定 rear 总是指向最后一个入队的数据元素的位置，front 总是指向队头数据元素的前一个位置。

设队列初始为空队列，现有 n 个数据元素入队：a_1 首先入队，a_n 最后入队。如图 2.25 所示，队头 front 指向 a_1 逻辑上的前一个位置（front 并不指向 a_1 位置），队尾 rear 指向 a_n 位置。如果入队的次序为 $a_1, a_2, \cdots, a_n$，则出队的次序也是 $a_1, a_2, \cdots, a_n$。可以看出，数据元素出队的次序与其入队的次序相同，因此队列被称为“先进先出”的线性表。

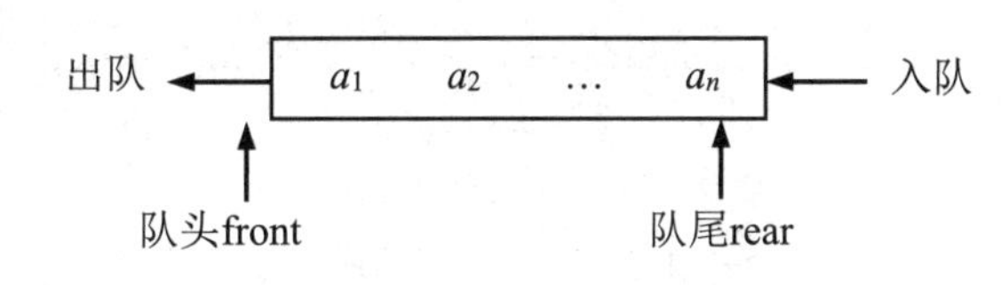

图 2.25 队列示意图

队列的基本操作定义在队列的逻辑结构之上，而队列的基本操作的实现则依赖队列的存储结构。因此，只有在确定了队列的存储结构之后，才能实现队列的基本操作。队列的基本操作定义如下。

（1）队列初始化 Init_Queue()：构造一个空队列。

（2）判空 IsEmpty_Queue(q)：判断队列 q 是否为空，若为空则返回 1，否则返回 0。

（3）入队 In_Queue(q,x)：在队列 q 的队尾插入数据元素 x，设置新的队尾位置。

（4）出队 Out_Queue(q,x)：读取非空队列 q 的队头元素到返回变量 x 中，并重新设置队头位置。若队列为空，则返回相应的状态信息。

（5）读取队头元素 Front_Queue(q,x)：读取非空队列 q 的队头元素到返回变量 x 中，并保持队头位置不变。若队列为空，则返回相应的状态信息。

2. 队列的存储实现及运算实现

与线性表一样，队列有顺序存储和链式存储两种常见的存储方式。采用顺序存储方式的队列称为顺序队列，采用链式存储方式的队列称为链式队列。队列与线性表的区别在于其中的数据元素的插入和删除操作的位置受限。因此，存储方式不同也会影响队列的基本操作的实现。

1）顺序队列

队列的顺序存储（顺序队列）是指在内存中用地址连续的一组存储单元按照逻辑顺序存

放队列的数据元素。除了地址连续的数据存储区，队列还有队头、队尾两个位置变量。顺序队列类型定义如代码 2.39 所示。

代码 2.39　顺序队列类型定义

```
1    #define SeqQueue     struct  SeqQueueType
2    #define MaxSize 1000                          //根据需要进行设置，也可以是其他整数
3    SeqQueue {
4        ElemType    data[MaxSize];                //队列数据元素的存储空间
5        int      front, rear;                     //队头和队尾位置变量
6    };
```

用该类型定义指针变量 sq，并将顺序队列存储空间的起始位置赋予该指针变量，如代码 2.40 所示。

代码 2.40　顺序队列指针变量赋值

```
1    SeqQueue  *sq;
2    sq = (SeqQueue *)malloc(sizeof(SeqQueue));
```

执行上述语句后，队列的数据元素存放在 sq->data[0]～sq->data[MaxSize-1]中；队头位置为 sq->front，队尾位置为 sq->rear。

下面讨论顺序队列的队空和队满的条件，在此基础上描述顺序队列的操作算法。

设 MaxSize=8，顺序队列的入队和出队操作示意图如图 2.26 所示。当队列为空队列时，sq->front = sq->rear = −1，如图 2.26（a）所示。

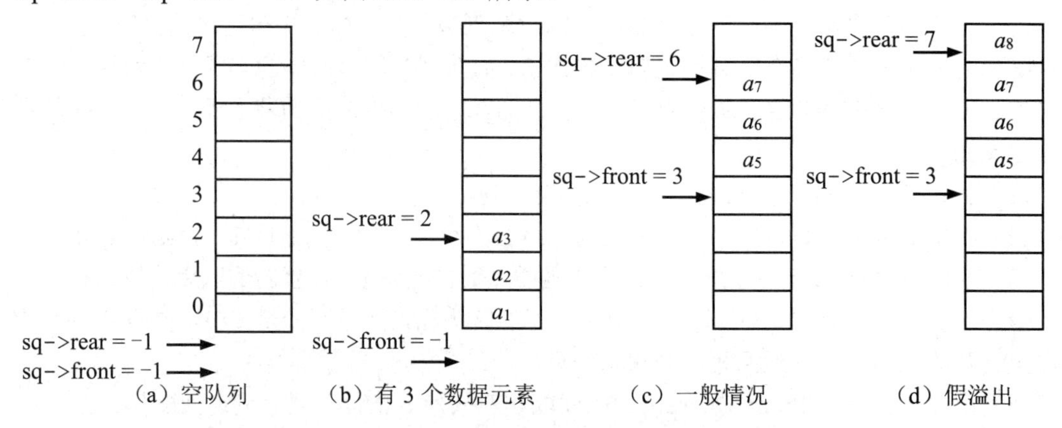

图 2.26　顺序队列的入列和出队操作示意图

在空队列的基础上，数据元素依次入队。数据元素的入队过程为队尾位置变量指向新的空闲存储单元，数据元素入队。队列入队操作如下：

```
sq->rear++;
sq->data[sq->rear] = x;
```

当 3 个数据元素 a_1、a_2、a_3 依次入队后，sq->rear=2，而 sq->front 保持不变，如图 2.26（b）所示。

在图 2.26（b）的基础上，a_4、a_5、a_6、a_7 依次入队，此时有 sq->rear=6。当队列不为空时，可执行出队操作。数据元素的出队过程为先修改队头位置变量，使之指向队头元素，然

后队头元素出队。需要说明的是，每次出队操作后，队头位置变量仍然满足“指向队头元素前一个位置”的约定。队列出队操作如下：

```
sq->front++;
x=sq->data[sq->front];        //将原队头元素赋给变量x
```

图 2.26（c）所示为 a_1、a_2、a_3、a_4 依次出队后顺序队列的状态。此时，队头位置变化为 sq->front = 3，而队尾位置 sq->rear = 6 保持不变。队头位置 sq->front 保持指向当前队头元素 a_5 的前一个位置。随着数据元素不断地入队，队尾位置会向数组的高位边界移动。例如，在图 2.26（c）的基础上，若再有 a_8 入队，则队尾位置 sq->rear 会指向数组的高位边界，如图 2.26（d）所示。

在图 2.26（d）中，虽然数组中依然存在空闲存储单元，但若再有数据元素入队，则将产生队尾位置 sq->rear 超过数组边界的溢出现象。这种队列仍有空闲存储单元但数据元素无法入队的情形称为顺序队列的**假溢出**。顺序队列的假溢出问题可以有以下几种解决方法。

解决假溢出问题的方法之一是每个数据元素出队后，将队列中的数据元素整体向前移动一个位置，以保证 sq->front = −1 保持不变。在这样的约定下，sq->rear = −1 表示队空，sq->rear = MaxSize −1 表示队满。该方法的缺点很明显：频繁移动数据元素造成算法效率较低，因此一般不予采用。

解决假溢出问题的一种有效的方法是在队头和队尾位置指向约定保持不变的情况下，将队列的数据元素存放区域 data[0]～data[MaxSize−1]看作头尾相接的循环结构，称其为**循环队列**。循环队列的结构示意图如图 2.27 所示。

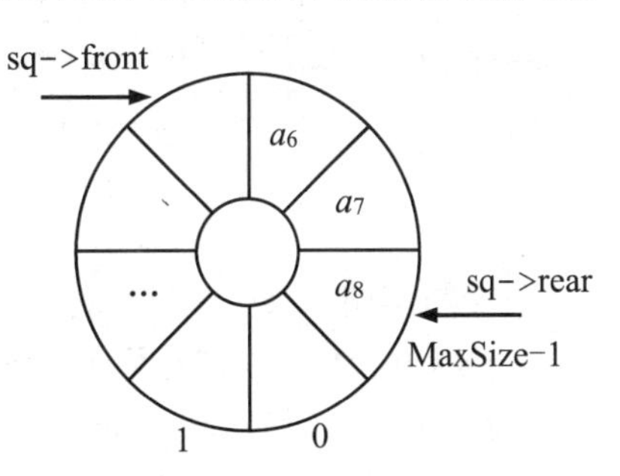

图 2.27　循环队列的结构示意图

在循环队列中，入队操作为：

```
sq->rear = (sq->rear+1)%MaxSize;
sq->data[sq->rear] = x;
```

在循环队列中，出队操作为：

```
sq->front = (sq->front+1)%MaxSize;
x = sq->data[sq->front];        //将原队头元素赋给变量x
```

仍设 MaxSize=8，图 2.28（a）所示为循环队列的一般情况（既不空又不满）。

一般情况下，队列中的 3 个数据元素 a_2、a_3、a_4 相继出队后，结果如图 2.28（b）所示。此时，队列中没有数据元素，为队空状态，队头和队尾位置变量满足 sq->front = sq->rear（逻辑意义上的相等，下同）。在队列为空的情况下，若数据元素 a_5～a_{12} 相继入队，则结果如图 2.28（c）所示。此时，队列的存储空间全部被占用，为队满状态，队头和队尾位置变量也满足 sq->front = sq->rear。由此带来循环顺序队列中的新问题：队空状态和队满状态的判定条件相同。也就是说，在循环顺序队列中，当 sq->front = sq->rear 时，不能判断队列是队空状态还是队满状态。通常有两种方法解决循环队列的这个问题。

第一种方法是附设一个变量（如 cnt），用于记录队列中数据元素的个数，cnt = 0 时为队空状态，cnt = MaxSize 时为队满状态。

第二种方法是约定始终保留循环队列中的一个数据元素空间不被使用，即当队列中数据元素的个数为 MaxSize−1 时，就认为是队满状态，如图 2.28（d）所示。在队满状态下，队头和队尾位置在循环意义下（间隔一个数据元素空间）相邻。因此，队满的判定条件为(sq−>rear+1)%MaxSize = sq−>front，从而与队空的判定条件 sq−>front=sq−>rear 区分开。除非有特别说明，本书中的循环队列都采用第二种方法。

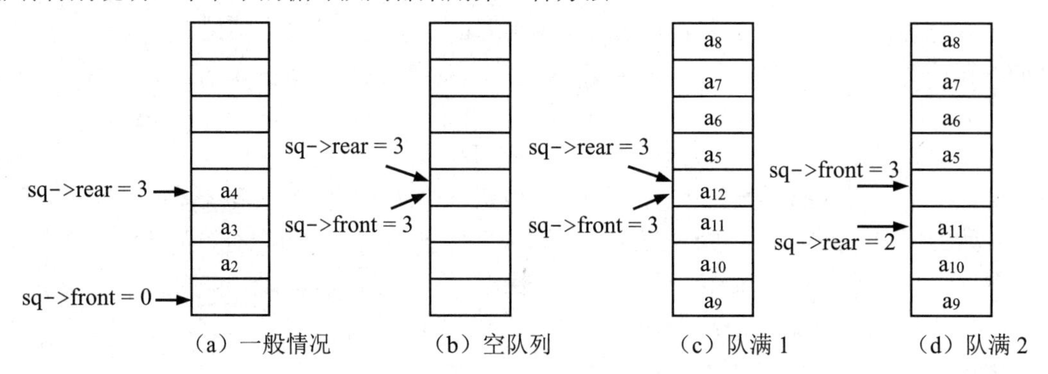

图 2.28　循环队列的队空与队满

通过上面的讨论，可以得到队列在顺序存储方式下的约定和状态判据，总结如下。

（1）顺序队列通常采用“循环顺序队列”的形式。

（2）队头位置变量指向队头元素的前一个位置，队尾位置变量指向队尾元素。

（3）顺序队列数组中留一个数据元素空间不使用，将数据元素的个数为 MaxSize−1 时的情形定义为队满状态。因此，循环顺序队列队满状态的判定条件为(sq−>rear+1)%MaxSize = sq−>front，队空状态的判定条件为 sq−>front = sq−>rear。

按照上述约定和状态判据，顺序队列的基本操作算法描述如下。

（1）初始化。

顺序队列初始化即构造一个空队列。为此，首先定义 SeqQueue 顺序队列类型的指针变量 sq，并将 sq 指向向系统申请的一组连续存储空间的起始位置；然后初始化队头和队尾位置变量为 0，如代码 2.41 所示。

代码 2.41　顺序队列初始化算法

```
1   SeqQueue  *Init_SeqQueue ( void ) {
2       SeqQueue    *sq;
3       sq = (SeqQueue *) malloc (sizeof(SeqQueue));
4       sq->front = sq->rear = 0;
5       return  sq;
6   }
```

（2）判空。

在进行出队等操作之前，需要对顺序队列进行判空操作。根据上面的约定，将 sq−>front = sq−>rear 作为顺序队列为空的判据。顺序队列判空算法如代码 2.42 所示。

代码 2.42　顺序队列判空算法

```
1   int  IsEmpty_SeqQueue(SeqQueue  *sq) {
2       if(sq->front == sq->rear)
3           return  1;
4       else    return  0;
5   }
```

（3）入队。

顺序队列入队操作是指在队尾插入新的数据元素。入队操作的步骤如下。

① 判断队列空间是否有空闲。若队列空间有空闲，则转至步骤②；否则，无法进行入队操作，返回错误状态。

② 修改队尾位置变量，使之指向一个空闲的数据元素存储单元。

③ 将数据元素存入该存储单元中，使之成为新的队尾元素。

顺序队列入队算法如代码 2.43 所示。

代码 2.43　顺序队列入队算法

```
1   int  IN_SeqQueue(SeqQueue  *sq, ElemType  x) {
2       if((sq->rear+1)%MaxSize == sq->front)
3           return  -1; //队满，无法入队
4       else {          //队尾位置变量加1，数据元素入队
5           sq->rear = (sq->rear+1)%MaxSize;
6           sq->data[sq->rear] = x;
7           return  1;
8       }
9   }
```

（4）出队。

顺序队列出队操作是指删除队头元素。出队操作的步骤如下。

① 在队列非空的情况下修改队头位置变量，使之指向队头元素位置。

② 读取队头元素，通过函数参数返回。

顺序队列出队算法如代码 2.44 所示。

代码 2.44　顺序队列出队算法

```
1   int  OUT_SeqQueue(SeqQueue  *sq,    ElemType  *x) {
2       if(sq->front == sq->rear)
3           return  -1;                     //队空，无法出队
4       else {                              //队头位置变量加1，数据元素出队
5           sq->front = (sq->front+1)%MaxSize;
6           *x = sq->data[sq->front];       //读取队头元素
7           return  1;
8       }
9   }
```

2）链式队列

链式队列通常采用带头结点的单链表实现，并设置一个队头指针和一个队尾指针。此时，队头指针始终指向头结点，队尾指针指向最后一个数据元素结点。**当队列为空时，队头指针**

和队尾指针均指向头结点。链式队列的逻辑结构示意图如图 2.29 所示。

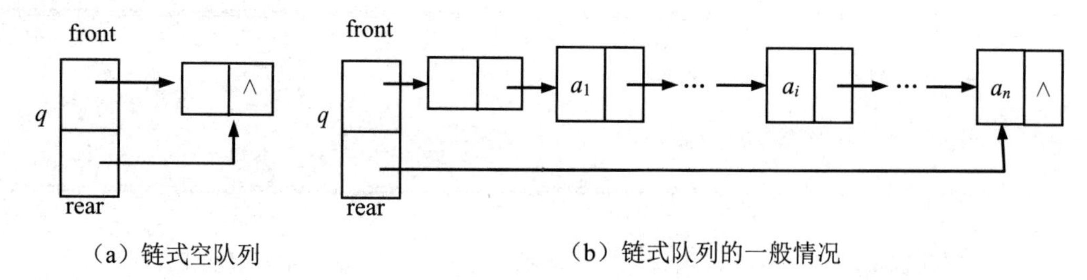

（a）链式空队列　　（b）链式队列的一般情况

图 2.29　链式队列的逻辑结构示意图

根据上面的描述，通常需要定义两种结构数据类型：①链式队列中数据元素的结点类型；②队头指针和队尾指针组合在一起构成链式队列类型。链式队列类型定义如代码 2.45 所示。

代码 2.45　链式队列类型定义

```
1    #define NULL         0         //定义空指针符号常量
2    #define QNODE        struct    QNodeType
3    #define LinkQueue    struct    LinkQueueType
4    QNODE   {                      //链式队列数据元素结点类型
5        ElemType    data;
6        QNODE    *next;
7    };
8    LinkQueue {                    //将队头指针和队尾指针组合在一起
9        QNODE    *front;
10       QNODE    *rear;
11   };
```

链式队列基本操作（如创建空队列、入队、出队等）的算法描述如下。

（1）创建空队列。

创建空队列（链式空队列）是指创建一个带头结点的空队列。根据定义，链式空队列中没有数据元素结点，但有头结点，且队头指针和队尾指针均指向该头结点。头结点的指针域指向空（NULL），如图 2.29（a）所示。

该创建过程也给出了**链式队列为空的判据是队头指针和队尾指针相等，均指向头结点。**

创建链式空队列算法如代码 2.46 所示。

代码 2.46　创建链式空队列算法

```
1    LinkQueue  *Init_LinkQueue(void) {
2        LinkQueue    *lq;
3        QNODE        *p;
4        lq = (LinkQueue*)malloc(sizeof(LinkQueue));  //队头指针和队尾指针结点
5        p = (QNODE*)malloc(sizeof(QNODE));        //头结点
6        p->next = NULL;
7        lq->front = p;
8        lq->rear = p;
```

```
9        return lq;
10   }
```

（2）判空。

在进行出队等操作之前，需要对链式队列进行判空操作。链式队列判空算法如代码 2.47 所示。

代码 2.47　链式队列判空算法

```
1    int  IsEmpty_LinkQueue(LinkQueue  *lq) {
2        if(lq->front == lq->rear)
3            return  1;
4        else
5            return  0;
6    }
```

（3）入队。

链式队列入队操作是指在队尾插入新结点，并设置队尾指针指向该新结点。在队尾插入新结点的方法与单链表的尾插法类似。链式队列入队算法如代码 2.48 所示。

代码 2.48　链式队列入队算法

```
1    void  IN_LinkQueue(LinkQueue  *lq,  ElemType  x) {
2        QNODE   *p;
3        p = (QNODE*) malloc (sizeof(QNODE));
4        p->data = x;
5        p->next = NULL;
6        lq->rear->next = p;           //原队尾结点的指针域指向新结点
7        lq->rear = p;                 //新结点作为队尾结点
8    }
```

（4）出队。

链式队列出队操作是指删除队头结点，并调整队头指针指向新队头结点。上面提到，在进行出队操作之前需要判空——只有在队列不空时才能进行出队操作；每次出队操作后仍需要判空——若出队操作后队列为空，则需要修改队尾指针，使之指向头结点，即与队头指针相等。链式队列出队算法如代码 2.49 所示。

代码 2.49　链式队列出队算法

```
1    int  OUT_LinkQueue(LinkQueue  *lq,  ElemType  *x)
2    {    QNODE       *p;
3         if( IsEmpty_LinkQueue( lq ) )
4             return  -1;                    //队空，无法出队
5         else {
6             p = lq->front->next;
7             lq->front->next = p->next;
8             *x = p->data;                  //将队头元素放到指针x指向的存储单元中
9             free(p);
10            if(lq->front->next == NULL)    //删除原队头结点（出队操作）后队列为空
11                lq->rear = lq->front;      //此时还要修改队尾指针
```

```
12          return  1;
13          }
14   }
```

2.3 串

串（字符串）是一种特殊的线性表，它的数据元素是非数值数据的字符。例如，在汇编语言和高级语言的编译程序中，源程序和目标程序都是字符串数据；标识符、名称等一般也作为字符串处理。此外，串还有其自身的特点，如串常作为整体来处理。本节把串作为独立结构来阐述，介绍串的存储结构及基本运算。

2.3.1 串及其基本运算

从逻辑结构角度来看，串也是线性结构。下面结合串的数据元素类型是字符型的特点，给出串的基本概念和基本运算。

1. 串的基本概念

串（String）是由 0 个或 n 个任意字符组成的有限序列。一般记为

$$s = "s_1 s_2 \cdots s_i \cdots s_n"$$

其中，s 是串名；一般用双引号作为串的定界符，双引号内的字符序列为串值，双引号本身不是串的内容；s_i（$1 \leqslant i \leqslant n$）是一个任意字符，称为串的元素，是构成串的基本单位，i 是元素在串中的序号；n 是串长，表示串中包含的字符个数，当 n=0 时，称该串为空串（Null String）。

串中任意多个连续字符组成的子序列称为该串的子串，包含子串的字符串称为主串。子串的第一个字符在主串中的序号称为子串的位置。若两个串的长度相等且对应字符都相等，则称两个串相等。

2. 串的基本运算

串的运算较多，下面介绍其部分基本运算。

（1）求串长 StrLength(s)：求取已存在的串 s 的长度。

（2）串赋值（或复制）StrAssign(s1, s2)：将串常量或串变量 s2 的串值赋（或复制）给串变量 s1，s1 原来的串值被覆盖。一般情况下，当 s2 是串常量时，该操作称为串赋值；当 s2 是串变量时，该操作称为串复制。

（3）连接操作 StrConcat(s1, s2, s)或 StrConcat(s1, s2)：StrConcat(s1, s2, s)将串 s2 的串值紧接着放在串 s1 的串值末尾并整体存放到新串 s 中，s1 和 s2 保持不变；StrConcat(s1, s2)在 s1 的串值末尾连接 s2 的串值，s1 改变，s2 保持不变。例如，s1="NAN"，s2="JING"，前者的操作结果是 s="NANJING"，s1 和 s2 保持不变；后者的操作结果是 s1="NANJING"，s2 保持不变。

（4）求子串 SubStr(s, i, len)：已知串 s 的串长为 StrLength(s)，该操作求取从串 s 中第 i 个字符开始的长度为 len 的子串。当 len=0 时，求取的子串是空串。位置序号 i 满足

1≤*i*≤StrLength(s)，并且子串长度 len 满足 0≤len≤StrLength(s)−*i*+1，如 SubStr("abcdefghi", 3, 4)="cdef"。

（5）串比较 StrCmp(s1, s2)：两个字符串自左向右逐个字符进行比较（按字符的 ASCII 值大小），直到出现不同的字符或遇到串结束标志。一般规定是，若 s1==s2，则返回值为 0；若 s1<s2，则返回值<0；若 s1>s2，则返回值>0，如"A"<"B"、"A"<"AB"、"Airplane"<"Astronautic"等。

（6）子串定位 StrIndex(s, t)：搜索子串 t 在主串 s 中首次出现的位置。若 t∈s，则该操作返回 t 在 s 中首次出现的位置，否则返回−1，如 StrIndex("abcdebda", "bc")=2；StrIndex("abcdebda", "ba")= −1。

（7）串插入 StrInsert(s, i, t)：将串 t 插入串 s 的第 *i* 个字符位置，s 的串值改变，位置变量 *i* 满足 1≤*i*≤StrLength(s)+1。

（8）串删除 StrDelete(s, i, len)：删除串 s 中从第 *i* 个字符开始的长度为 len 的子串，s 的串值改变，位置变量 *i* 满足 1≤*i*≤StrLength(s)，0≤len≤StrLength(s)−*i*+1。

（9）串替换 StrRep(s, t, r)：若串 t 不为空，则用串 r 替换串 s 中出现的所有与串 t 相等的子串，s 的串值改变。

2.3.2　串的定长顺序存储及其基本运算

1. 串的定长顺序存储

串的定长顺序存储是指用一组地址连续的存储单元存储串中的字符序列。这里的定长是指按预定义的大小为每个串变量分配一个固定长度的存储区。例如：

```
#define MaxSize 256
char        s[MaxSize];
```

此时，串的最大长度不能超过 256。标识串的实际长度通常有 3 种方法。

（1）设置一个整型变量 curlen 来记录最后一个字符在数组中的位置，根据该变量即可求出串的实际长度。定长顺序串类型定义如代码 2.50 所示。

代码 2.50　定长顺序串类型定义

```
1   #define SeqString   struct SqStringType
2   #define MaxSize 256           //根据需要进行设置，也可以为其他整数
3   SeqString {
4       char    data[MaxSize];
5       int     curlen;
6   };
```

用该定长顺序串类型 SeqString 定义串变量如下：

```
SeqString       s;
```

串的实际长度表示为 s.curlen+1，其存储方式如图 2.30 所示。

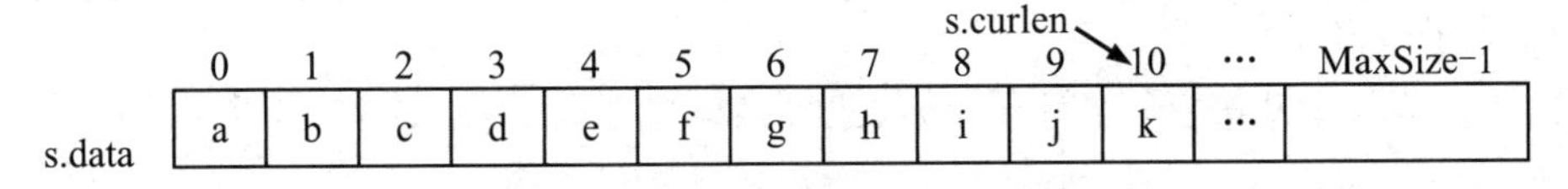

图 2.30　串的顺序存储方式 1

（2）在串尾存储一个不会在串中出现的特殊字符作为串的结束符，表示串的结尾。例如，C 语言处理定长串的方法是用'\0'来表示串的结束。这种存储方式通过判断串的元素是否是'\0'来确定串是否结束，从而求得串的当前长度，无须设置额外的参数。定义串的定长存储空间为：

```
char        s[MaxSize];
```

用该方式存储串的示意图如图 2.31 所示。

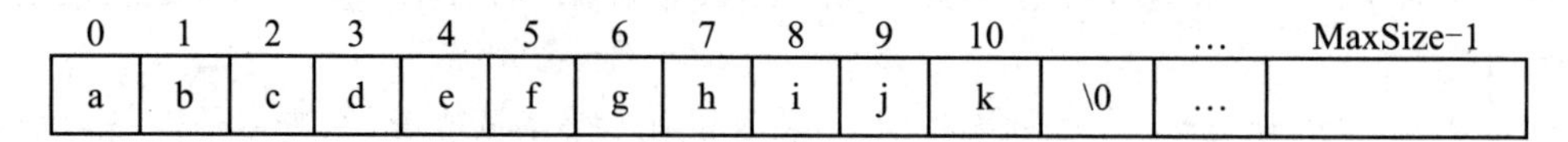

图 2.31　串的顺序存储方式 2

（3）在定义串的存储空间时，多定义一个存储单元，用于存放串的实际长度。例如：

```
char        s[MaxSize+1];
```

一般用 s[0]存放串的实际长度，串的元素存放在 s[1]～s[MaxSize]中，字符的逻辑序号与存储位置一致，应用更方便。

2．定长顺序串的基本运算

下面讨论串连接、求子串、串比较算法。定长顺序串的插入和删除等算法与顺序表基本相同，此处不再赘述。设串的结束用'\0'来标识。

（1）串连接。

将两个串 s1 和 s2 首尾连接成一个新串 s，即 s<=s1+s2。定义顺序串连接算法如代码 2.51 所示。

代码 2.51　定长顺序串连接算法

```
1   int  StrConcat1(char *s1,  char *s2,  char *s) {
2       int i=0,  j,  len1,  len2;
3       len1=StrLength(s1);
4       len2= StrLength(s2);
5       if(len1+len2>MaxSize-1)     //s的长度不够
6           return  0;
7       j=0;
8       while(s1[j]!='\0')
9           s[i++]=s1[j++];
10      j=0;
11      while(s2[j]!='\0')
12          s[i++]=s2[j++];
13      s[i]='\0';
14      return  1;
15  }
```

（2）求子串。

用 t 返回串 s 中从第 *i* 个字符开始的长度为 len 的子串，如代码 2.52 所示。

代码 2.52 求子串算法

```
1   int StrSub(char *t, char *s, int i, int len) {
2       //1≤i≤串长且len≤串长-i+1
3       int    slen, j;
4       slen=StrLength(s);
5       if(i<1||i>slen||len<=0||len>slen-i+1)
6           return 0;          //参数错误，无法返回子串
7       for (j=0; j<len; j++)
8           t[j]=s[i+j-1];
9       t[j]='\0';
10      return 1;
11  }
```

（3）串比较。

串比较算法如代码 2.53 所示。

代码 2.53 串比较算法

```
1   int StrComp(char *s1, char *s2) {
2       int i=0;
3       while(s1[i]==s2[i] && s1[i]!='\0')
4           i++;
5       return(s1[i]-s2[i]);
6   }
```

2.4 数组和特殊矩阵

数组与广义表可视为线性表的推广，下面讨论多维数组的逻辑结构和存储结构、特殊矩阵的压缩存储、广义表的逻辑结构和存储结构等。

2.4.1 多维数组

1. 数组的逻辑结构

数组作为一种数据结构，其特点是结构中的数据元素本身可以是具有某种结构的数据，且具有相同的数据类型。例如，一维数组可以看作一个线性表，二维数组可以看作“数据元素是一维数组”的一维数组，三维数组可以看作“数据元素是二维数组”的一维数组，依次类推。图 2.32 所示为一个 m 行 n 列的二维数组。

$$\boldsymbol{A}=\begin{pmatrix} a_{11} & a_{12} & \cdots & a_{1n} \\ a_{21} & a_{22} & \cdots & a_{2n} \\ \vdots & \vdots & & \vdots \\ a_{m1} & a_{m1} & \cdots & a_{mn} \end{pmatrix}$$

图 2.32 m 行 n 列的二维数组

数组是具有固定格式和数量的有序数据集，每个数据元素都由唯一下标来标识。因此，在数组中不能做插入和删除数据元素的操作。通常，在高级语言中，数组一旦被定义，其每维的大小及上、下界都不能改变。在数组中通常可以做下面两种操作。

（1）取值操作：给定一组下标，读取对应的数据元素。

（2）赋值操作：给定一组下标，修改对应的数据元素。

一维数组又称向量，对它的操作如同对一个定长线性表的操作。由于二维数组和三维数组的应用较广泛，因此下面主要讨论数据元素的下标与存储映射之间的关系。

2. 数组的存储映射

通常，数组在内存中被映射为向量，即用向量存储数组。内存地址空间是一维空间，并且数组定义后，其行和列的大小固定不变。通过转换函数即可根据数组中数据元素的下标得到该数据元素的存储地址。对于一维数组，按下标的顺序在一维空间中顺序存储即可。对于多维数组，要将数据元素映射到一维空间中，一般有以下两种存储方式。

（1）以行为主序（先行后列，即行优先）顺序存储。C 语言采用此种存储方式，即一行存储结束后依次存储下一行。

（2）以列为主序（先列后行，即列优先）顺序存放。例如，对于一个 2×3 二维数组，其逻辑结构中的序号如图 2.33 所示，以行为主序的存储映射如图 2.34（a）所示，存储顺序为 a_{11}，a_{12}，a_{13}，a_{21}，a_{22}，a_{23}；以列为主序的存储映射如图 2.34（b）所示，存储顺序为 a_{11}，a_{21}，a_{12}，a_{22}，a_{13}，a_{23}。

a_{11}	a_{12}	a_{13}
a_{21}	a_{22}	a_{23}

图 2.33　2×3 数组的逻辑结构中的序号

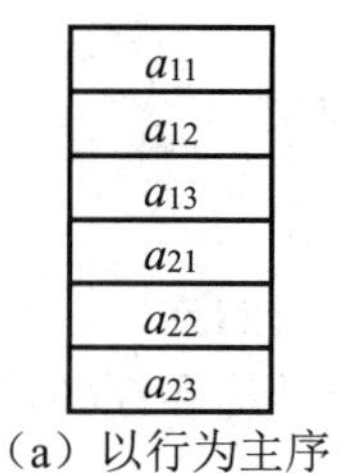

（a）以行为主序

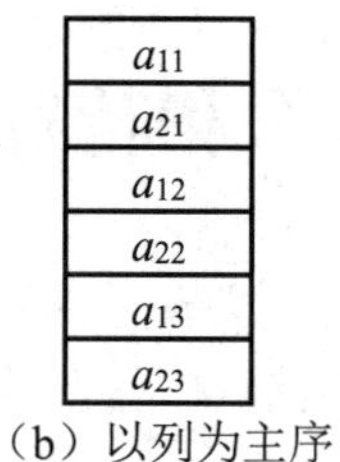

（b）以列为主序

图 2.34　2×3 数组的存储映射

记二维数组为 $A_{M \times N}$，数组起始地址为 LOC(a_{11})，每个数据元素占用 L 个存储单元。

当以行为主序存储时，a_{ij} 的前面有 i−1 行，每行有 N 个数据元素；在第 i 行中，a_{ij} 前面有 j−1 个数据元素。此时，a_{ij} 的存储地址的计算公式如下：

$$\text{LOC}(a_{ij})=\text{LOC}(a_{11})+((i-1)\times N+j-1)\times L$$

同样，当以列为主序存储时，a_{ij} 的存储地址的计算公式如下：

$$\text{LOC}(a_{ij})=\text{LOC}(a_{11})+((j-1)\times M+i-1)\times L$$

在 C 语言中，数组每一维序号都从 0 开始。因此，上述两个公式改写如下。

以行为主序存储时，a_{ij} 的存储地址为 $\text{LOC}(a_{ij})=\text{LOC}(a_{00})+(i\times N+j)\times L$。

以列为主序存储时，a_{ij} 的存储地址为 $\text{LOC}(a_{ij})=\text{LOC}(a_{00})+(j\times N+i)\times L$。

三维数组的逻辑结构和以行为主序的存储映射如图 2.35 所示。记三维数组为 $A_{M\times N\times P}$，数组的起始地址记为 LOC(a_{111})，每个数据元素占用 P 个存储单元。

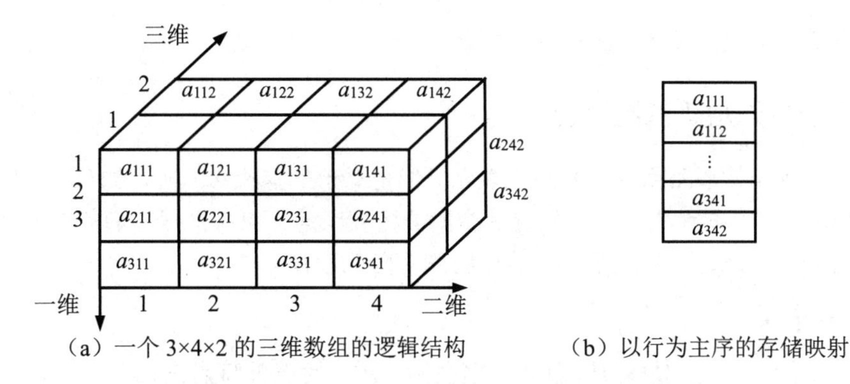

（a）一个 3×4×2 的三维数组的逻辑结构　　（b）以行为主序的存储映射

图 2.35　三维数组的逻辑结构和以行为主序的存储映射

以行为主序存储时，a_{ijk} 的存储地址如下：

$$LOC(a_{ijk})=LOC(a_{111})+((i-1)\times M\times N+(j-1)\times N+(k-1))\times P$$

以列为主序存储时，a_{ijk} 的存储地址如下：

$$LOC(a_{ijk})=LOC(a_{111})+((k-1)\times L\times M+(j-1)\times M+(i-1))\times P$$

同理，上述两个公式可改写如下。

以行为主序存储时，a_{ijk} 的存储地址为 $LOC(a_{ijk})=LOC(a_{000})+(i\times M\times N+j\times N+k)\times P$。

以列为主序存储时，a_{ijk} 的存储地址为 $LOC(a_{ijk})=LOC(a_{000})+(k\times L\times M+j\times M+i)\times P$。

例 2.5　若矩阵 $\boldsymbol{A}_{m\times n}$ 中存在某个数据元素 a_{ij}，满足是第 i 行中的最小值且是第 j 列中的最大值的条件，则称该数据元素为矩阵 $\boldsymbol{A}$ 的一个**鞍点**。试编写算法，找出矩阵 $\boldsymbol{A}$ 中的所有鞍点。

基本思路：首先在矩阵 $\boldsymbol{A}$ 中求出每行的最小值数据元素；然后判断该数据元素是否是它所在列中的最大值，若是，则打印输出，继续处理下一行。矩阵 $\boldsymbol{A}$ 用一个二维数组来表示，如代码 2.54 所示。

代码 2.54　矩阵鞍点算法

```
1    const int MAX=100;
2    void  saddle(int A[MAX][MAX],  int m,  int n)
3    {    //m和n分别是矩阵A的行与列的维数
4         int  i, k, j,  min,  p;
5         for(i=0;  i<m;  i++){               //按行处理
6             min=A[i][0];
7             for(j=1;j<n;j++)
8                 if(A[i][j]  < min)
9                     min=A[i][j];            //找第i行的最小值
10            for(j=0;j<n;j++)                //判断该行的最小值是否是鞍点
11                if(A[i][j]==min) {
12                    k=j; p=0;
13                    while  (p<m && A[p][j]<=min)
14                        p++;
15                    if(p>=m)
16                        printf("%d,%d,%d\n",i,k,min);
17                }
18        }
19   }
```

该算法的时间复杂度为 $O(m(n+mn))$。

2.4.2 特殊矩阵的压缩存储

一般的矩阵结构通常用二维数组来表示。但是对于一些特殊矩阵，如对称矩阵、三角矩阵、带状矩阵、稀疏矩阵等，从节约存储空间的角度考虑，应该根据它们的特殊性采用合适的存储方式。下面从这一角度来讨论这些特殊矩阵的存储方式。

1. 对称矩阵

图 2.36 所示为 5 阶对称方阵及其压缩存储。对称矩阵的特点是在一个 n 阶方阵中，有 $a_{ij}=a_{ji}$，其中，$1\leqslant i,\ j\leqslant n$，即对称矩阵关于主对角线对称。因此，对对称矩阵来说，只需存储上三角或下三角部分的数据元素即可。例如，只存储下三角部分的数据元素 a_{ij}，其特点是 $j\leqslant i$ 且 $1\leqslant i\leqslant n$；对于上三角部分的数据元素 a_{ij}，它与对应的 a_{ji} 相等。因此，当需要访问上三角部分的数据元素时，可在下三角部分找到并访问与之对应的数据元素。这样，原来需要存储 $n\times n$ 个数据元素，现在只需存储 $n(n+1)/2$ 个数据元素，从而节省了 $n(n-1)/2$ 个数据元素存储空间。

$$\boldsymbol{A}=\begin{pmatrix} 3 & 6 & 4 & 7 & 8 \\ 6 & 2 & 8 & 4 & 2 \\ 4 & 8 & 1 & 6 & 9 \\ 7 & 4 & 6 & 0 & 5 \\ 8 & 2 & 9 & 5 & 7 \end{pmatrix}$$

3	6	2	4	8	1	7	4	6	0	8	2	9	5	7
a_{11}	a_{21}	a_{22}	a_{31}	a_{32}	a_{33}	a_{41}	a_{42}	a_{43}	a_{44}	a_{51}	a_{52}	a_{53}	a_{54}	a_{55}

图 2.36　5 阶对称方阵及其压缩存储

下三角部分共有 $n(n+1)/2$ 个数据元素。对下三角部分中的这些数据元素采用以行为主序的存储方式，顺序存储到一维数组 $S[n(n+1)/2]$中，如图 2.37 所示。原矩阵下三角部分中的数据元素 a_{ij} 与一维数组元素 s_k 相对应，在确定了 k 与 i、j 之间的关系之后，即可实现对称矩阵下三角部分向一维数组的存储映射。

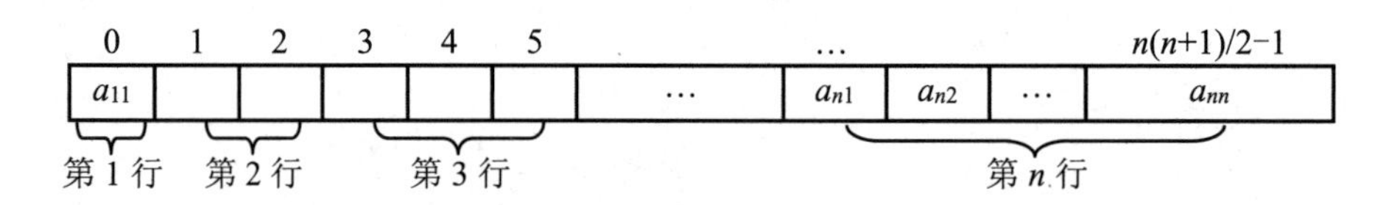

图 2.37　一般对称矩阵的压缩存储

下三角部分中的数据元素 a_{ij} 的特点是 $i\geqslant j$ 且 $1\leqslant i\leqslant n$。根据以行为主序存储的原则，数据元素 a_{ij} 在一维数组中是第 $i\times(i-1)/2+j$ 个元素，故它在一维数组 S 中的下标 k 与 i、j 的关系为

$$k=i\times(i-1)/2+j-1 \qquad (0\leqslant k<n(n+1)/2)$$

当 $i<j$ 时，a_{ij} 是上三角部分中的数据元素。由于 $a_{ij}=a_{ji}$，因此访问上三角部分中的数据元素 a_{ij} 转化为访问与之对应的下三角部分中的数据元素 a_{ji}，即将上式中的行和列下标进行交换就是上三角部分中的数据元素在一维数组 S 中的下标 k 与 i、j 的对应关系：

$$k=j\times(j-1)/2+i-1 \qquad (0\leqslant k<n(n+1)/2)$$

综上所述，对于对称矩阵中的任意数据元素 a_{ij}，若令 I=max(i,j)，J=min(i,j)，则将上面两个式子综合起来得到 $k=I\times(I-1)/2+J-1$。

2．三角矩阵

形如图 2.38 中的矩阵称为三角矩阵。其中，c 为某个常数。

$$\boldsymbol{A}=\begin{pmatrix}3 & c & c & c & c\\6 & 2 & c & c & c\\4 & 8 & 1 & c & c\\7 & 4 & 6 & 0 & c\\8 & 2 & 9 & 5 & 7\end{pmatrix}$$

（a）下三角矩阵

$$\boldsymbol{A}=\begin{pmatrix}3 & 6 & 4 & 7 & 8\\c & 2 & 8 & 4 & 2\\c & c & 1 & 6 & 9\\c & c & c & 0 & 5\\c & c & c & c & 7\end{pmatrix}$$

（b）上三角矩阵

图 2.38　三角矩阵

2.38（a）所示为下三角矩阵，主对角线以上均为同一个常数；2.38（b）所示为上三角矩阵，主对角线以下均为同一个常数。下面讨论它们的压缩存储方式。

（1）下三角矩阵。

下三角矩阵除了存储下三角中的元素（数据元素），还要存储对角线上方的一个常数。这样，下三角矩阵共需要存储 $n\times(n+1)/2+1$ 个元素，并设它们存入一维数组 $S[n\times(n+1)/2+1]$ 中。这种存储方式可节约 $n\times(n-1)/2-1$ 个元素空间，下三角矩阵元素 a_{ij} 与一维数组元素 s_k 的映射关系为

$$k=\begin{cases}i\times(i-1)/2+j-1 & i\geqslant j\\n\times(n+1)/2 & i<j\end{cases}$$

下三角矩阵的压缩存储如图 2.39 所示。

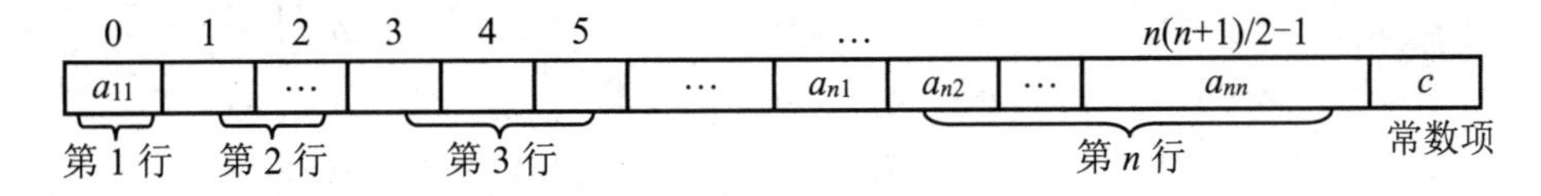

图 2.39　下三角矩阵的压缩存储

（2）上三角矩阵。

与下三角矩阵的压缩存储方式类似，上三角矩阵采用以行为主序的顺序存储方式，最后存储对角线下方的常数。设上三角矩阵元素和常量元素存入一维数组 $S[n\times(n+1)/2+1]$中。上三角矩阵元素 a_{ij} 与一维数组元素 s_k 的映射关系为

$$k=\begin{cases}(i-1)\times(2n-i+2)/2+j-i & j\geqslant i\\n\times(n+1)/2 & i>j\end{cases}$$

上三角矩阵的压缩存储如图 2.40 所示。

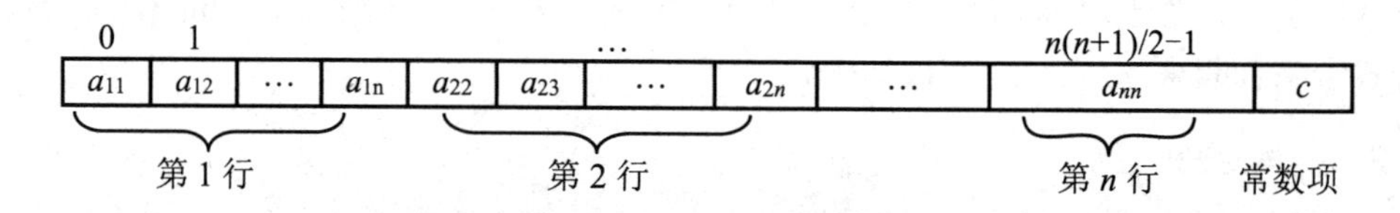

图 2.40　上三角矩阵的压缩存储

3．带状矩阵

对于 n 阶矩阵（方阵）$\boldsymbol{A}$，若存在最小正数 m，满足当 $|i-j|\geqslant m$ 时 $a_{ij}=0$（或常数 c），则称 $\boldsymbol{A}$ 为带状矩阵。这时，称 $w=2m-1$ 为矩阵 $\boldsymbol{A}$ 的带宽。带状矩阵也称为对角矩阵。图 2.41（a）所示为一个 $w=3$（$m=2$）的带状矩阵。可以看出，带状矩阵中的所有非零元素都集中在以主对角线为中心的带状区域中，即除了主对角线和它的上下方若干条对角线上的元素，所有其他元素都为零（或为同一个常数 c）。

带状矩阵 $\boldsymbol{A}$ 也可以采用压缩存储方式。一种压缩存储方式是将 $\boldsymbol{A}$ 压缩到一个 n 行 w 列的二维矩阵 $\boldsymbol{B}$ 中，如图 2.41（b）所示。当某行非零元素的个数小于带宽 w 时，先存放非零元素后补零。此时，a_{ij} 映射为 $b_{i'j'}$，映射关系为

$$i' = i$$

$$j' = \begin{cases} j & i \leqslant m \\ j-i+m & i > m \end{cases}$$

另一种压缩存储方式是将带状矩阵存储到一维数组 S 中，以行为主序顺序存储非零元素，如图 2.41（c）所示。根据以行为主序顺序存储的规律，不难找到映射关系。例如，当 $w=3$ 时，带状矩阵非零元素 a_{ij} 与一维数组元素 s_k 的下标的映射关系为

$$k=2\times i+j-3$$

$$\boldsymbol{A}=\begin{pmatrix} a_{11} & a_{12} & 0 & 0 & 0 \\ a_{21} & a_{22} & a_{23} & 0 & 0 \\ 0 & a_{32} & a_{33} & a_{34} & 0 \\ 0 & 0 & a_{43} & a_{44} & a_{45} \\ 0 & 0 & 0 & a_{54} & a_{55} \end{pmatrix}$$

（a）$w=3$ 的 5 阶带状矩阵

$$\boldsymbol{B}=\begin{pmatrix} a_{11} & a_{12} & 0 \\ a_{21} & a_{22} & a_{23} \\ a_{32} & a_{33} & a_{34} \\ a_{43} & a_{44} & a_{45} \\ a_{54} & a_{55} & 0 \end{pmatrix}$$

（b）压缩为 5×3 的矩阵

0	1	2	3	4	5	6	7	8	9	10	11	12
a_{11}	a_{12}	a_{21}	a_{22}	a_{23}	a_{32}	a_{33}	a_{34}	a_{43}	a_{44}	a_{45}	a_{54}	a_{55}

（c）用数组存储带状矩阵

图 2.41　带状矩阵及其压缩存储

4．稀疏矩阵

设 $m\times n$ 矩阵中有 t 个非零元素且 $t<<m\times n$，这样的矩阵称为稀疏矩阵。在实际管理科学及工程计算中，常会遇到阶数很大的大型稀疏矩阵。如果按常规方式进行顺序存储，则将严重浪费存储空间。为此出现了一种存储方式——仅存放非零元素。此外，稀疏矩阵中非零元

素的分布没有规律，为了能找到非零元素，还要记录该元素的行、列信息。

因此，稀疏矩阵的存储方式如下：首先将非零元素所在的行、列及其值构成一个三元组 (i, j, v)，然后采用之前的存储方式来存储这些三元组。这种压缩存储方式就是稀疏矩阵常常采用的三元组存储方式。

将三元组按行优先的顺序，并按同一行中列号从小到大的规律排列成一个线性表，称之为三元组表。可采用顺序存储方式对三元组表进行存储。图 2.42 所示的稀疏矩阵对应的三元组表如图 2.43 所示。

$$\boldsymbol{A}=\begin{pmatrix} 15 & 0 & 0 & 22 & 0 & -15 \\ 0 & 11 & 3 & 0 & 0 & 0 \\ 0 & 0 & 0 & 6 & 0 & 0 \\ 0 & 0 & 0 & 0 & 0 & 0 \\ 91 & 0 & 0 & 0 & 0 & 0 \\ 0 & 0 & 0 & 0 & 0 & 0 \end{pmatrix}$$

图 2.42　稀疏矩阵

	i	*j*	*v*
1	1	1	15
2	1	4	22
3	1	6	−15
4	2	2	11
5	2	3	3
6	3	4	6
7	5	1	91

图 2.43　三元组表

显然，要唯一地表示一个稀疏矩阵，在存储三元组表的同时，需要存储该矩阵的行和列。为了运算方便，矩阵的非零元素的个数也需要存储。这种存储思想的实现，即稀疏矩阵三元组存储类型定义如代码 2.55 所示。

代码 2.55　稀疏矩阵三元组存储类型定义

```
1   define SMAX  1024                    //一个足够大的数
2   typedef  struct {
3       int          i,  j;              //非零元素的行、列参数
4       elemtype     v;                  //非零元素值
5   }SPNode;                             //三元组类型
6   typedef  struct {
7       int      mu, nu, tu;             //矩阵的行、列维数及非零元素的个数
8       SPNode  data[SMAX];              //三元组表
9   }SPMatrix;                           //三元组表的存储类型
```

这样的存储方式确实节约了存储空间，但矩阵的运算从算法上可能变得复杂一些。

小　结

本章主要阐述了线性表、栈和队列等线性结构的逻辑概念定义、物理存储方式与常见操作的算法描述。

线性表是线性结构的一般形式。线性表通常采用顺序存储和链式存储两种存储方式。顺序存储的线性表——顺序表将数据元素的逻辑相邻关系映射到存储空间地址的连续特性上，从而可以通过位置序号（地址）随机访问数据元素。链式存储的线性表——链表通过附加的指针域来指示数据元素的逻辑相邻关系。在两种不同的存储方式下，线性表的基本操作的实现过程不同，时间复杂度也有明显差异。应根据实际需求和时间复杂度确定合适的存储方式。

栈和队列是一类操作位置受限的特殊线性表。栈将插入和删除操作位置限制在表的一端，具有“后进先出”（LIFO）的特征。队列的插入操作位置限制在表的一端，删除操作位置限制在表的另一端。队列具有“先进先出”（FIFO）的特征。栈和队均可以采用顺序存储结构和链式存储结构。相对于线性表，栈的操作虽有限制但更为简单。顺序队列会产生假溢出现象，因此，顺序队列常常采用少用一个数据元素空间的循环队列形式。栈的基本操作有初始化、入栈、出栈、读取栈顶元素、判空等，队列的基本操作有初始化、入队、出队、判空等。栈和队列在程序设计、任务管理、编译系统等方面具有广泛的应用。

串是一种特殊的线性表，它的每个结点元素仅由一个字符组成。串作为线性结构与线性表在逻辑关系和存储方面类似。串上的操作主要针对串的整体或串的某一子串进行，不同于一般线性表上的操作，是针对表中某一结点元素进行的。

数组是应用广泛的一种数据结构。数组一般采用顺序存储结构。对于二维数组及多维数组，有两种顺序存储方式：一种是行优先顺序存储，另一种是列优先顺序存储。对于一些特殊矩阵，如对称矩阵、带状矩阵、三角矩阵等，由于它们的非零元素或零元素的分布是有一定的规律的，因此可以采用压缩存储方式对其进行存储。对于稀疏矩阵，其非零元素很少，可以采用三元组表示法来存储。

习题 2

2.1 简述头指针、头结点、首结点的概念。

2.2 简要比较线性表的顺序存储和链式存储的优/缺点。

2.3 简述线性表、栈、队列的异同点。

2.4 设顺序表 SeqList 类型定义如代码 2.2 所示。若 SeqList 类型顺序表中的数据元素递增有序。试编写算法，在顺序表的适当位置插入新数据元素，并保持顺序表中的数据元素递增有序，分析算法的时间复杂度。

2.5 试分别以不同的存储结构实现线性表的就地逆置算法，即在原表的存储空间中将线性表$(a_1, a_2, \cdots, a_n)$逆置为$(a_n, a_{n-1}, \cdots, a_1)$。

（1）以一维数组作为存储结构，设线性表存于 $a[1, \text{MAXNUM}]$的前 elemnum 个分量中。

（2）以单链表作为存储结构。

2.6 设顺序表 SeqList 类型定义如代码 2.2 所示。试编写算法，完成顺序表中的第 i 个数据元素与其直接前驱的交换，并分析算法的时间复杂度。

2.7 设单链表 SLNODE 类型定义如代码 2.9 所示。若带头结点 HEAD 单链表的结点是按数据域中的数值递增有序存储的，试编写算法，在单链表的适当位置插入新结点，结点数据为 x，并保持单链表的结点数据域中的数值递增有序，分析算法的时间复杂度。

2.8 设单链表结点类型定义如代码 2.9 所示。试编写算法，完成带头结点 HEAD 单链表中的结点 p 与其直接前驱的交换，并分析算法的时间复杂度。

2.9 设单链表结点类型定义如代码 2.9 所示。设带头结点的两个单链表 HA 和 HB 按元素值递增有序，试编写算法，实现 HA 和 HB 合并成一个按元素值递增有序的单链表 HC。

单链表 HC 要求利用原来 HA 和 HB 中的结点空间。

2.10　设循环单链表的长度大于 1，且该循环单链表既无头结点又无头指针，p 为指向循环单链表中某结点的指针。试编写算法，实现删除该结点的直接前驱。

2.11　多项式可以看作其分量“项”的线性表，每项的系数和幂组成数据元素。设多项式为

$$A(x)=1+5x+7x^3-9x^7+5x^{16}$$

（1）若用顺序存储方式存储该多项式，试定义其顺序表数据元素类型，并画出上述多项式顺序存储的示意图。

（2）若用链式存储方式存储该多项式，试定义链表结点类型，并画出上述多项式链式存储的示意图。

2.12　若有 4 个数据元素 A、B、C、D 依次入栈，试分析它们所有可能的出栈顺序。

2.13　顺序栈的类型定义如代码 2.23 所示。试编写算法，返回顺序栈 s 中数据元素的数量。

2.14　链栈结点类型定义如代码 2.33 所示。试编写算法，返回链栈 top 中数据元素的数量。

2.15　顺序队列采用循环队列形式的原因是什么？在顺序队列的约定下，试写出队满和队空的判定条件。

2.16　顺序队列类型定义如代码 2.39 所示。若要让顺序队列 sq 中的 MaxSize 个元素空间全部被利用，则可增设标志 flag 并定义：sq->front = sq->rear 且 flag = 0 时队空；sq->front = sq->rear 且 flag = 1 时队满；当 sq->front ≠ sq->rear 时，表示队列既不空又不满（无论 flag 为何值）。试编写该约定下顺序队列的入队和出队算法。

2.17　假设以一维数组 Sq[m]存储循环队列的元素，若要使这 m 个元素空间全部得到利用，则需要另设一个标志 tag，以 tag 为 0 或 1 来区分队头指针和队尾指针相同时队列是空还是满。试编写与此结构相对应的入队和出队算法。

2.18　已知串采用定长顺序存储方式，且在 0 号存储单元中存放串的长度。试编写算法，将已知的两个串和合并成一个串。

2.19　[选择题]在数组 A 中，每个元素占 3 个存储单元，行下标 i 从 1 到 8，列下标 j 从 1 到 10，从首地址 SA 开始连续存放在存储器内，存放该数组至少需要的存储单元的个数是（1），若该数组按行存放，则元素 A[8][5]的起始地址是（2），若该数组按列存放，则元素 A[8][5]的起始地址是（3）：

（1）A.80　　B.100　　C.240　　D.270

（2）A.SA+117　　B.SA+144　　C.SA+222　　D.SA+225

（3）A.SA+117　　B.SA+144　　C.SA+222　　D.SA+225

2.20　有数组 A[4][4]，把 1～16 个整数分别按顺序放入 A[0][0]～A[0][3]中、A[1][0]～A[1][3]、A[2][0]～A[2][3]、A[3][0]～A[3][3]中。试编写一个函数，用于获取数据并求出两条对角线元素的乘积。

2.21　设有下三角阵 $\boldsymbol{A}_{4\times 4}$ 为

$$A_{4\times4}=\begin{pmatrix}3 & 0 & 0 & 0\\ 2 & -1 & 0 & 0\\ 5 & 4 & 1 & 0\\ 1 & 0 & 1 & 3\end{pmatrix}$$

$\boldsymbol{A}_{4\times4}$采用压缩存储方式存储于一维数组 Sa 中，试求：

（1）一维数组 Sa 的元素个数。

（2）矩阵元素 a_{43} 在一维数组 Sa 中的下标。

2.22　假设稀疏矩阵 $\boldsymbol{A}$ 和 $\boldsymbol{B}$（具有相同的大小 $m\times n$）都采用三元组表示。试编写一个函数，计算 $\boldsymbol{C}=\boldsymbol{A}+\boldsymbol{B}$，要求 $\boldsymbol{C}$ 也采用三元组表示。

第 3 章　非线性数据结构

第 2 章讨论的数据结构属于线性结构，主要用于描述客观世界中具有单一的前驱和后继的数据关系。现实中还有很多更为复杂的关系，如人类社会的族谱和各种社会组织机构属于层次关系，而城市的交通和通信属于网状关系。这些关系采用非线性结构来描述会更方便。

非线性结构是指在该结构中至少存在一个数据元素，其具有两个或两个以上的直接前驱（或直接后继）。树形结构和图形结构是两类十分重要的非线性结构，可分别用于描述客观世界中广泛存在的层次关系和网状关系。本章重点讨论这两类非线性结构的有关概念、存储结构及其各种操作，并介绍有关的应用实例。

3.1　树和二叉树

树和二叉树常用来表达与实现具有层次结构的数据关系。树在计算机科学领域有着广泛的应用，而基于二叉树的一些算法操作往往具有更优的性能。本节重点阐述树和二叉树的逻辑结构及存储与实现。

3.1.1　树的定义和基本概念

树的定义有很多种，其中以递归方式定义树能反映树的结构特点。本节在树的递归定义的基础上讨论树的基本概念与操作。

1．树的定义

树 T 是由 n（$n \geqslant 0$）个结点组成的有限集合。当 $n=0$ 时，称树 T 为**空树**；当 $n>0$，即树 T 是任意一棵非空树时，有：

（1）有且仅有一个特定的被称为根（Root）的结点。

（2）当 $n>1$ 时，除根结点外，其余结点可分为 m（$m>0$）个互不相交的有限集合 $T_1, T_2, \cdots T_i, \cdots, T_m$。其中，$T_i$ 本身又是一棵树，称之为根的**子树**。

图 3.1（a）所示为只有根结点的树，图 3.1（b）所示为具有 12 个结点的树。在图 3.1（b）中，除了根结点 A，其余结点构成 3 个互不相交的子集：$T_1=\{B, E, F, G, J, K\}$，$T_2=\{C\}$，$T_3=\{D, H, I, L\}$。它们都是根结点 A 的子集，且自身也是一棵树。例如，T_1 的根结点为 B，其余结点又构成 3 个互不相交的子集：$T_{11}=\{E, J, K\}$，$T_{12}=\{F\}$，$T_{13}=\{G\}$。它们都是结点 B 的子树。进一步，E 是子树 T_{11} 的根结点，$\{J\}$和$\{K\}$是结点 E 的两个互不相交的子树，其自身都是只有根结点的树。

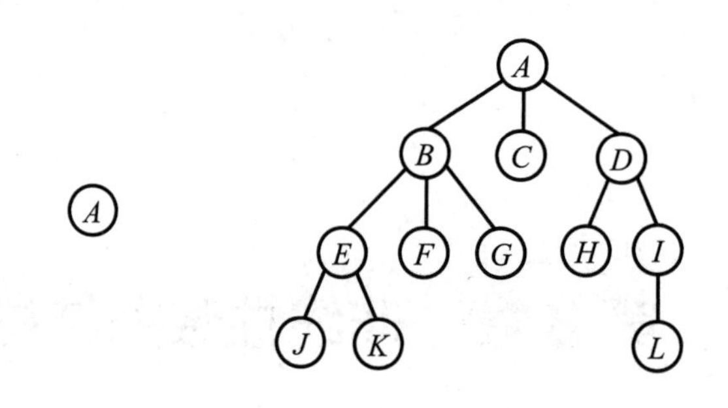

（a）只有根结点的树　　（b）一般的树

图 3.1　树的示例

由于在树的定义中又用到了树的概念，因此这是一种递归定义。树的定义反映出树的逻辑结构具有递归的内在特性，这也是树的操作实现的基础。从树的定义可以看出，树由子树构成。或者说，一个结点可以有任意多个直接后继（子结点）；除根结点无直接前驱（父结点）外，其余结点有且仅有一个直接前驱。

2．树的基本概念

（1）度。

在树中，度（Degree）是一个数量值。**结点的度**是指该结点的直接后继的个数。**树的度**是树中各结点的度的最大值。

例如，在图 3.1（b）中，结点 A、B 的度都是 3，结点 E、D 的度都是 2，结点 I 的度是 1，其余结点的度是 0，因而树的度是 3。

（2）叶结点、分支结点。

若结点的度为 0，则称该结点为**叶**（Leaf）**结点**，也称终端结点；若结点的度不为 0，则称该结点为**分支结点**。树中除叶结点之外的其他结点都是分支结点。分支结点中除根结点之外的其他结点统称内部结点。例如，在图 3.1（b）中，结点 C、F、G、H、J、K 和 L 都是叶结点。

（3）父结点、子结点、兄弟结点。

在树中，结点的直接前驱称为该结点的**父**（Parent）**结点**，结点的直接后继称为该结点的**子**（Child）**结点**；具有共同的父结点的结点之间互称为**兄弟**（Sibling）**结点**。

在图 3.1（b）中，结点 E、F 和 G 是结点 B 的子结点，结点 B 是结点 E、F 和 G 的父结点，结点 E、F 和 G 互称为兄弟结点。

此外，结点的**祖先**是指从根结点到该结点所经分支上的所有结点；相应地，以某一结点为根结点的子树中的任意一个结点称为该结点的**子孙**。例如，在图 3.1（b）中，结点 B 的子孙为结点 E、J、K、F 和 G。

（4）深度。

结点的**层次**（Level）从根结点开始定义：根结点的层次为 1，其余结点的层次等于其父结点的层次加 1；树中结点的最大层次称为树的**深度**（Depth）或高度（Height）。

在图 3.1（b）中，结点 A 为第 1 层，结点 B、C、D 为第 2 层，结点 E、F、G、H、I 为第 3 层，结点 J、K、L 为第 4 层，因此树的深度为 4。

（5）有序树、无序树。

如果树中结点的各子树从左到右是有次序的（不能互换位置），则称该树为**有序树**，否则称该树为**无序树**。在有序树中，最左边的子树的根结点称为第一个子结点，最右边的子树的根结点称为最后一个子结点。

（6）森林。

森林（Forest）是 m（$m \geqslant 0$）棵互不相交的树的集合。对树中的每个结点而言，其子树的集合即森林。

3．树的基本操作

树的基本操作定义在树的逻辑结构的基础上，而树的基本操作的实现则依赖树的存储结构。因此，树的基本操作的定义事实上作为树的逻辑结构的一部分，而树的基本操作的实现只有在确定了树的存储结构之后才能完成。

树常见的基本操作有以下几种。

（1）建立空树 IniTree(T)：构造空树 *T*。

（2）创建树 CreatTree(T,规则)：根据事先确定的规则创建树 *T*。

（3）树的判空 IsEmptyTree(T)：若已存在的树 *T* 为空树，则返回 1，否则返回 0。

（4）求树的深度 DepthTree(T)：返回已存在的树 *T* 的深度。

（5）求树 *T* 的根结点 RootTree(T) ：返回已存在的树 *T* 的根结点。

（6）求树 *T* 的结点 *p* 的父结点 ParentTree(T,p)：结点 *p* 是已存在的树 *T* 中的结点，若结点 *p* 为根结点，则返回空结点（NULL），否则返回结点 *p* 的父结点。

（7）求树 *T* 的结点 *p* 最左边的子结点 LeftChild(T,p)：结点 *p* 是已存在的树 *T* 中的结点，若结点 *p* 为叶结点，则返回空结点（NULL），否则返回结点 *p* 最左边的子结点。

（8）求树 *T* 的结点 *p* 最右边的子结点 RightChild(T,p)：结点 *p* 是已存在的树 *T* 中的结点，若结点 *p* 为叶结点，则返回空结点（NULL），否则返回结点 *p* 最右边的子结点。

（9）遍历树 TraverseTree(T)：按某种方式遍历已存在的树 *T*，返回遍历序列。

需要说明的是，以上列出的操作并不是树的全部操作，而是一些常见操作。常见操作中定义的树仅是在逻辑层次上抽象的树。在没有选定存储方式之前，这些操作在逻辑层次上还无法用程序语言写出算法。当确定了存储方式之后，树的基本操作在实现时根据不同的存储方式采用不同的方法。

3.1.2　树的存储结构

在树的应用中，有多种存储结构，下面介绍 3 种常用的存储结构。

1．子结点表示法

子结点表示法有时也称树的标准形式存储结构，它采用多重链表为树中每个结点的每个子结点设置一个指针，即每个结点有多个指针域，其中每个指针指向一个子结点。由于每个结点的子结点的个数可能不同，因此很难确定针对每个结点究竟设置多少指针为宜。此时，可采用如图 3.2 所示的两种结点结构。图 3.3 所示为一棵树和它的子结点表示法。

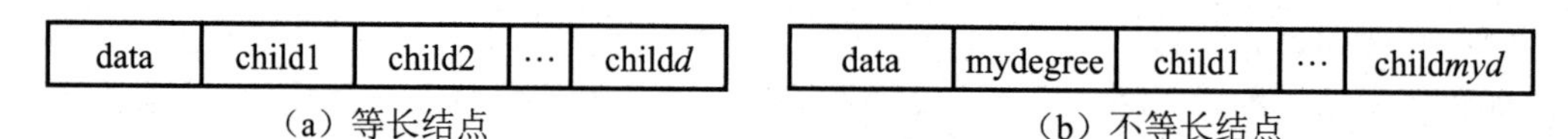

（a）等长结点　　　　　　（b）不等长结点

图 3.2　树的子结点表示法的结构

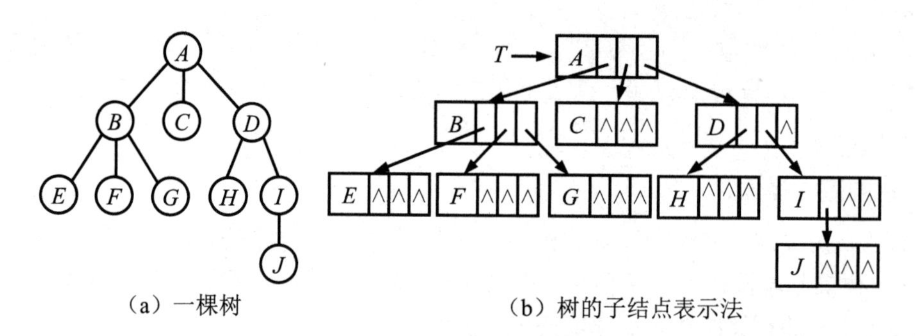

（a）一棵树　　　　　　（b）树的子结点表示法

图 3.3　一棵树和它的子结点表示法

按树的度 d 设置每个结点指针域的个数，这种等长结点便于管理，但付出了存储空间代价。尤其在结点的度数相差很大时，这种存储方式就会很浪费存储空间。按照每个结点的度设置指针域的个数，并在结点中增加一个结点的度数域 mydegree 来标明该结点的指针域的个数，这种设置方法虽然节省了存储空间，但给操作带来了不便。

采用子结点表示法实现求树中某一结点的子结点、遍历树等操作较为方便，但要求树中某一结点的父结点就十分困难。子结点表示法存储结构的形式定义为：

```
#define  degree  N           //degree 为树的度
typedef  struct  CTnode {
    elemtype         data
    struct CTnode    *child[degree];
}ChildTreeType;
```

2. 父结点表示法

父结点表示法以一组连续的存储单元来存放树中的结点。如图 3.4（a）所示，每个结点都有两个域：一个是 data 域，用来存放数据元素；另一个是 parent 域，用来指示其父结点位置。父结点表示法的结点结构如图 3.4（b）所示。图 3.3（a）中的树的父结点表示法如图 3.4（c）所示。

父结点表示法有时也称树的逆形式存储结构。此时，树中结点的顺序一般不做特殊要求，但为了操作方便，有时也会规定其顺序，如按树的先序次序存放，或者按树的层次次序存放。这种存储结构对于查找父结点的操作较为方便；但对于查找子结点的操作，需要遍历整个结构。父结点表示法存储结构的形式定义为：

```
typedef  struct  PTnode
{
    elemtype         data;
    int *parent;
}ParentTreeType;
```

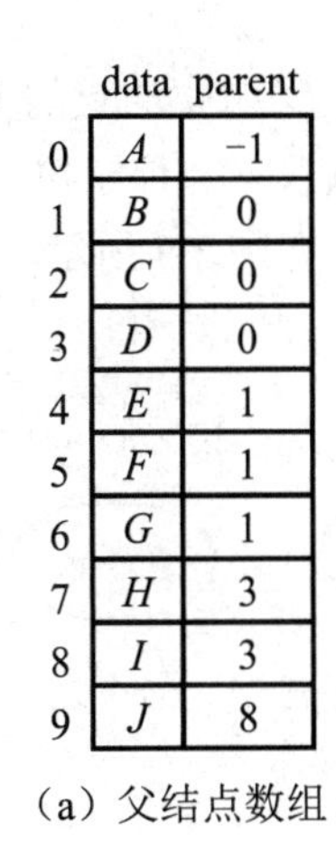

	data	parent
0	*A*	-1
1	*B*	0
2	*C*	0
3	*D*	0
4	*E*	1
5	*F*	1
6	*G*	1
7	*H*	3
8	*I*	3
9	*J*	8

（a）父结点数组

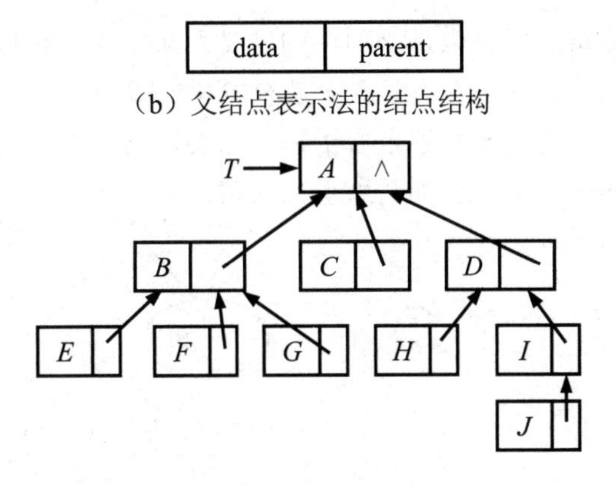

（b）父结点表示法的结点结构

（c）树的父结点表示法

图 3.4　树的父结点表示法的结构

3．子结点兄弟结点表示法

子结点兄弟结点表示法又称树的二叉树表示法或二叉链表表示法。它的每个结点的度均为 2，是最节省存储空间的树的存储表示。每个结点包含该结点的信息域、指向第一个子结点的指针域和指向下一个兄弟结点的指针域，如图 3.5 所示。图 3.3（a）中的树的子结点兄弟结点表示法如图 3.6 所示。

图 3.5　子结点兄弟结点表示法的结点结构图

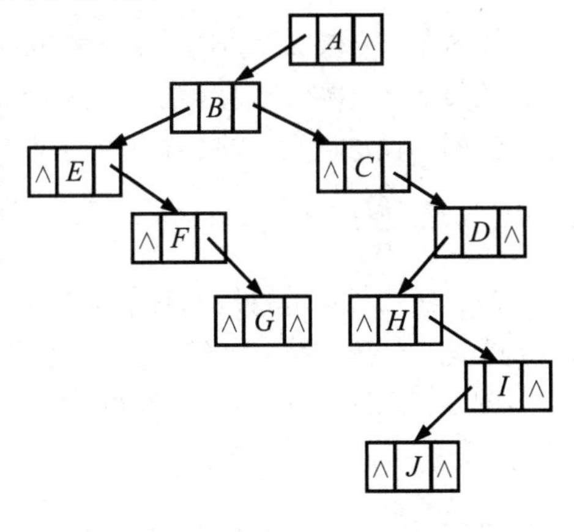

图 3.6　树的子结点兄弟结点表示法

子结点兄弟结点表示法存储结构的形式定义为：

```
typedef  struct CSTnode {
    elemtype  data;
    struct CSTnode *firstChild;
    struct CSTnode *nextSib;
}ChildSibTreeType;
```

3.1.3　二叉树的定义和性质

树的定义没有限制结点的度的大小，因此树中结点的直接后继可以有任意多个且无序。这种情况给树的存储和操作带来了极大的困难。为了便于应用，本节在阐述二叉树的定义与存储方式之后，给出二叉树的基本操作的实现。

1．二叉树的定义

二叉树（Binary Tree）是由 n（$n\geqslant 0$）个结点组成的有限集合。该集合或者为空（n=0），此时该二叉树称为**空二叉树**；或者由一个根结点和两个互不相交的被称为根结点的左子树和右子树组成（左子树和右子树均是二叉树）。

二叉树的定义也是一种递归定义。从定义中可以看出，二叉树中结点的度最大为 2，且二叉树的子树区分左右，因而是有序树。即使二叉树中的结点只有一棵子树（另一个为空），也要区分它是左子树还是右子树。二叉树具有 5 种基本形态，如图 3.7 所示。3.1.1 节介绍的有关树的基本概念也都适用于二叉树。

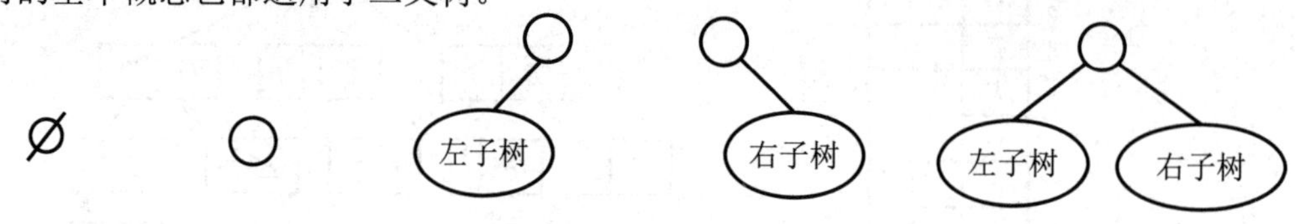

图 3.7　二叉树的 5 种基本形态

2. 二叉树的性质

性质 1　一棵二叉树的第 i 层最多有 2^{i-1}（$i\geqslant 1$）个结点。

性质 2　一棵深度为 k 的二叉树最多有 2^k-1（$k\geqslant 1$）个结点。

证明　设深度为 k 的二叉树的结点总数为 M，第 i 层的结点数为 x_i（$1\leqslant i\leqslant k$），由性质 1 可知，x_i 最大为 2^{i-1}，故有 $M=\sum_{i=1}^{k}x_i\leqslant\sum_{i=1}^{k}2^{i-1}=2^k-1$。

当一棵二叉树的每层都有最大数量的结点时，称该二叉树为**满二叉树**。例如，一棵深度为 k 的满二叉树的第 i 层有 2^{i-1} 个结点，该二叉树共有 2^k-1 个结点。

图 3.8（a）所示为一棵深度为 4 的满二叉树，而图 3.8（b）中的二叉树则不是满二叉树。

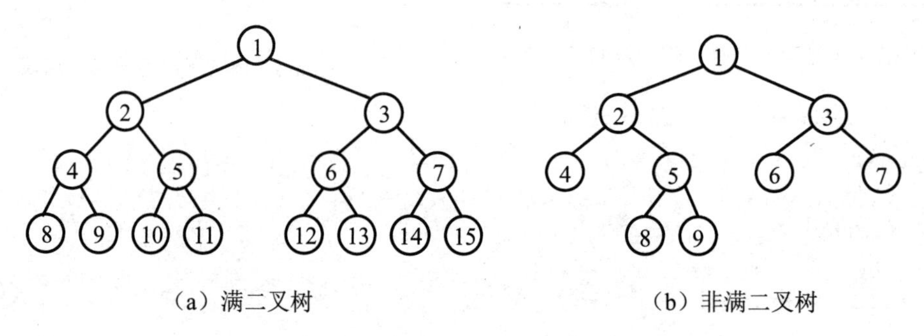

图 3.8　满二叉树和非满二叉树示意图

为了便于讨论，约定从根结点（编号为 1）开始，对二叉树中的结点从上到下、从左到右连续编号。在此约定下，对于一棵深度为 k 且有 n 个结点的二叉树，当且仅当其编号从 1 到 n 的每个结点都与深度为 k 的满二叉树中编号相同的结点的位置相同时，才称该二叉树为**完全二叉树**。因此，完全二叉树的特点是最高层次的叶结点集中在树的左部，并且叶结点只能出现在最高层和次高层。满二叉树必定是完全二叉树，而完全二叉树未必是满二叉树。图 3.9（a）所示为完全二叉树，而图 3.8（b）和图 3.9（b）中的二叉树都不是完全二叉树。

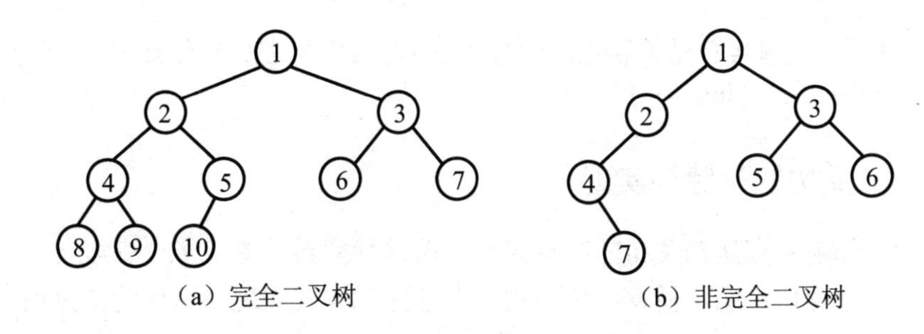

图 3.9　完全二叉树和非完全二叉树示意图

性质 3　对于一棵非空二叉树，如果叶结点数为 n_0，度为 2 的结点数为 n_2，则有 $n_0=n_2+1$。

证明　设 n 为二叉树的结点总数，n_1 为二叉树中度为 1 的结点数，则有

$$n=n_0+n_1+n_2 \quad (3.1)$$

再看二叉树中的分支数。除根结点外，其余结点都有唯一的一个进入分支。设 B 为二叉树的分支总数，则有

$$n=B+1 \quad (3.2)$$

这些分支是由度为 1 或 2 的结点发出的，每个度为 1 的结点发出 1 个分支，每个度为 2 的结点发出 2 个分支，因此有

$$B=n_1+2n_2 \quad (3.3)$$

于是得

$$n=n_1+2n_2+1 \quad (3.4)$$

根据式（3.1）、式（3.4）可以得到 $n_0=n_2+1$。

性质 4　具有 n 个结点的完全二叉树的深度为 $\lfloor \log_2 n \rfloor+1$。

证明　设一棵完全二叉树的深度为 k，则根据完全二叉树的定义和性质 2 可知

$$2^{k-1}-1<n\leqslant 2^k-1$$

即

$$2^{k-1}\leqslant n<2^k$$

对不等式取对数，有

$$k-1\leqslant \log_2 n <k$$

由于 k 是整数，因此有 $k=\lfloor \log_2 n \rfloor+1$。

性质 5　对于具有 n 个结点的完全二叉树，如果按照从上到下、从左到右的顺序对树中的所有结点从 1 开始顺序编号，则对于任意的编号为 i 的结点，有：

（1）若 $i=1$，则 i 为根结点，无父结点；若 $i>1$，则 i 的父结点的编号为 $\lfloor i/2 \rfloor$。

（2）若 $2i\leqslant n$，则其左子结点的编号为 $2i$；否则 i 无左子结点。

（3）若 $2i+1\leqslant n$，则其右子结点的编号为 $2i+1$；否则 i 无右子结点。

（4）若 i 为奇数，且 i 不为 1，则其左兄弟结点的编号为 $i-1$，否则无左兄弟结点；若 i

为偶数，且 i 小于 n，则其右兄弟结点的编号为 $i+1$，否则无右兄弟结点。

（5）结点 i 所在层为 $\lfloor \log_2 i \rfloor+1$。

3.1.4 二叉树的存储与实现

二叉树的存储需要存储二叉树的结点元素和非线性关系，在存储的基础上，以递归方式实现二叉树的常见操作；或者借助线性结构，以非递归方式实现二叉树的常见操作。

1. 二叉树的存储方式

二叉树的存储方式有两种：①顺序存储；②链式存储。由于二叉树具有递归和非线性的特点，因此在实际使用中，二叉树的链式存储应用较为广泛。

（1）二叉树的顺序存储。

从对完全二叉树的定义及性质的讨论中可以看出，具有 n 个结点的完全二叉树有唯一的结构形式，通过结点编号能够确定结点之间的逻辑关系。这样，完全二叉树的顺序存储就变得可行。二叉树的顺序存储通常借助一维数组来实现——数组单元存放结点元素，数组单元的下标反映结点之间的逻辑关系。图 3.9（a）所示的完全二叉树的顺序存储示意图如图 3.10 所示。

1	2	3	4	5	6	7	8	9	10
$a[0]$	$a[1]$	$a[2]$			…				$a[9]$

图 3.10 图 3.9（a）所示的完全二叉树的顺序存储示意图

对于一般的二叉树，可以增添一些并不存在的空结点，使之拥有一棵完全二叉树的形式，并用一维数组进行顺序存储。图 3.11 给出了如图 3.9（b）所示的非完全二叉树被改造成完全二叉树的形态及其顺序存储示意图，图中以“0”表示不存在此结点。

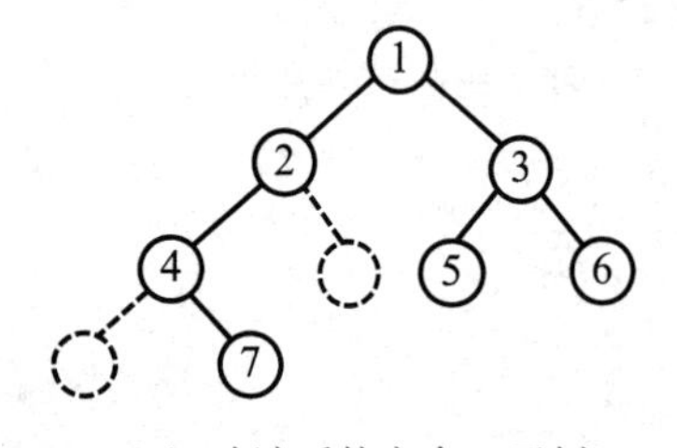

（a）改造后的完全二叉树

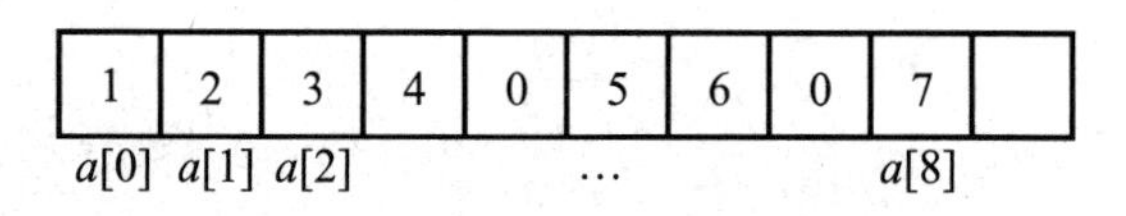

（b）改造后的完全二叉树的顺序存储示意图

图 3.11 图 3.9（b）改造后的二叉树及其顺序存储示意图

显然，这种存储方式对于需要增加许多空结点才能将一棵二叉树改造成一棵完全二叉树的情况，会造成空间的大量浪费，不宜采用。最坏的情况是右单支树，如图 3-12 所示，一棵深度为 k 的右单支树只有 k 个结点，却需要为其分配 2^k-1 个存储单元。

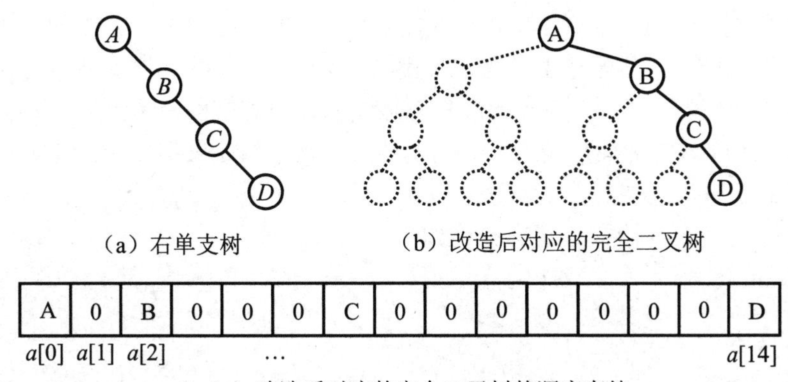

（a）右单支树　（b）改造后对应的完全二叉树

（c）改造后对应的完全二叉树的顺序存储

图 3.12　右单支树及其被改造后的顺序存储示意图

二叉树的顺序存储结构可以使用以下程序段实现：

```
#define MAXTSIZE 100                              //二叉树的最大结点数
typedef TElemType SqBinTree[MAXTSIZE];            //根结点存放在 0 号存储单元中
SqBinTree bt;
```

（2）二叉树的链式存储。

使用不同的结点结构可得到不同的链式存储结构。根据二叉树的定义，二叉树的结点由一个数据元素和分别指向其左、右子树的两个分支构成，故二叉树链表中的结点至少应包含 3 个域：数据域和左、右指针域，如图 3.13（a）所示。

有时为了便于找到结点的父结点，可在结点结构中增加一个指向其父结点的指针域，如图 3.13（b）所示。采用这两种结点结构所得的二叉树的存储结构分别被称为二叉链表和三叉链表，如图 3.14 所示。链表的头指针指向二叉树的根结点，当左子结点或右子结点不存在时，相应指针域为空（用符号∧或 NULL 表示）。容易证明，在含有 n 个结点的二叉链表中，有 $n+1$ 个空指针域。

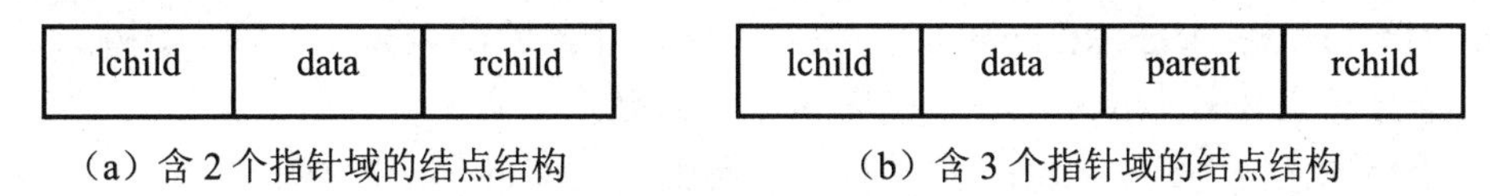

（a）含 2 个指针域的结点结构　（b）含 3 个指针域的结点结构

图 3.13　二叉树链式存储中的结点结构

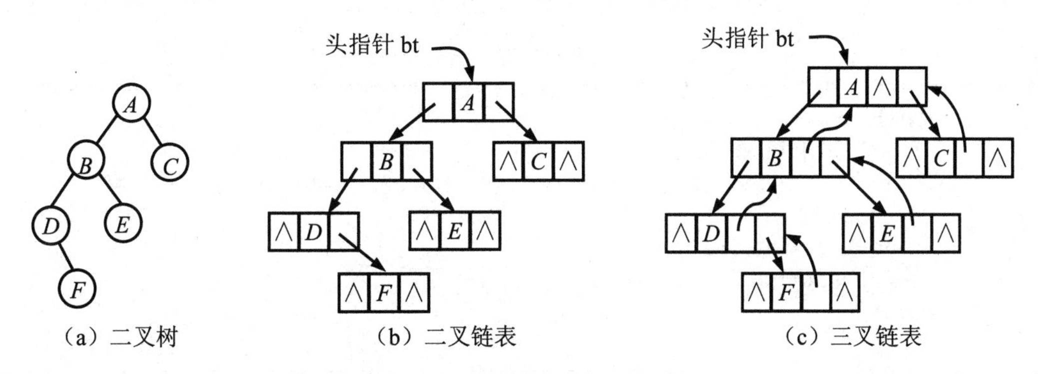

（a）二叉树　（b）二叉链表　（c）三叉链表

图 3.14　二叉树及其链表存储结构

三叉链表既便于查找子结点，又便于查找父结点；但是相对于二叉链表，它增加了空间开销。在二叉链表中，虽然无法由结点直接找到其父结点，但由于二叉链表存储结构灵活，操作方便，对于一般的二叉树，甚至比顺序存储结构还节省空间。因此，二叉链表是最常用的二叉树存储结构。本书后面涉及的二叉树的链式存储结构如果不加特别说明，都指的是二叉链表存储结构。

二叉树的二叉链表存储用 C 语言描述如下：

```
typedef char           TElemType;
typedef struct      BiTreeNode {
    TElemType          data;
    struct  BiTreeNode *lchild,  *rchild;      //左右子结点指针
}BiTNode;
```

二叉树结点元素的数据类型 TElemType 与顺序表等类似，应在二叉树的头文件中使用 typedef 进行定义。

2. 二叉树的基本操作

二叉树的基本操作通常有以下几种。

（1）建立空二叉树 Initiate(bt)：构造一棵空二叉树 bt。

（2）创建树 Create(bt,规则)：根据事先确定的规则生成一棵二叉树。

（3）向左子树中插入结点 InsertL(bt,x,parent)：将数据域为 x 的结点插入二叉树 bt 中作为结点 parent 的左子结点。如果结点 parent 原来有左子结点，则将结点 parent 原来的左子结点作为新插入结点的左子结点。

（4）向右子树中插入结点 InsertR(bt,x,parent)：将数据域为 x 的结点插入二叉树 bt 中作为结点 parent 的右子结点。如果结点 parent 原来有右子结点，则将结点 parent 原来的右子结点作为新插入结点的右子结点。

（5）删除左子树 DeleteL(bt,parent)：在二叉树 bt 中删除结点 parent 的左子树。

（6）删除右子树 DeleteR(bt,parent)：在二叉树 bt 中删除结点 parent 的右子树。

（7）查找结点 Search(bt,x)：在二叉树 bt 中查找数据元素 x。

（8）遍历二叉树 Traverse(bt)：按某种方式遍历二叉树 bt 的全部结点。

算法的实现依赖具体的存储结构，当二叉树采用不同的存储结构时，上述各种操作的实现算法是不同的。基于二叉链表存储结构的初始化操作 Initiate(bt)的算法描述如代码 3.1 所示。

代码 3.1　二叉链表存储结构的初始化

```
1   int  Initiate(BiTNode *bt)
2   {         //初始化建立二叉树*bt的头结点
3       if((bt=(BiTNode *)malloc(sizeof(BiTNode)))==NULL)
4           return 0;
5       bt->lchild=NULL;
6       bt->rchild=NULL;
7       return 1;
8   }
```

3.1.5　二叉树的遍历

在二叉树的应用中，常常需要在树中查找具有某一特征的结点，或者对树中的所有结点逐一进行某种处理。这就是**二叉树的遍历**（Traversing Binary Tree），即按某条路径访问树中的每个结点，使得每个结点均被访问一次且仅被访问一次。由于二叉树是一种非线性结构，每个结点都有可能有两棵子树，因此需要寻找一种规律，使得二叉树上的结点能排成一个线性序列，从而便于遍历。

1. 二叉树的遍历方法及递归实现

由二叉树的定义可知，二叉树由 3 部分组成：根结点、左子树和右子树。因此，只要依次遍历这 3 部分，就可以遍历整棵二叉树。若以 D、L、R 分别表示访问根结点、遍历左子树、遍历右子树，则二叉树的遍历方式有 6 种：DLR、LDR、LRD、DRL、RDL 和 RLD。如果限定先左后右的遍历顺序，则只有前 3 种方式，即 DLR（先序遍历）、LDR（中序遍历）和 LRD（后序遍历）。基于二叉树的递归定义，可得下述遍历二叉树的递归算法定义。

（1）先序遍历。

先序遍历二叉树的操作定义为：若二叉树为空，则结束当前操作；否则，先访问根结点，再先序遍历左子树，最后先序遍历右子树。

先序遍历二叉树的递归算法如代码 3.2 所示。

代码 3.2　先序遍历二叉树的递归算法

```
1   void PreOrder(BiTNode *BT) {
2       if(BT != NULL) {                        //空树BT=NULL是递归终止条件
3           printf("%c", BT->data);             //访问根结点
4           PreOrder(BT->lchild);               //先序遍历左子树
5           PreOrder(BT->rchild);               //先序遍历右子树
6       }
7   }
```

对于如图 3.14（a）所示的二叉树，先序遍历得到的结点序列为 *ABDFEC*。

（2）中序遍历。

中序遍历二叉树的操作定义为：若二叉树为空，则结束当前操作；否则，先中序遍历左子树，再访问根结点，最后中序遍历右子树。

中序遍历二叉树的递归算法如代码 3.3 所示。

代码 3.3　中序遍历二叉树的递归算法

```
1   void InOrder(BiTNode *BT)  {
2       if(BT != NULL) {                        //空树BT=NULL是递归终止条件
3           InOrder(BT->lchild);                //中序遍历左子树
4           printf("%c",  BT->data);            //访问根结点
5           InOrder(BT->rchild);                //中序遍历右子树
6       }
7   }
```

对于如图 3.14（a）所示的二叉树，中序遍历得到的结点序列为 *DFBEAC*。

（3）后序遍历。

后序遍历二叉树的操作定义为：若二叉树为空，则结束当前操作；否则，先后序遍历左子树，再后序遍历右子树，最后访问根结点。

后序遍历二叉树的递归算法如代码 3.4 所示。

代码 3.4　后序遍历二叉树的递归算法

```
1  void PostOrder(BiTNode *BT) {
2      if(BT != NULL) {                  //空树BT=NULL是递归终止条件
3          PostOrder(BT->lchild);        //后序遍历左子树
4          PostOrder(BT->rchild);        //后序遍历右子树
5          printf("%c", BT->data);       //访问根结点
6      }
7  }
```

对于如图 3.14（a）所示的二叉树，后序遍历得到的结点序列为 *FDEBCA*。

2. 利用队列实现二叉树的层序遍历

层序遍历指从二叉树的根结点开始，按从上到下、从左到右的顺序，分层依次访问树中的各结点。对于如图 3.14（a）所示的二叉树，层序遍历得到的结果为 *ABCDEF*。

在进行层序遍历时，对一层结点访问完毕，按照访问次序对各个结点的左子结点和右子结点进行顺序访问。这样，先遇到的结点先被访问，这与队列的操作原则一致。因此，在进行层序遍历时，可设置一个队列，在访问某一层的结点时，把下一层结点的指针预先存在队列中。遍历从二叉树的根结点开始，首先将根结点指针入队，然后从队头取出一个元素，每取出一个元素，就执行下面的操作：①访问该元素所指结点；②若该元素所指结点的左、右子结点非空，则将该左、右子结点指针顺序入队。不断重复此过程，当队列为空时，二叉树的层次遍历结束。

在如代码 3.5 所示的层序遍历算法中，二叉树以二叉链表存放，一维数组 Q[queueSize] 用以实现队列，变量 front 和 rear 分别表示当前队头元素和队尾元素在数组中的位置。

代码 3.5　二叉树的层序遍历算法

```
1   #define queueSize 30                        //队列的大小
2   typedef BiTNode*  QElemType;                //队列的元素类型
3   void  LevelOrder(BiTNode *BT)   {           //层序遍历二叉树
4       BiTNode  *Q[queueSize];
5       int rear=0, front=0;                    //初始化队尾和队头
6       BiTNode *p=BT;
7       rear=(rear+1)%queueSize;
8       Q[rear]=p;                              //p是遍历指针
9       while(rear != front) {
10          front=(front+1)%queueSize;          //从队列中取出一个结点
11          p=Q[front];
12          printf("%c ", p->data);
13          if(p->lchild != NULL) {             //队头结点的左子结点入队
14              rear=(rear+1)%queueSize;
15              Q[rear]=p->lchild;
```

```
16            }
17            if(p->rchild != NULL) {      //队头结点的右子结点入队
18                rear=(rear+1)%queueSize;
19                Q[rear]=p->rchild;
20            }//if
21        }//while
22    }
```

3. 利用栈实现二叉树的非递归遍历

用具有递归功能的程序设计语言能方便地实现二叉树的先序、中序和后序递归算法。然而，并非所有的程序设计语言都允许递归；此外，递归程序虽然简洁，但可读性不好，执行效率也不高。因此就存在如何把一种递归算法转化为非递归算法的问题。解决这个问题的方法可以通过对 3 种遍历方法的实质进行分析得到。

如图 3.15 所示，对二叉树进行先序、中序和后序遍历都是从根结点 *A* 开始的，且在遍历过程中，经过结点的路线是一样的，只是访问的时机不同。在图 3.15 中，从根结点左外侧开始，到根结点右外侧结束的曲线为遍历路线。

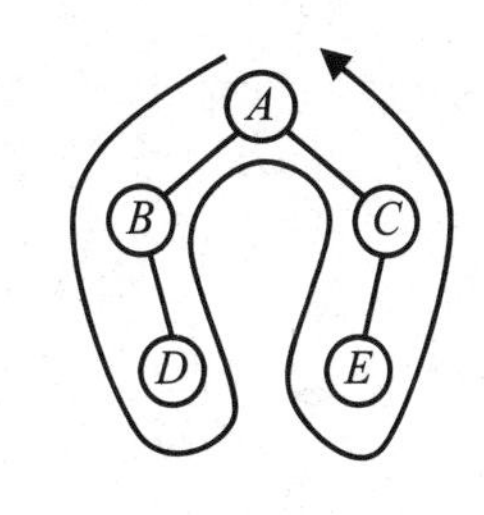

图 3.15　二叉树的遍历路线

这一遍历路线从根结点开始，沿左侧深入下去，当深入到最左端而无法继续深入时返回，逐一进入刚才深入时遇到的结点的右子树，进行同样的深入和返回操作，直到从根结点的右子树返回根结点。先序遍历是每遇到一个结点就访问，中序遍历是在从左子树返回时访问结点，后序遍历是在从右子树返回时访问结点。

在这一过程中，返回结点的顺序与深入结点的顺序相反，即后深入先返回，正好符合栈结构“后进先出”的特点。因此，可以用栈来帮助实现这一遍历路线，具体过程如下。

在沿左子树深入时，每深入一个结点就入栈一个结点，若为先序遍历，则在入栈前访问结点；当沿左子树深入不下去时返回，即从栈中弹出前面压入的结点，若为中序遍历，则此时访问该结点，并从该结点的右子树继续深入。

（1）先序遍历的非递归实现。

①建立存放结点的栈，并初始化；建立遍历指针 *p*，使之指向根结点。

②遍历指针 *p* 沿二叉树的左子树一直深入，一路走一路访问结点，并入栈，直到左子结点为空。

③返回。若栈不空，则从栈顶退出一个结点，用 *p* 指向该结点的右子结点。

④若 *p* 不为空，则表明右子树非空，它也为二叉树，转向步骤②；若 *p* 为空，则执行步骤③，继续出栈。

⑤若 *p* 为空，同时栈为空，则二叉树遍历完成，算法结束。

在如代码 3.6 所示的算法中，二叉树以二叉链表存放，一维数组 *S*[stackSize]用来实现栈，变量 top 用来表示当前栈顶的位置。

代码 3.6　先序遍历二叉树的非递归算法

```
1    #define stackSize 100                          //工作栈的大小
2    typedef BiTNode* StackElemType;                //工作栈的元素类型
3    void NRPreOrder(BiTNode *BT) {                 //非递归先序遍历二叉树
4        StackElemType S[stackSize];
5        int  top=-1;                               //建立工作栈并初始化
6        BiTNode *p=BT;                             //p是遍历指针
7        do {
8            while(p != NULL) {
9                printf("%c", p->data);             //访问结点的数据域
10               if(top < stackSize - 1){           //将当前指针p入栈
11                   top++;
12                   S[top]=p;
13               }
14               else {
15                   printf("Stack overflows");
16                   return;
17               }
18               p=p->lchild;                       //指针指向p的左子结点
19           }
20           if(top != -1) {
21               p=S[top];                          //从栈中退出栈顶元素
22               top--;
23               p=p->rchild;                       //指针指向p的右子结点
24           }
25       }while(p!=NULL || top>-1);                 //栈空时结束
26   }
```

对于如图 3.16 所示的二叉树，在用该算法进行遍历的过程中，栈 stack 和当前指针 p 的变化情况，以及树中各结点的访问次序如表 3.1 所示。

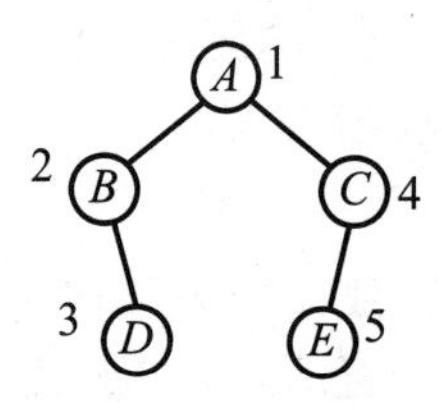

图 3.16　先序遍历访问顺序

表 3.1　二叉树的非递归先序遍历过程

步　骤	指针 p	栈 stack 的内容	访问结点值
初态	A	空	
1	B	A	A
2	$\wedge$	A、B	B
3	D	A	
4	$\wedge$	A、D	D
5	$\wedge$	A	

续表

步　骤	指针 p	栈 stack 的内容	访问结点值
6	*C*	空	
7	*E*	*C*	*C*
8	∧	*C*、*E*	*E*
9	∧	*C*	
10	∧	空	

（2）中序遍历的非递归实现。

对于中序遍历的非递归实现，只需将先序遍历的非递归算法中的 printf("%c", p->data）移到 p=S[top]和 p=p->rchild 之间即可。

（3）后序遍历的非递归实现。

后序遍历比先序遍历和中序遍历更复杂。在后序遍历过程中，需要先遍历左子树，再遍历右子树，最后遍历根结点，如图 3.17 所示。因此，在遍历完左子树之后，需要判断右子树是否为空或是否被访问过。若根结点的右子树为空，则访问根结点；若根结点的右子树已经被访问过，则继续访问根结点；若根结点的右子树没有被访问过，则遍历右子树。

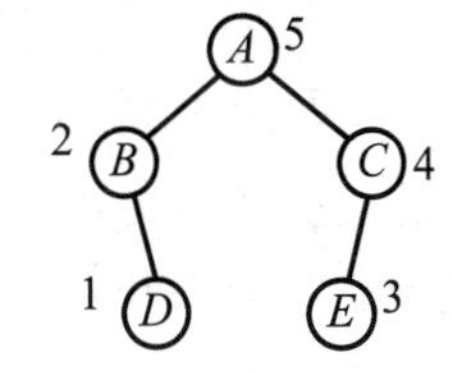

图 3.17　后序遍历访问顺序

算法实现步骤如下。

①建立存放结点的栈，用于存放遍历路线经过的结点，并初始化；建立遍历指针 *p*，使之指向根结点。

②遍历指针 *p* 沿二叉树的左子树一直深入，一路走一路入栈，直到左子结点为空。

③返回。若栈不空，则读取位于栈顶的结点，用 *p* 指向 *x*，若 *x* 的右子结点为空或已被访问过，则退栈，*q* 记忆退出的结点，访问 *q*，置 *p* 为空；否则，*p* 会进到右子树的根结点中。

④若 *p* 为空，栈不空，则表明子树空，执行步骤③，继续退栈。

⑤若 *p* 不空，则转向步骤②，遍历 *x* 的右子树；若 *p* 为空，同时栈为空，则二叉树遍历完成，算法结束。

后序遍历二叉树的非递归算法如代码 3.7 所示。

代码 3.7　后序遍历二叉树的非递归算法

```
1    #define stackSize 100                           //工作栈的大小
2    typedef BiTNode* StackElemType;                 //工作栈的元素类型
3    void NRPostOrder(BiTNode *BT) {                 //非递归后序遍历二叉树
4        StackElemType S[stackSize];
5        int top=-1;                                 //建立工作栈并初始化
6        BiTNode *p=BT, *q=NULL;                     //p是遍历指针，q是前驱指针
7        do {
8            while(p!=NULL) {                        //左子树入栈
9                S[++top]=p;
10               p=p->lchild;
```

```
11          }
12          if(top>-1) {                       //将当前指针p入栈
13              p=S[top];                      //用p记忆栈顶元素
14              if(p->rchild!=NULL && p->rchild!=q)
15                  p=p->rchild;               //p有右子结点且未被访问过
16              else {
17                  printf("%c ", p->data);    //访问结点的数据域
18                  q=p; p=NULL;               //记忆刚访问过的结点
19                  top--;
20              }
21          }
22      }while(p!=NULL || top!=-1);            //栈空时结束
23  }
```

4．二叉树遍历的应用

在以上讨论的遍历算法中，要访问结点的数据域，需要根据具体问题对 BT 数据进行不同的操作。下面介绍几种遍历操作的典型应用。

（1）查找数据元素。

Search(BT, x)：在根结点指针为 BT 的二叉树中查找数据元素 *x*，如代码 3.8 所示。查找成功时返回该结点指针，查找失败时返回空指针。算法实现如下：

代码 3.8　在二叉树中查找数据元素

```
1   BiTNode *  Search(BiTNode *BT, TElemType x)
2   {        //在根结点指针为BT的二叉树中查找数据元素x
3       BiTNode *p = NULL;
4       if(BT->data == x)
5           return BT;  //查找成功后返回
6       if(BT->lchild != NULL)
7           p=Search(BT->lchild, x);
8       if (p!=NULL)
9           return p;
10      else {
11          if(BT->rchild!=NULL)
12              return(Search(BT->rchild, x));
13      }
14      return  NULL;
15  }
```

（2）统计出给定二叉树中叶结点的数量。

①采用顺序存储方式统计二叉树中叶结点的数量，如代码 3.9 所示。

代码 3.9　采用顺序存储方式统计二叉树中叶结点的数量

```
1   #define MAXTSIZE 100                       //二叉树的最大结点数
2   typedef TElemType SqBinTree[MAXTSIZE]; //根结点存放在0号存储单元中
3   int CountLeafSQ(SqBinTree BT, int k)
4   {//一维数组BT[MAXTSIZE]为顺序存储结构，k为二叉树的深度，返回值为BT的叶结点的数量
5       int total=0;
```

```
6       for(int i=1;i<=(1<<k)-1;i++)     //i≤2k-1，使用位左移实现计算
7           if(BT[i-1]!=0)
8               if(BT[2*i-1]==0 && BT[2*i]==0)
9                   total++;
10          return(total);
11  }
```

②采用二叉链表存储方式统计二叉树中叶结点的数量，如代码 3.10 所示。

代码 3.10　采用二叉链表存储方式统计二叉树中叶结点的数量

```
1   int CountLeafBT(BiTNode *BT)
2   {       //开始时，BT为根结点所在链结点的指针，返回值为BT的叶结点数量
3       if(BT==NULL)
4           return(0);
5       if(BT->lchild==NULL && BT->rchild==NULL)
6           return(1);
7       return(CountLeaf2(BT->lchild)+CountLeaf2(BT->rchild));
8   }
```

（3）利用二叉树先序遍历的递归算法建立二叉树。

应用二叉树先序遍历的递归算法可以建立二叉树的二叉链表存储结构。在此算法中，需要按二叉树带空指针的先序序列输入结点值，并约定以输入序列中不可能出现的值作为空结点值以结束递归。这里以输入值为字符'#'表示空结点，最终按中序次序输出。

设输入序列为 *ABD#F##E##C##*，建立如图 3.14（b）所示的二叉链表存储结构，如代码 3.11 所示。

代码 3.11　利用二叉树先序遍历的递归算法建立二叉树

```
1   void  CreateBinTree(BiTNode **pT)
2   {       //根据先序序列建立二叉树，输入序列以';'结束，空结点标识为'#'
3       char ch;
4       scanf("\n%c", &ch);                         //读入一个结点数据
5       if(ch==';')
6           return;                                 //处理结束，返回
7       if(ch=='#')
8           *pT=NULL;                               //在读入'#'时，将相应结点置空
9       else {
10          *pT=( BiTNode *)malloc(sizeof(BiTNode));    //生成新结点
11          (*pT)->data=ch;
12          CreateBinTree(&((*pT)->lchild));        //构造二叉树的左子树
13          CreateBinTree(&((*pT)->rchild));        //构造二叉树的右子树
14      }
15  }
16  void  InOrderOut(BiTNode *T) {
17      if(T) {                                     //中序遍历输出二叉树的结点值
18          InOrderOut(T->lchild);                  //中序遍历二叉树的左子树
19          printf("%3c",T->data);                  //访问结点的数据
20          InOrderOut(T->rchild);                  //中序遍历二叉树的右子树
21      }
```

```
22  }
23  main() {
24      BiTNode *BT = NULL;
25      printf("Pls enter the pre-order traversal sequence:\n");
26      CreateBinTree(&BT);
27      printf("The in-order traversal of BT tree is:\n");
28      InOrderOut(BT);
29  }
```

（4）表达式运算。

任意一个算术表达式都可以用一棵二叉树来表示。图 3.18 所示为算术表达式 ax^2+bx+c 的二叉树表示。在算术表达式二叉树中，每个叶结点都是操作数，每个非叶结点都是运算符。对于一个非叶结点，它的左、右子树分别是它的两个操作数。

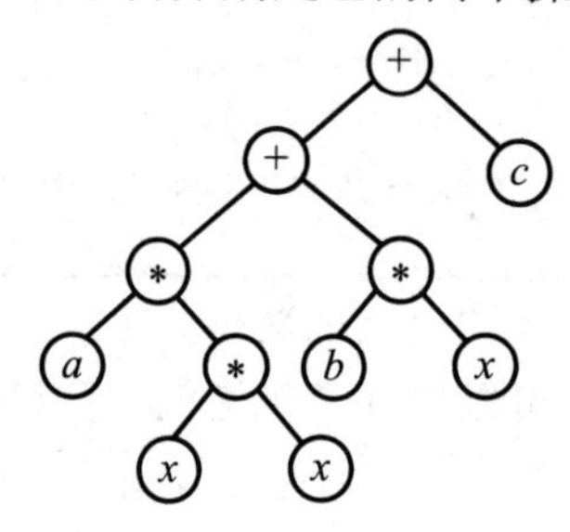

图 3.18　算术表达式 ax^2+bx+c 的二叉树表示

对如图 3.18 所示的二叉树分别进行先序、中序和后序遍历，可以得到该算术表达式的 3 种不同表示形式。

①前缀表达式：$++*a*xx*bxc$。

②中缀表达式：$a*x*x+b*x+c$。

③后缀表达式：$axx**bx*+c+$。

其中，中缀表达式是经常使用的算术表达式，前缀表达式和后缀表达式分别称为波兰式与逆波兰式，它们在编译程序中起着重要的作用。

5．由遍历序列恢复二叉树

由二叉树的遍历可知，任意一棵二叉树的先序序列、中序序列和后序序列都是唯一的。反过来，利用二叉树的先序序列和中序序列，或者利用二叉树的中序序列和后序序列，都可以唯一地确定一棵二叉树。

下面通过例子给出利用二叉树的先序序列和中序序列构造一棵唯一的二叉树的实现算法。

已知某二叉树的先序序列和中序序列分别如下。

先序序列：*ABCDEFGHI*。

中序序列：*BCAEDGHFI*。

恢复该二叉树的步骤如下。

（1）先序序列的第一个结点 *A* 是二叉树的根结点。

（2）根据中序序列，*A* 把中序序列划分为两个中序子序列 *BC* 和 *EDGHFI*，由此得到如图 3.19（a）所示的形态。

（3）回到先序序列中，得到两个对应的先序子序列 *BC* 和 *DEFGHI*，于是得结点 *B* 是左子树的根结点。又由中序序列可知，结点 *B* 的左子树为空，右子树只有一个结点 *C*。同理，右子树的根结点为 *D*，而结点 *D* 把右子树分成两部分，即结点 *D* 的左子树为 *E*，右子树的先序序列为 *FGHI*，如图 3.19（b）所示。

（4）继续按上述原则对结点 *D* 的右子树进行分解，最后得如图 3.19（c）所示的整棵二叉树。

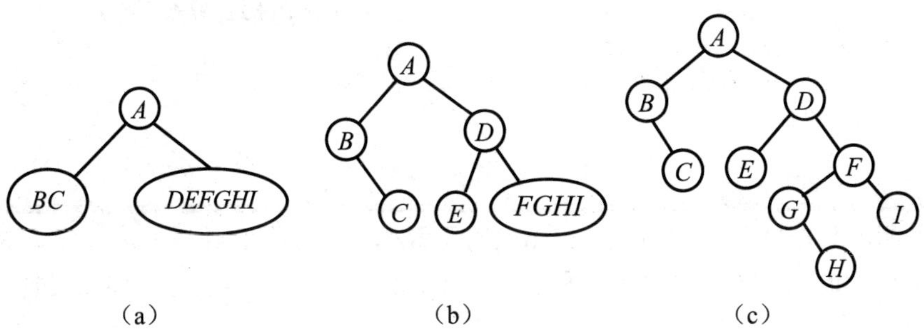

图 3.19　一棵二叉树的恢复过程示意

上述过程是一个递归过程，其递归算法的思想是先根据先序序列的第一个元素建立根结点；然后在中序序列中找到该元素，确定根结点的左、右子树的中序序列；接着在先序序列中确定左、右子树的先序序列；最后由左子树的先序序列与中序序列建立左子树，由右子树的先序序列与中序序列建立右子树。

下面用 C 语言描述该算法（见代码 3.12）：假设二叉树的先序序列和中序序列分别存放在一维数组 preOrd[]与 inOrd[]中，并假设二叉树各结点的数据值均不相同。

代码 3.12　利用先序序列和中序序列重构二叉树

```
1    void PreInOrd(char preOrd[],char inOrd[],int i, int j,
2                        int k,int h, BiTNode **t)
3    {/*i、j分别为当前先序序列的开始和结束下标值，k、h分别为当前中序序列的开始和结束下标值*/
4        if (i > j || k > h) {
5            *t = NULL;
6            return;
7        }                               //判断下标的有效性
8    *t = (BiTNode *)malloc(sizeof(BiTNode));
9    (*t)->data= preOrd[i];              //先序序列的第一个元素为二叉树的根结点
10   int m=k;     //临时变量，用于找出根结点在中序序列中的下标
11   while(inOrd[m]!= preOrd[i])
12       m++;                            //在中序序列中查找根结点
13       PreInOrd(preOrd, inOrd, i+1, i+m-k, k, m-1,
14               &((*t)->lchild));
15       PreInOrd(preOrd, inOrd, i+m-k+1, j, m+1, h,
16               &((*t)->rchild));
17   }
18   void ReBinTree(char preOrd[],char inOrd[],int n, BiTNode **proot)
19   {   //n为二叉树中结点的个数（数量），proot为指向二叉树根结点root的指针
20   if(n<=0)
```

```
21  *proot=NULL;
22  else
23  PreInOrd(preOrd,inOrd,0,n-1,0,n-1,proot);
24  }
25  int main() {
26  char preOrd[]={'A','B','C','D','E','F','G','H','I'};
27      char inOrd[]={'B','C','A','E','D','G','H','F','I'};
28      int n = sizeof(preOrd) / sizeof(preOrd[0]);//计算结点个数
29      BiTNode *root = NULL;
30      ReBinTree(preOrd, inOrd, n, &root);
31      return 0;
32  }
33
```

需要说明的是，数组 preOrd[]和 inOrd[]的元素类型可根据实际需要来设定，这里设为字符型。如果只知道二叉树的先序序列和后序序列，则不能唯一地确定一棵二叉树。

3.1.6 树、森林与二叉树的转换

树的结点可以有任意多个子结点，由于树或森林的这种不确定性，造成树或森林中各结点的度相差很多。这种属性使得树在实现上比二叉树要困难得多。本节介绍树与森林的存储结构及其与二叉树之间的转换方法。

1．树、森林转换为二叉树

由树的子结点兄弟结点表示法可知，给定一棵树，可以找到唯一的一棵二叉树与之对应，而任意一棵二叉树也能对应到一棵树上。从存储结构上来看，它们的二叉链表是相同的，只是二叉链表中两个指针域的名称和解释不同而已。它们之间可以相互转换。将一棵树转换成二叉树的方法如下：①在树中的所有兄弟结点之间加一条连线；②对于树中的每个结点，只保留它与第一个子结点之间的连线，它与其他子结点之间的连线被全部删除；③以树根为轴心，对结点进行旋转整理，使所得到的二叉树层次分明。

图 3.20 所示为将树转换为二叉树的过程示意图。

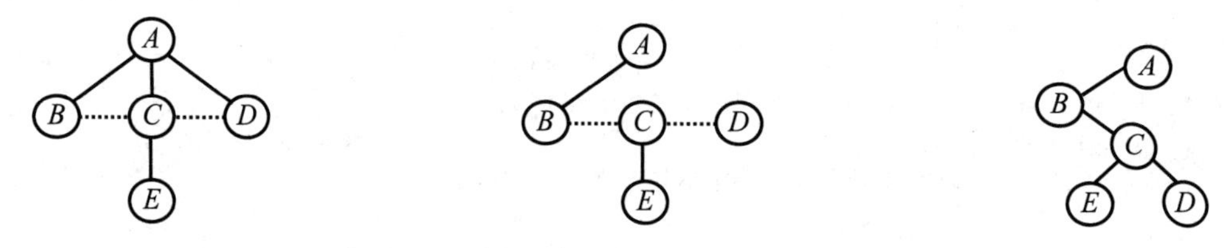

（a）在兄弟结点之间加连线　（b）只保留父结点与第一个子结点之间的连线　（c）转换后所得的二叉树

图 3.20　将树转换为二叉树的过程示意图

在由这种方法转换得到的二叉树中，左分支上的各结点在原树中是父子关系，而右分支上的各结点在原树中是兄弟关系。由于根结点没有兄弟结点，因此将树转换为二叉树后，根结点的右子树一定为空，借助这个特点，可以实现森林与二叉树之间的转换。

森林转化为二叉树的步骤如下。

（1）将森林中的每棵树都转换为对应的二叉树。

（2）从第一棵二叉树开始，依次将森林中后一棵二叉树的根结点作为前一棵二叉树根结点的右子结点，把所有二叉树全部连接起来，森林就可以转换为一棵二叉树。

图 3.21 所示为将森林转换为二叉树的过程示意图。

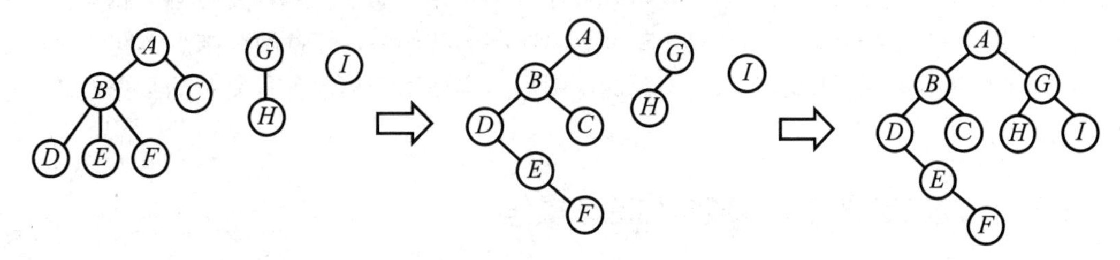

图 3.21　将森林转换为二叉树的过程示意图

根据上述转换步骤，可以做如下形式化描述：如果森林 $F=\{T_1, T_2, \cdots, T_n\}$，那么 F 对应的二叉树 BT={Root, LB, RB}满足以下两点。

（1）若 $n=0$，则 F 为空，BT 也为空。

（2）若 $n\neq0$，则根结点 Root 即 F 中的第一棵树 T_1 的根结点，左子树 LB 是由 F 中的第一棵树 T_1（除根结点 Root）转换而成的二叉树，右子树 RB 是由森林 $F'=\{T_2,T_3,\cdots,T_n\}$转换而成的二叉树。

森林按照上述转换方法所得到的二叉树是唯一的。

2．二叉树转换为树或森林

树或森林可以转换为二叉树，相应地，二叉树也可以还原为树或森林，这一过程是可逆的。根据“树转换为二叉树后，二叉树没有右子树；森林转换为二叉树后，二叉树有右子树”这一特点，可以将二叉树还原为树或森林。

将二叉树还原为森林可以做如下形式化描述：如果二叉树 BT={Root, LB, RB}，那么转换后的森林 $F=\{T_1, T_2, \cdots, T_n\}$满足以下两点。

（1）若 BT 为空，则 F 为空。

（2）若 BT 非空，则 F 中的第一棵树 T_1 的根结点为二叉树 BT 的根结点 Root，T_1 中根结点的子树 F_1 是由左子树 LB 转换而成的；F 中除 T_1 之外的其余树组成的森林 $F'=\{T_2,T_3,\cdots,T_n\}$是由右子树 RB 转换而成的。

图 3.22 所示为将二叉树还原为森林的过程示意图。

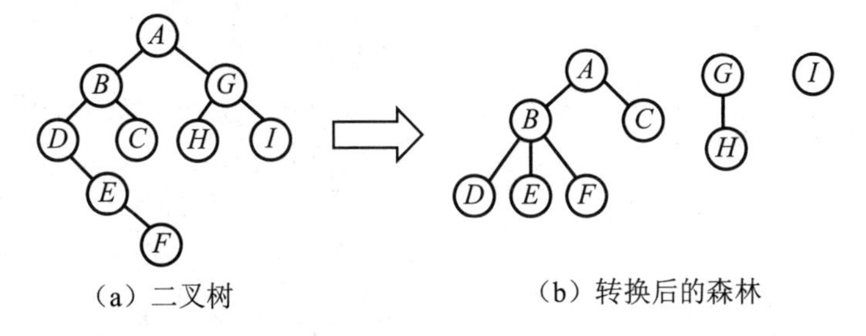

图 3.22　将二叉树还原为森林的过程示意图

3.2 图

图形结构是一种比树形结构更为复杂的非线性结构。在树形结构中，数据元素之间有着明显的层次关系，并且每层的数据元素可能和下一层的多个数据元素（子结点）相关，但只能和上一层的一个数据元素（父结点）相关。而在图形结构中，任意两个结点之间都可能相关，即结点的邻接关系可以是任意的。因此，图形结构被用于描述各种复杂的数据对象，应用极为广泛。

3.2.1 图的定义和基本概念与基本操作

1. 图的定义和基本概念

图是由顶点集合及顶点之间关系的集合组成的一种数据结构，其形式化定义为

$$G=(V,E)$$

其中，$V=\{v_i \mid v_i \in \text{dataobject}\}$；$E=\{(v_i, v_j) \mid (v_i, v_j) \in P(v_i,v_j)$ 且 $v_i, v_j \in V\}$

G 表示一个图，图中的数据元素通常称为**顶点**（Vertex），V 是顶点的有穷非空集合，E 是两个顶点之间关系的集合。在集合 E 中，$P(v_i,v_j)$表示顶点 v_i 和 v_j 之间有一条直接连线，即顶点对(v_i,v_j)表示一条**边**。图 3.23 给出了一个无向图的示例，在该图中，集合 $V=\{v_1, v_2, v_3, v_4\}$；集合 $E=\{(v_1, v_2), (v_2, v_3), (v_3, v_1), (v_4, v_3)\}$。

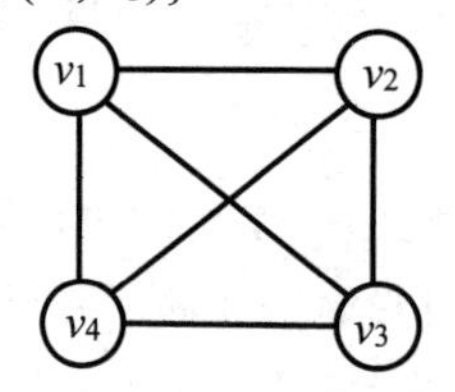

图 3.23 无向图 G_1

在对图的讨论中，常用的基本概念如下。

（1）**无向图**（Undigraph）。在一个图中，如果任意两个顶点构成的顶点对$(v_i,v_j)\in E$ 是无序的，即顶点之间的连线没有方向，则称该图为无向图。如图 3.23 所示，G_1 是一个无向图。在无向图中，顶点之间的连线称为**边**（Edge）。

（2）**有向图**（Digraph）。在一个图中，如果任意两个顶点构成的顶点对$<v_i,v_j>\in E$ 是有序的，即顶点之间的连线是有方向的，则称该图为有向图。图 3.24 给出了一个有向图 G_2。

$$G_2=(V_2, E_2)$$

$$V_2=\{v_1, v_2, v_3, v_4\}，E_2=\{<v_1, v_2>, <v_2, v_3>, <v_3, v_1>, <v_4, v_3>\}$$

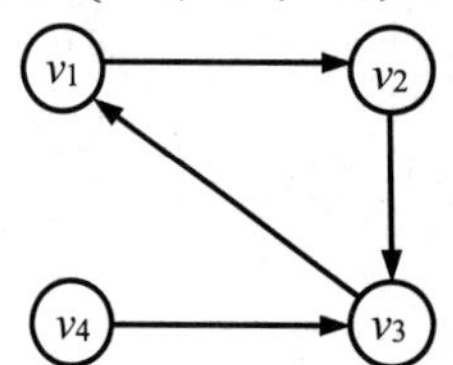

图 3.24 有向图 G_2

此时，顶点 v_i 和 v_j 之间的连线称为**弧**（Arc），用有序顶点对$<v_i, v_j>$表示，称顶点 v_i 和 v_j 互为**邻接点**（Adjacent）。有序顶点对的第一个顶点 v_i 称为**弧尾**（Tail）或起始点（Initial Node），在图中就是不带箭头的一端；有序顶点对的第二个顶点 v_j 称为**弧头**（Head）或终点（Terminal Node），在图中就是带箭头的一端。

（3）**无向完全图**。在一个无向图中，如果任意两个顶点之间都有一条边，则称该图为无向完全图。可以证明，在一个含有 n 个顶点的无向完全图中，有 $n(n-1)/2$ 条边。

（4）**有向完全图**。在一个有向图中，如果任意两个顶点之间都有方向相反的两条弧，则称该图为有向完全图。在一个含有 n 个顶点的有向完全图中，有 $n(n-1)$条边。

（5）稠密图、稀疏图。若一个图接近完全图，则称之为**稠密图**（Dense Graph）；称边或弧很少的图为**稀疏图**（Sparse Graph）。

（6）顶点的度、入度、出度。顶点的**度**（Degree）是指依附于某顶点 v 的边的数目，通常记为 TD(v)。在有向图中，要区别顶点的入度与出度的概念。顶点 v 的**入度**（InDegree）是指以顶点为终点的弧的数目，记为 ID(v)；顶点 v 的**出度**（OutDegree）是指以顶点 v 为起始点的弧的数目，记为 OD(v)，有 TD(v)=ID(v)+OD(v)。

例如，在如图 3.23 所示的无向图 G_1 中，顶点 v_1 的度 TD(v_1)=3，在如图 3.24 所示的有向图 G_2 中，顶点 v_1 的入度 ID(v_1)=1、出度 OD(v_1)=1、度 TD(v_1)= ID(v_1)+OD(v_1)=2。

可以证明，如果将顶点 v_i 的度记为 TD(v_i)，则对于有 n 个顶点、e 条边或弧的图，有以下关系：

$$e=\frac{1}{2}\sum_{i=1}^{n}\mathrm{TD}\left(v_i\right)$$

（7）**边的权、网图**。在某些图中，边具有与之相关的数值，称为**权值**（Weight）。例如，在城市交通线路图中，边上的权值可以表示该条线路的距离或花费的代价；在一个电路图中，边上的权值可以表示两点间的电阻、电流或电压值；对于反映工程进度的图，边上的权值可以表示时间等。边上带权值的图称为**网图**或**网络**（Network）。图 3.25 所示为一个无向网图。如果边是有方向的带权图，则该图就是一个有向网图。

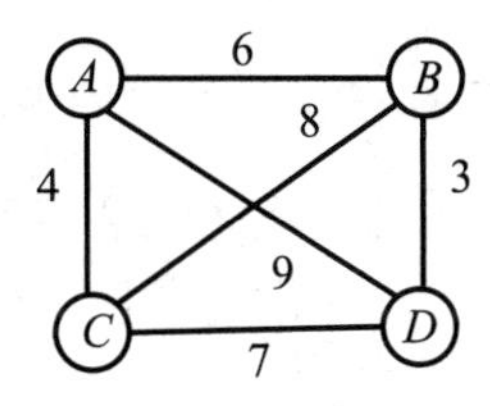

图 3.25 无向网图

（8）**路径、回路**。顶点 v_p 到顶点 v_q 之间的**路径**（Path）是指顶点序列(v_p, v_{i1}, v_{i2}, …, v_{im}, v_q)。其中，(v_p, v_{i1}),(v_{i1}, v_{i2}),…,(v_{im}, v_q)分别为图中的边。路径上边或弧的数目称为**路径长度**。在如图 3.23 所示的无向图 G_1 中，$v_1 \to v_2 \to v_3$ 与 $v_1 \to v_3$ 是从顶点 v_1 到顶点 v_3 的两条路径，路径长度分别为 2 和 1。

第一个顶点和最后一个顶点相同的路径称为**回路**或**环**（Cycle）。序列中的顶点不重复出现的路径称为简单路径。前面提到的无向图 G_1 中从顶点 v_1 到顶点 v_3 的两条路径均为简单路径。除第一个顶点和最后一个顶点外，其余顶点不重复出现的回路称为简单回路或简单环。如图 3.23 中的 $v_1 \to v_2 \to v_3 \to v_4 \to v_1$。

（9）**连通图**。在无向图中，如果从顶点 v_i 到顶点 v_j（$i \neq j$）有路径，则称顶点 v_i 和 v_j 是**连通**的。如果图中任意两个顶点都是连通的，则称该图是**连通图**（Connected Graph）。图 3.23 中的 G_1 是连通图。无向图的极大连通子图称为**连通分量**。图 3.26（a）中的 G_3 是非连通图，但 G_3 有两个连通分量，如图 3.26（b）所示。

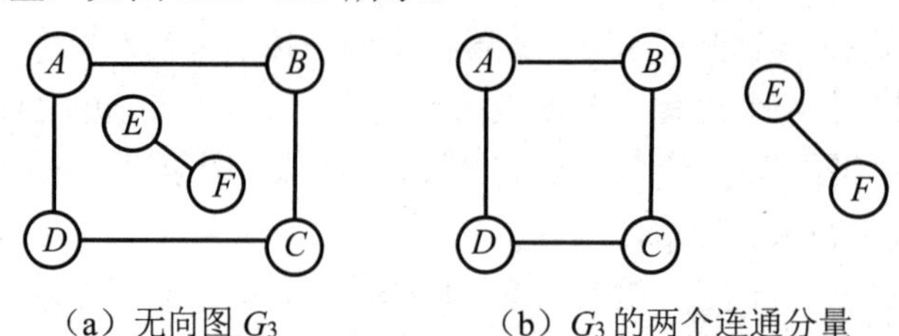

（a）无向图 G_3 （b）G_3 的两个连通分量

图 3.26 无向图及连通分量

在有向图中，若对于图中任意一对顶点 v_i 和 v_j（$i \neq j$），从 v_i 到 v_j 有路径，从 v_j 到 v_i 也有路径，则称该有向图是**强连通图**。有向图的极大强连通子图称为**强连通分量**。图 3.24 中的 G_2 不是强连通图，但它有两个强连通分量，分别是$\{v_1, v_2, v_3\}$和$\{v_4\}$，如图 3.27 所示。

（10）**生成树**。一个连通图的**生成树**是一个极小连通子图，它含有图中的全部 n 个顶点，但有且仅有图的 $n-1$ 条边。图 3.28 中的 G'即图 3.23 中的 G_1 的一棵生成树。在生成树中添加任意一条属于原图中的边必定会产生回路，因为新添加的边使其所依附的两个顶点之间有了第二条路径。若在生成树中减少任意一条边，则对应的图必然是非连通图。

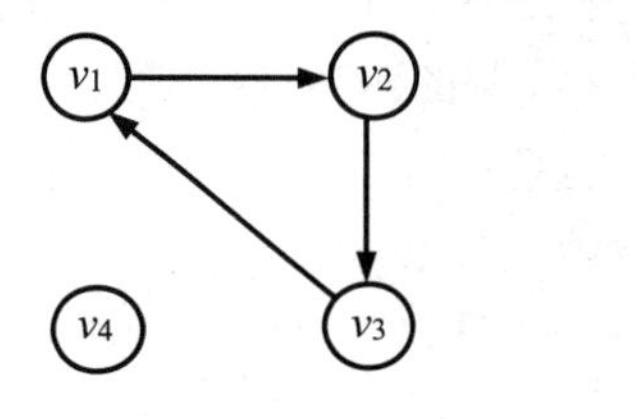

图 3.27 G_2 的两个强连通分量

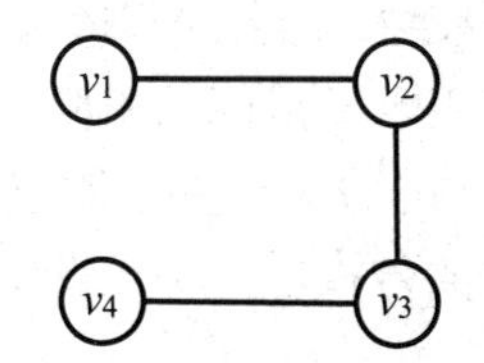

图 3.28 图 G_1 的子图 G'

（11）**生成森林**。在非连通图中，由每个连通分量都可得到一个极小连通子图，即一棵生成树。这些连通分量的生成树就组成了一个非连通图的生成森林。

2．图的基本操作

同样，图的基本操作是根据图的逻辑结构定义的，其具体的实现只有在确定了图的存储结构之后才能完成。常见的图的基本操作有以下几种。

（1）创建图 CreatGraph(G)：输入图 G 的顶点和边，建立图 G 的存储结构。

（2）释放图 DestroyGraph(G)：释放图 G 占用的存储空间。

（3）查找顶点 GetVex(G, v)：在图 G 中找到顶点 v，并返回顶点 v 的相关信息。

（4）给顶点赋值 PutVex(G, v, value)：在图 G 中找到顶点 v，并赋以值 value。

（5）插入顶点 InsertVex(G, v)：在图 G 中插入新顶点 v。

（6）删除顶点 DeleteVex(G, v)：在图 G 中删除顶点 v，以及所有与顶点 v 相关联的边或弧。

（7）插入边或弧 InsertArc(G,v,w)：在图 G 中插入一条从顶点 v 到顶点 w 的边或弧。

（8）删除边或弧 DeleteArc(G,v,w)：在图 G 中删除一条从顶点 v 到顶点 w 的边或弧。

（9）深度优先遍历图 DFSTraverse(G, v)：从图 G 的顶点 v 出发，深度优先遍历图 G。

（10）广度优先遍历图 BFSTraverse(G, v)：从图 G 的顶点 v 出发，广度优先遍历图 G。

（11）定位顶点 LocateVex(G, v)：在图 G 中找到顶点 v，返回该顶点在图中的位置。

（12）查找邻接点 FirstAdjVex(G,v)：在图 G 中，返回顶点 v 的第一个邻接点。若顶点 v 在 G 中没有邻接顶点，则返回“空”。

（13）查找下一个邻接点 NextAdjVex(G,v,w)：在图 G 中，返回顶点 v 的（相对于顶点 w 的）下一个邻接顶点。若顶点 w 是顶点 v 的最后一个邻接点，则返回“空”。

3.2.2　图的存储结构

前面讨论的数据结构都可以有两种不同的存储结构，它们是由不同的映射方法（顺序映射和链式映射）得到的。由于图的结构比较复杂，任意两个顶点之间都有可能存在联系，因此无法以数据元素在存储区中的物理位置来表示它们之间的关系，即图没有顺序映射的存储结构，但可以借助数组的数据类型来表示数据元素之间的关系，即图的邻接矩阵存储方法。

另外，用多重链表表示图是自然的事，它是一种最简单的链式结构，即以由一个数据域和多个指针域组成的结点表示图中的一个顶点，数据域存储该顶点的信息，指针域存储指向该结点的邻接点的指针。但由于图中各个结点的度各不相同，最大的度和最小的度可能相差很多，因此，若按最大的度设计结点结构，则会浪费很多存储单元；反之，若按每个结点的度分别设计不同的结点结构，则又会给操作带来不便。因此，与树类似，在实际应用中不宜采取这种结构，应根据具体的图和需要进行恰当的操作，设计恰当的结点结构和表结构。

1．图的邻接矩阵表示

邻接矩阵（Adjacency Matrix）表示又称数组表示。它使用两个数组存储图。它首先用一个一维数组存储图中所有的顶点信息，该一维数组称为**顶点表**；然后用一个二维数组存储图中各顶点之间的邻接关系，该二维数组称为**邻接矩阵**。假设图 $G=(V,E)$ 有 n 个确定的顶点，即 $V=\{v_0, v_1, \cdots, v_{n-1}\}$，则 G 中各顶点之间的邻接关系可表示为一个 $n\times n$ 的矩阵，矩阵元素为

$$A[i][j]=\begin{cases}1 & (v_i,v_j)\in E\text{或}<v_i,v_j>\in E\\0 & \text{否则}\end{cases}$$

无向图 G_4 及其邻接矩阵表示如图 3.29 所示。

可以看出，图的邻接矩阵表示法具有以下特点。

（1）无向图的邻接矩阵一定是一个对称矩阵。因此，在具体存储邻接矩阵时，可采用压缩存储的方式，只存储矩阵的上（或下）三角元素即可。

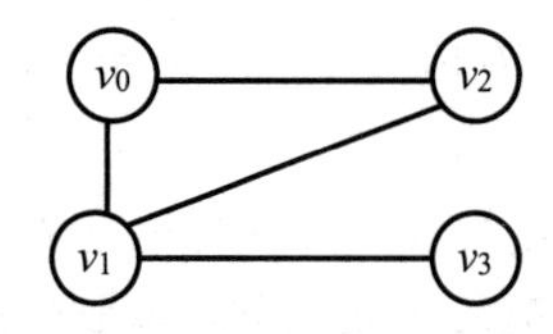

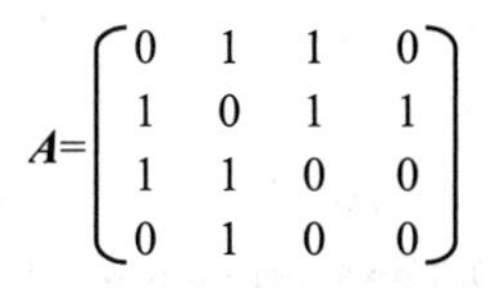
$$A=\begin{bmatrix}0&1&1&0\\1&0&1&1\\1&1&0&0\\0&1&0&0\end{bmatrix}$$

图 3.29　无向图 G_4 及其邻接矩阵表示

（2）对于无向图，邻接矩阵中的第 i 行（或第 i 列）元素之和是 v_i 的度 $TD(v_i)$。

（3）对于有向图，邻接矩阵中的第 i 行元素之和是 v_i 的出度 $OD(v_i)$，第 i 列元素之和是 v_i 的入度 $ID(v_i)$。

用邻接矩阵表示法存储图很容易确定图中任意两个顶点之间是否有边相连；但是，要确定图中有多少条边，就必须按行、列对每个元素进行检测，所花费的时间代价很大。这是用邻接矩阵表示法存储图的局限性，其形式描述如代码 3.13 所示。

代码 3.13　图的结构定义（邻接矩阵表示法）

```
1   #define MaxVertexNum 100                        //最大顶点数设为100
2   typedef char VertexType;                        //顶点类型设为字符型
3   typedef int EdgeType;                           //边的权值设为整型
4   typedef struct MatrixGraph {
5       VertexType vexs[MaxVertexNum];              //顶点表
6       EdgeType edges[MaxVertexNum][MaxVertexNum];     //邻接矩阵
7       int n,e;                                    //顶点数和边数
8   }MGraph;                                        //MGraph是以邻接矩阵存储的图类型
```

建立用邻接矩阵存储的图的算法如代码 3.14 所示。

代码 3.14　建立用邻接矩阵存储的图的算法

```
1   void CreateMGraph(MGraph *G)
2   {                                           //建立有向图G的邻接矩阵存储
3       int i,j,k;
4       printf("请输入顶点数和边数(输入格式为:顶点数,边数):\n");
5       scanf("%d,%d",&(G->n),&(G->e));         //输入顶点数和边数
6       printf("请输入顶点信息(输入格式为:顶点号<CR>):\n");
7       for(i=0;i<G->n;i++)
8           scanf("\n%c",&(G->vexs[i]));        //输入顶点，建立顶点表
9       for(i=0;i<G->n;i++)                     //初始化邻接矩阵
10          for(j=0;j<G->n;j++)
11              G->edges[i][j]=0;
12      printf("请输入每条边对应的两个顶点的序号(输入格式为:i,j):\n");
13      for(k=0;k<G->e;k++) {
14          scanf("\n%d,%d",&i,&j);             //输入e条边，建立邻接矩阵
15          G->edges[i][j]=1;
16      }//若加入G->edges[j][i]=1;，则为无向图的邻接矩阵的建立
17  }
```

若 G 是网图，则其邻接矩阵可定义为

$$A[i][j]=\begin{cases}w_{ij} & (v_i,v_j)\in E\text{或}<v_i,v_j>\in E\\ 0\text{或}\infty & \text{否则}\end{cases}$$

其中，w_{ij} 表示边(v_i,v_j)或$<v_i,v_j>$的权值；∞是一个计算机允许的大于所有边上权值的数。网图 G_5 及其邻接矩阵表示如图 3.30 所示。

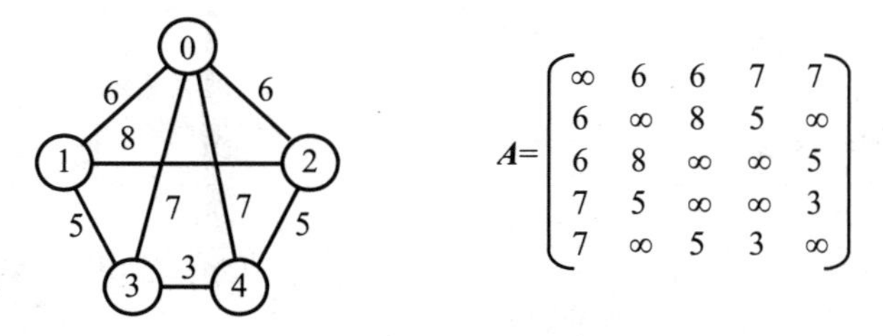

图 3.30　网图 G_5 及其邻接矩阵表示

2. 图的邻接表表示

邻接表（Adjacency List）是图的顺序存储与链式存储相结合的存储方法。对于图 G 中的每个顶点 v_i，首先将所有邻接于 v_i 的顶点 v_j 链成一个单链表（边表），这个单链表就称为顶点 v_i 的邻接表；再将所有顶点存入一个数组（顶点表）中，就构成了图的邻接表。在图的邻接表表示中，有两种结点结构，如图 3.31 所示。

顶点域	指针域
vertex	firstedge

（a）顶点表

邻接点域	指针域
adjvex	next

（b）邻接表

图 3.31　邻接表的结点结构

顶点表的结点结构由顶点域（vertex）和指向第一条邻接边的指针域（firstedge）构成，邻接表的结点结构由邻接点域（adjvex）和指向下一条邻接边的指针域（next）构成。对于网图的邻接表的结点结构，需要增设一个存储边上信息（如权值等）的域（info）。网图的邻接表的结点结构如图 3.32 所示。

图 3.33 给出了无向图 G_4（见图 3.29）对应的邻接表表示。

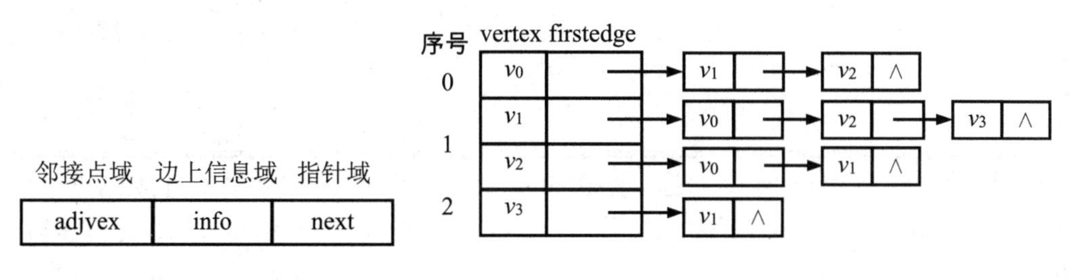

图 3.32　网图的邻接表的结点结构　　图 3.33　无向图 G_4 对应的邻接表表示

图的邻接表表示法如代码 3.15 所示。

代码 3.15　图的结构定义（图的邻接表表示法）

```
1    #define MaxVerNum 100                         //最大顶点数为100
2    typedef struct Enode
3    {    //邻接表结点
4         int adjvex;                              //邻接点域
```

```
5      struct Enode * next;                            //指向下一个邻接点的指针域
6      //若要表示边上信息，则应增设一个域info
7   }EdgeNode;
8   typedef struct Vnode
9   {                                                  //顶点表结点
10     VertexType vertex;                              //顶点域
11     EdgeNode  * firstedge;                          //邻接表头指针
12  }VertexNode;
13  typedef VertexNode AdjList[MaxVertexNum];          //AdjList是邻接表类型
14  typedef struct AdjacentLinkGraph
15  {
16     AdjList adjlist;                                //邻接表
17     int n,e;                                        //顶点数和边数
18  }ALGraph;                                          //ALGraph是以邻接表存储的图类型
```

建立用邻接表存储的有向图的算法如代码 3.16 所示。

代码 3.16　建立用邻接表存储的有向图的算法

```
1   void CreateALGraph(ALGraph *G) {                   //建立有向图的邻接表存储
2      int i,j,k;
3      EdgeNode *s;
4      printf("请输入顶点数和边数(输入格式为:顶点数,边数): \n");
5      scanf("%d,%d",&(G->n),&(G->e));                 //读入顶点数和边数
6      printf("请输入顶点信息(输入格式为:顶点号<CR>): \n");
7      for(i=0;i<G->n;i++) {                           //建立有n个顶点的顶点表
8         scanf("\n%c",&(G->adjlist[i].vertex));
9         G->adjlist[i].firstedge=NULL;                //顶点的邻接表头指针设为空
10     }
11     printf("请输入边的信息(输入格式为:i,j): \n");
12     for(k=0;k<G->e;k++) {                           //建立邻接表
13        scanf("\n%d,%d",&i,&j);                      //读入边<vi,vj>的顶点对应的序号
14        s=(EdgeNode*)malloc(sizeof(EdgeNode));
15        s->adjvex=j;                                 //邻接点序号为j
16        s->next=G->adjlist[i].firstedge;             //将结点s插入顶点vi的邻接表头部
17        G->adjlist[i].firstedge=s;
18     }
19  }
```

若无向图中有 n 个顶点、e 条边，则它的邻接表需要 n 个头结点和 $2e$ 个表结点。显然，对于稀疏图，用邻接表表示比用邻接矩阵表示节省存储空间，当与边相关的信息较多时更是如此。

在无向图的邻接表中，顶点 v_i 对应的链表中边结点的个数为 v_i 的度；而在有向图中，顶点 v_i 对应的链表中边结点的个数只是 v_i 的出度，想要得到 v_i 的入度，必须遍历整个邻接表，所有邻接点域的值为 i 的边结点的个数是顶点 v_i 的入度。有时，为了便于确定顶点的入度或以顶点 v_i 为终点的弧，可以建立一个有向图的逆邻接表，即对每个顶点 v_i 建立一个以 v_i 为终点的弧的链表。例如，图 3.34 所示为有向图 G_2（见图 3.24）的邻接表和逆邻接表。

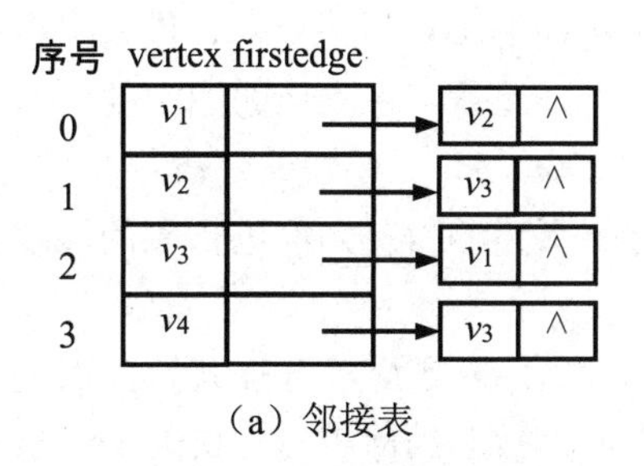

（a）邻接表

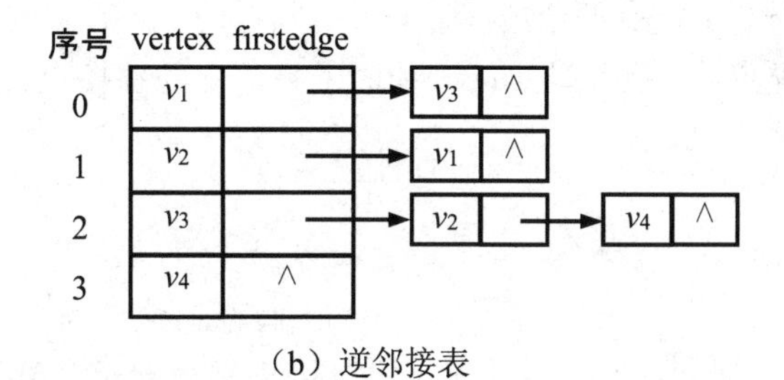

（b）逆邻接表

图 3.34 有向图 G_2 的邻接表和逆邻接表

在建立邻接表或逆邻接表时，若输入的顶点信息即顶点的序号，则建立邻接表的时间复杂度为 $O(n+e)$；否则，只有通过查找才能得到顶点在图中的位置，此时的时间复杂度为 $O(n \cdot e)$。

在邻接表中容易找到任意一个顶点的第一个邻接点和下一个邻接点，但如果要判定任意两个顶点（v_i 和 v_j）之间是否有边或弧相连，就需要搜索第 i 个或第 j 个链表，此时，邻接表表示不如邻接矩阵表示方便。

3.2.3 图的遍历

与树的遍历相似，我们希望从图中的任意一个顶点出发访问图中的其余顶点，且使每个顶点仅被访问一次，这一过程叫作图的遍历（Traversing Graph）。这里所说的“访问”是指某种具体的应用所需的操作，可能是输出顶点的信息，也可能是修改顶点的某个具体属性，还可能是对所有顶点的某个属性进行统计（如累计所有顶点的权值）等。图的遍历算法是求解图的连通性问题、拓扑排序和关键路径等算法的基础。

然而，图的遍历要比树的遍历复杂得多。因为图中可能存在回路，所以访问过某个顶点后，可能会沿着某回路再次到达该顶点。因此，为了避免同一顶点被访问多次，在图的遍历中，必须记下每个已访问的顶点。为此，可以设计一个辅助数组 visited[]，在开始遍历前，将该数组所有元素的初值置为“假”或“0”；在遍历过程中，顶点 v_i 一旦被访问，便立即将 visited[i]置为“真”或“1”。这样，无论到达哪个顶点，只要检查其对应的 visited 标志，就可以判断是否应访问该顶点，从而避免一个顶点被访问多次。

对于非连通图，在两个顶点之间可能不存在通路，每次遍历只能访问其中一个连通分量。为了保证所有顶点都能被访问到，需要检测所有顶点的 visited 标志，一旦发现某结点没有被访问过，就可以从该顶点出发，遍历另一个连通分量。

图中的一个顶点可以与其他多个顶点相邻接，当某顶点被访问过后，存在如何选取下一个要访问的顶点的问题。通常有两种遍历路径：深度优先搜索和广度优先搜索。

1. 深度优先搜索

深度优先搜索（Depth First Search）类似树的先序遍历，是树的先序遍历的推广，是一个不断探查和回溯的过程，而且，在探查的每一步中，算法都有一个当前顶点。例如，指定起始点为 v_i，此时 v_i 为最初的当前顶点，首先对 v_i 进行访问，接着在 v_i 的所有邻接点中找出尚未被访问的一个顶点，将其作为下一步探查的当前顶点，继续深度优先搜索。若当前顶点的所有邻接点都已经被访问过，则退回一步，将前一步访问的顶点重新取出，作为探查的当前顶点，寻找该顶点的其他尚未被访问的邻接点。重复上述过程，直到连通图中的所有顶点都被访问到。

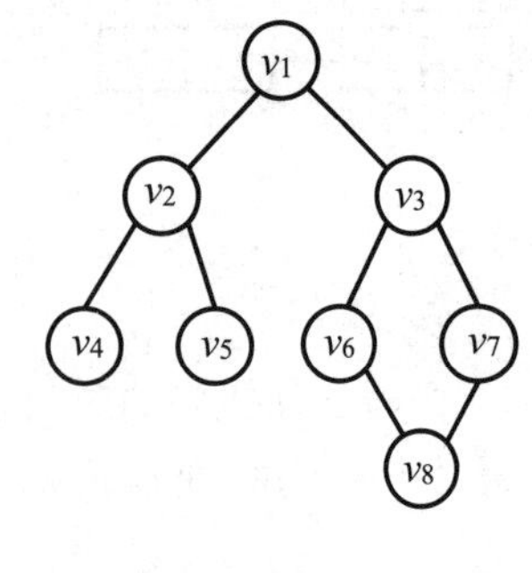

图 3.35　无向图 G_6

下面以如图 3.35 所示的无向图 G_6 为例进行图的深度优先搜索。

假设起始点为 v_1，在访问了 v_1 之后，选择其邻接点 v_2，因为 v_2 未被访问过，所以以 v_2 为新的当前顶点，访问 v_2；接着访问 v_4，由于 v_4 的邻接点都已被访问过，因此回溯到 v_2，此时，由于 v_2 的另一个邻接点未被访问过，因此探查到 v_5；访问 v_5 后又回溯到 v_2，此时，v_2 的邻接点都已被访问过，继续回溯到 v_1。从 v_1 到 v_3，继续进行下去。由此得到的顶点访问序列为 $v_1 \to v_2 \to v_4 \to v_5 \to v_3 \to v_6 \to v_8 \to v_7$。

显然，这是一个递归的过程。为了在遍历过程中区分顶点是否已被访问过，需要附设访问标志数组 visited[0～n−1]，其初值为 FALSE，一旦某个顶点被访问过，就将其相应的分量置为 TRUE。

代码 3.17 给出了对以邻接表为存储结构的图 G 进行深度优先搜索的 C 语言描述。

代码 3.17　图的深度优先搜索（邻接表存储）

```
1    void DFSTraverseAL(ALGraph *G)
2    {   //深度优先搜索以邻接表为存储结构的图G
3        int i;
4        for(i=0;i<G->n;i++)
5            visited[i]=FALSE;              //初始化标志向量
6        for(i=0;i<G->n;i++)
7            if(!visited[i])
8        DFSAL(G,i);                        //vi未被访问过，从vi开始进行深度优先搜索
9    }                                      //DFSTraveseAL()
10   void DFSAL(ALGraph *G,int i)
11   {   //以vi为起始点对以邻接表为存储结构的图G进行深度优先搜索
12       EdgeNode *p;
13       printf("visit vertex:V%c\n",G->adjlist[i].vertex);
14       visited[i]=TRUE;                   //标记vi已被访问过
15       p=G->adjlist[i].firstedge;         //取vi邻接表头指针
16       while(p)     //依次搜索vi的邻接点vj，j=p->adjvex
17       {            //若vj尚未被访问过，则以vj为起始点向纵深搜索
18           if(!visited[p->adjvex])
19           DFSAL(G,p->adjvex);
20           p=p->next;                     //查找vi的下一个邻接点
21       }
22   } //DFSAL()
```

分析上述算法，在遍历时，对于图中的每个顶点，至多调用一次 DFSAL()函数，因为一旦某个顶点被标志为已被访问状态，就不再从它出发进行搜索。所以，遍历图的过程实质上是对每个顶点查找其邻接点的过程；而其耗费的时间则取决于图所采用的存储结构。设图中

有 n 个顶点、e 条边。当用邻接矩阵作为存储结构时，查找一个顶点的所有边所需的时间为 $O(n)$，遍历图中所有顶点所需的时间为 $O(n^2)$。而当以邻接表作为存储结构时，每个顶点被访问一次，查找邻接点所需的时间为 $O(e)$，遍历所有顶点所需的时间为 $O(n+e)$。

2. 广度优先搜索

广度优先搜索（Breadth First Search）类似对树按层次进行遍历的过程。

假设从图中的某顶点 v_i 出发，在访问了 v_i 之后，按顺序访问 v_i 的各个未被访问的邻接点 $w_1, w_2, \cdots, w_t$，并按顺序访问 w_1 的所有邻接点、w_2 的所有邻接点……w_t 的所有邻接点，依次类推，直至图中所有已被访问的顶点的邻接点都被访问过。若此时图中尚有顶点未被访问，则另选其中一个未被访问的顶点作为起始点。重复上述过程，直至图中所有顶点都被访问过。也就是说，广度优先搜索以 v_i 为起始点，由近至远，依次访问与 v_i 之间有路径相通且路径长度为 1, 2, …的顶点。

例如，对如图 3.35 所示的无向图 G_6 进行广度优先搜索，首先访问 v_1 与 v_1 的邻接点 v_2 和 v_3，然后依次访问 v_2 的邻接点 v_4 和 v_5 与 v_3 的邻接点 v_6 和 v_7，最后访问 v_6 的邻接点 v_8。由于此时这些顶点的邻接点均已被访问过，并且图中的所有顶点都已被访问过，因此完成了图的遍历，得到的顶点访问序列为 $v_1 \to v_2 \to v_3 \to v_4 \to v_5 \to v_6 \to v_7 \to v_8$。

与深度优先搜索类似，广度优先搜索也需要一个访问标志数组。为了顺序访问路径长度为 2, 3, …的顶点，需要附设队列以存储已被访问的路径长度为 1, 2, …的顶点。代码 3.18 给出了对以邻接矩阵为存储结构的图 G 进行广度优先搜索的 C 语言描述。

代码 3.18　图的广度优先搜索（邻接矩阵存储）

```
1   void BFSTraverseMG(MGraph *G)
2   {    //广度优先搜索以邻接矩阵为存储结构的图G
3        int i;
4        for(i=0; i<G->n; i++)
5            visited[i]=FALSE;              //初始化标志向量
6        for(i=0; i<G->n; i++)
7            if(!visited[i])
8                BFSM(G, i);                //vi未被访问过，从vi开始进行广度优先搜索
9   }
10  void BFSM(MGraph *G,int k)
11  {        //以vi为起始点，对以邻接矩阵为存储结构的图G进行广度优先搜索
12       int i,j;
13       SeqQueue *Q;                       //参见2.2.2节
14       Q=Init_SeqQueue();
15       printf("visit vertex:V%c\n", G->vexs[k]);
16       visited[k]=TRUE;
17       IN_SeqQueue(Q, k);                 //起始点vk入队
18       while(!IsEmpty_SeqQueue(Q)) {      //若队列不为空
19           OUT_SeqQueue(Q, &i);           //则vi出队，并赋值给i
20           for(j=0; j<G->n; j++)          //依次搜索vi的邻接点vj
21               if(G->edges[i][j]==1 && !visited[j]) {
22                   printf("visit vertex:V%c\n",G->vexs[j]);
23                   visited[j]=TRUE;
```

```
24                    IN_SeqQueue(Q,j);   //已被访问过的vj入队
25                }
26        }
27    }
```

分析上述算法，每个顶点至多入队一次。遍历图的过程实质是通过边或弧查找邻接点的过程，因此广度优先搜索的时间复杂度与深度优先搜索的时间复杂度相同，两者的不同之处仅在于对顶点进行访问的顺序不同。

小　结

本章介绍了两种应用非常广泛的非线性结构：树形结构和图形结构。

在树形结构中，结点之间是一对多的逻辑关系，结点的直接前驱唯一而直接后继不唯一。二叉树是树形结构中最重要的类型。满二叉树、完全二叉树是二叉树的两种特殊情形。因此，可以将一般二叉树通过补充空结点而扩充成完全二叉树，从而有助于二叉树的创建和顺序存储。为了节省存储空间，二叉树一般采用二叉链表来存储，通过二叉树的链式存储结构可以方便地实现对二叉树的 3 种遍历：先序遍历、中序遍历、后序遍历。反之，通过遍历序列可以唯一地重构原二叉树。

在图形结构中，结点之间是多对多的逻辑关系，即一个顶点与其他顶点之间的逻辑关系是任意的，可以有关，也可以无关。图的存储结构主要有两种：邻接矩阵和邻接表。当图的顶点数很多且边数很少时，采用邻接矩阵会造成存储空间的浪费。图的遍历方法一般有两种：深度优先搜索和广度优先搜索。对于连通图，这两种方法都能一次遍历图的所有顶点，但遍历的顶点序列可能不同。对于非连通图，需要多次调用这两种方法，只有这样才可能遍历图中的全部顶点。

习题 3

3.1　在一棵树中，假设结点 x 是结点 y 的父结点，则用(x, y)表示树边。已知一棵树的树边的集合为$\{(i, m), (i, n), (b, e), (e, i), (b, d), (a, b), (g, j), (g, k), (c, g), (c, f), (h, l), (c, h), (a, c)\}$，用树形表示法画出此树，并回答下列问题。

（1）哪个是根结点？

（2）哪些是叶结点？

（3）哪个是 g 的父结点？

（4）哪些是 g 的祖先结点？

（5）哪些是 g 的子结点？

（6）哪些是 e 的子孙结点？

（7）哪些是 e 的兄弟结点？哪些是 f 的兄弟结点？

（8）结点 b 和 n 的层次各是多少？

（9）树的深度是多少？

（10）以结点 c 为根结点的子树的深度是多少？

（11）树的度是多少？

3.2　试分别画出具有 3 个结点的树和二叉树的所有不同形态。

3.3　已知一棵树中有 n_1 个度为 1 的结点、n_2 个度为 2 的结点……n_m 个度为 m 的结点，问该树有多少个叶结点？

3.4　深度为 h 的完全二叉树至少有多少个结点？至多有多少个结点？

3.5　在具有 n 个结点的 k 叉树（$k \geqslant 2$）的链表表示中，有多少个空指针？

3.6　假设二叉树包含的结点数据为 1, 3, 7, 2, 12。

（1）画出两棵深度最大的二叉树。

（2）画出两棵完全二叉树，要求每个父结点的值大于其子结点的值。

3.7　假设二叉树中各结点的值均不相同，完成下列各题。

（1）已知一棵二叉树的前序序列和中序序列分别为 *ABDGHCEFI* 与 *GDHBAECIF*，请画出此二叉树。

（2）已知一棵二叉树的中序序列和后序序列分别为 *BDCEAFHG* 与 *DECBHGFA*，请画出此二叉树。

（3）已知两棵二叉树的前序序列和后序序列均为 *AB* 与 *BA*，请画出这两棵不同的二叉树。

3.8　以二叉链表为存储结构，分别写出求二叉树的结点总数及叶结点总数的算法。

3.9　以二叉链表为存储结构，分别写出求二叉树的深度和宽度的算法。所谓宽度，就是指在二叉树的各层上，具有结点数最多的那一层的结点总数。

3.10　设无向图 G 有 n 个顶点，采用邻接矩阵表示法，根据邻接矩阵回答下列问题。

（1）如何计算图 G 中边的数目？

（2）如何判断任意两个顶点 v_i 和 v_j 之间是否有边相连？

（3）任意一个顶点的度是多少？

3.11　已知一个图的邻接表如图 3.36 所示。

（1）给出此邻接表对应的图的邻接矩阵。

（2）给出由顶点 G 开始的深度优先搜索得到的序列。

（3）给出由顶点 G 开始的广度优先搜索得到的序列。

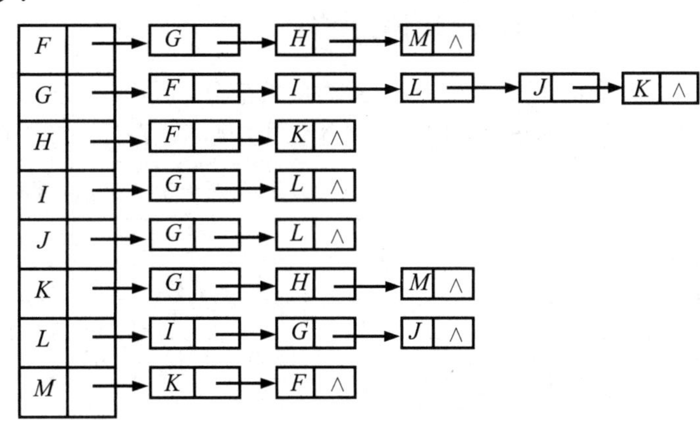

图 3.36　习题 3.11 图

第 4 章　查找和排序

如今社会处于海量信息时代，要从海量数据中找出所需的数据，就需要借助查找这一运算操作。我们知道，数据具有特定的逻辑结构和存储结构，因此查找需要依赖数据结构。在某些应用场合记录了大量数据，但这些数据是一组无序的数据集合，需要通过排序操作，使其成为有序的数据集合，以方便特定的查找算法。查找与排序是常见的数据操作，也是影响计算机软件效率的主要操作。本章讨论查找与排序的常见方法，并分析它们的算法效率。

4.1　查找

查找的过程是根据给定的关键码 Key，在含有 n 个数据元素的查找表 L 中找出关键码与给定的关键码 Key 相等的数据元素。若找到相应的数据元素，则表示查找成功，返回该数据元素在查找表 L 中的序号；否则，表示查找失败，返回相关的失败信息。

在编译中经常用到查找表。利用查找表可以快速取得固定的常量数据。若对查找表采用线性查找，则速度较慢；若采用二分查找，则每次查找前都需要对查找表中的数据元素重新排序，降低了操作效率。因此，访问次数和查找速度是查找表操作的关键因素。为了较好地解决操作效率问题，需要在数据组织、算法等方面进行选择。

4.1.1　查找的相关术语

查找是许多算法中最消耗时间的部分。因而，一种好的查找方法会大大提高算法的运行速度。某大学招生录取登记表如表 4.1 所示，以此介绍一些查找的相关术语。

表 4.1　某大学招生录取登记表

学　号	姓　名	性　别	出生日期			来　源	总　分	录取专业
			年	月	日			
⋮	⋮	⋮	⋮	⋮	⋮	⋮	⋮	⋮
20210901	王成	男	2004	12	08	××一中	613	自动化
20210902	薛峰	男	2003	09	12	××一中	601	自动化
20210903	李娜	女	2005	01	18	××九中	598	自动化
⋮	⋮	⋮	⋮	⋮	⋮	⋮	⋮	⋮

1．数据项

数据项（也称项或字段）是具有独立含义的标识单位，是数据不可分割的最小单位，如

表4.1中的“学号”“姓名”“年”等。数据项有名和值的属性，数据项名是一个数据项的标识，用变量定义；而数据项值是它的一个可能取值，如表4.1中的“20210901”是数据项“学号”的一个取值。数据项具有一定的类型，其依数据项的取值类型而定。

2. 数据元素

数据元素（记录）是由若干数据项构成的数据单位，是在某一问题中作为整体进行考虑和处理的基本单位。数据元素有类型和值之分。例如，表4.1中的数据项名的集合，即表头部分就是数据元素类型；而一名学生对应的一行数据就是一个数据元素值，表中全体学生即数据元素集合。

3. 关键码

关键码是数据元素中某个数据项或组合项的值，用它可以标识一个数据元素。能唯一确定一个数据元素的关键码称为主关键码，不能唯一确定一个数据元素的关键码称为次关键码。例如，表4.1中的“学号”即可看作主关键码，而“姓名”则应看作次关键码（因为可能有姓名相同的学生）。

4. 查找表

查找表是由具有同一类型（属性）的数据元素组成的集合。查找表有两类，即静态查找表和动态查找表。静态查找表是仅能对它进行查找操作，而不能被改变的表；对于动态查找表，除可以对它进行查找操作外，还可以对它进行数据元素的插入、删除等操作。

5. 数据元素类型说明

计算机中存储的查找表需要定义表的结构，并根据表的大小为其分配存储单元。以表4.1为例，查找表的数据类型描述如代码4.1所示。

代码4.1 查找表的数据类型描述

```
1   //出生日期类型定义
2   typedef  struct
3   {   char  year[4];           //年：用字符型表示，宽度为4个字符
4       char  month[2];          //月：字符型，宽度为2个字符
5       char  date[2];           //日：字符型，宽度为2个字符
6       }BirthDate;
7   //数据元素类型定义
8   typedef  struct
9   {   char  number[8];         //学号：字符型，宽度为8个字符
10      char  name[6];           //姓名：字符型，宽度为6个字符
11      char  sex[2];            //性别：字符型，宽度为2个字符
12      BirthDate  birthdate;    //出生日期：构造类型，由类型的宽度确定
13      char  comefrom[20];      //来源：字符型，宽度为20个字符
14      int  results;            //总分：整型
15  }ElemType;
```

定义了数据元素类型后，要存储学生的信息，还需要为其分配一定的存储单元，即给出表长度。此时，既可以用数组进行分配，即采用顺序存储结构；又可以用链式存储结构实现

动态分配。

在本章后面的讨论中，涉及的关键码类型和数据元素类型统一说明如下：

```
typedef  struct
{   KeyType  Key;          //关键码字段，可以是整型、字符串型、构造类型等
    ……                     //其他字段
}ElemType;
```

类似第 2 章对顺序表的定义，这里可以定义一个顺序存储的查找表：

```
#define MAXSIZE 1000
typedef struct {
    ElemType elem[MAXSIZE];
    int length;            //当前查找表中数据元素的个数
}S_TBL;
```

查找运算被运用的频次较高，实现查找功能的算法也较多，故需要借助一种评价方法来选用一种合适的且效率较高的算法。

查找算法的效率通常用平均查找长度（Average Search Length，ASL）来衡量，它是统计意义上的数学期望值。在查找成功时，算法的平均查找长度即确定数据元素在查找表中的位置所进行的关键码比较次数的期望值。

对一个含有 n 个数据元素的查找表，在查找成功时，有

$$\mathrm{ASL}=\sum_{i=1}^{n}P_iC_i$$

其中，P_i 为查找表中第 i 个数据元素的查找概率，且 $\sum_{i=1}^{n}P_i=1$，一般认为查找每个数据元素的查找概率相等，即 $P_i=\frac{1}{n}$；C_i 为查找表中第 i 个数据元素的关键码与给定的关键码相等时所经历的比较次数，采用不同的查找算法的 C_i 可以不同。下面讨论几种不同的查找算法。

4.1.2 顺序查找

顺序查找又称线性查找，是一种最简单的查找算法。它的基本思路是从查找表的第一个数据元素开始，依次将数据元素的关键码与给定的关键码进行比较，若找到相应的数据元素，则表示查找成功，给出数据元素在查找表中的位置；若未找到与给定的关键码相等的数据元素，则表示查找失败，给出失败信息。

某顺序表的数据元素从下标为 1 的数组单元开始存放，0 号存储单元留空。现在对该表采用顺序查找算法查找关键码为 kx 的数据元素是否在该表中，若找到，则返回该数据元素在数组中的下标，否则返回 0。顺序查找算法如代码 4.2 所示。

代码 4.2 顺序查找算法

```
1  int s_search(S_TBL tbl, KeyType  kx) {
2      int i;
```

```
3        tbl.elem[0].Key = kx;
4        for(i=tbl.length;tbl.elem[i].Key!=kx;i--);//从表尾端向前查找
5        return  i;
6    }
```

该算法在数组的 0 号单元中存放了待查找的关键码，使其成为哨兵（Sentinel）。这样，在从后向前查找的过程中，不必对数组下标进行越界判断（表是否检测完），提高了算法的时间效率。

对于含有 n 个数据元素的查找表，就上述算法而言，在定位第 i 个数据元素时，即给定的关键码 kx 与表中第 i 个数据元素的关键码相等，需要进行 $n-i+1$ 次比较，即 $C_i=n-i+1$。于是，在查找成功时，顺序查找算法的平均查找长度为

$$\mathrm{ASL}=\sum_{i=1}^{n}P_i(n-i+1)$$

设每个数据元素的查找概率相等，即 $P_i=1/n$，则有

$$\mathrm{ASL}=\sum_{i=1}^{n}\frac{1}{n}(n-i+1)=\frac{n+1}{2}$$

该算法中的基本操作是关键码的比较，因此，平均查找长度的量级就是查找算法的时间复杂度，为 $O(n)$。在查找不成功时，关键码的比较次数总是 $n+1$。

一般情况下，查找表中数据元素的查找概率是不相等的。为了提高查找效率，查找表需要依据“查找概率越高，比较次数越少；查找概率越低，比较次数越多”的原则来存储数据元素。

顺序查找算法的缺点是当 n 很大时，平均查找长度较大，效率低；优点是对查找表中数据元素的存储没有要求。可见，顺序查找算法比较简单，同样适用于链式存储的查找表。

4.1.3 折半查找

折半查找又称二分查找，只适用于有序的查找表，即要求查找表中的数据元素按关键码升序或降序排列，此表简称有序表。

折半查找的思想：查找过程都是从有序表的中间元素开始并不断对半分割查找区域。首先，在有序表中，取中间元素作为比较对象，若给定的关键码与中间元素的关键码相等，则表示查找成功；若给定的关键码小于中间元素的关键码，则在中间元素的左半区继续查找；若给定的关键码大于中间元素的关键码，则在中间元素的右半区继续查找。不断重复上述过程，直到查找成功，或者所查找的区域无相应的数据元素，即查找失败。

折半查找的步骤如下。

（1）low=1，high=length（设置初始区间）。

（2）当 low>high 时，返回查找失败信息（表空，查找失败）。

（3）low≤high，mid=(low+high)/2（取中点）。

①若 kx<tbl.elem[mid].Key，则 high=mid-1，转至步骤（2）（查找在左半区进行）。

②若 kx>tbl.elem[mid].Key，则 low=mid+1，转至步骤（2）（查找在右半区进行）。

③若 kx=tbl.elem[mid].Key，则返回数据元素在查找表中的位置（查找成功）。

例 4.1 有序表 tbl 中的数据元素的关键码如下：9，16，20，23，25，31，33，37，40，44，48，51，54。在其中查找关键码为 16 和 24 的数据元素。

该有序表共有 13 个数据元素，依次存储在序号从 1 开始计数的存储单元中，序号为 0 的存储单元为空。查找关键码为 16 的数据元素的过程如下。

（1）第一次查找：令 low=1、high=13，则 mid=7，由于 16< tbl[7].Key=33，因此搜索区域转到 tbl[7]的左半区[1,6]。

（2）第二次查找：令 low=1、high=6，则 mid=3，由于 16< tbl[3] .Key =20，因此搜索区域转到 tbl[3]的左半区[1,2]。

（3）第三次查找：令 low=1、high=2，则 mid=1，由于 16>tbl[1] .Key =9，因此搜索区域转到 tbl[1]的右半区[2,2]。

（4）第四次查找：令 low=2、high=2，则 mid=2，由于 16=tbl[2] .Key，因此查找成功，返回该数据元素的序号。

查找关键码为 24 的数据元素的过程与上面相似，这里不再赘述。折半查找示意图如图 4.1 所示。

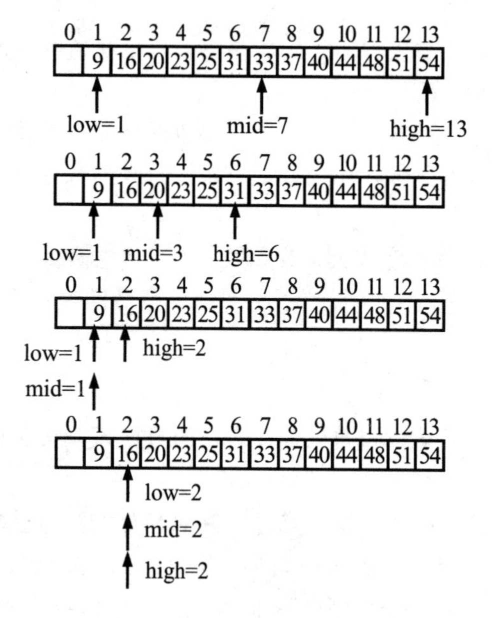

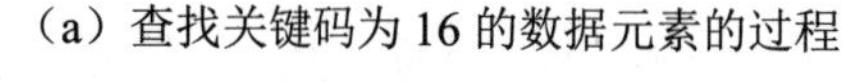
（a）查找关键码为 16 的数据元素的过程

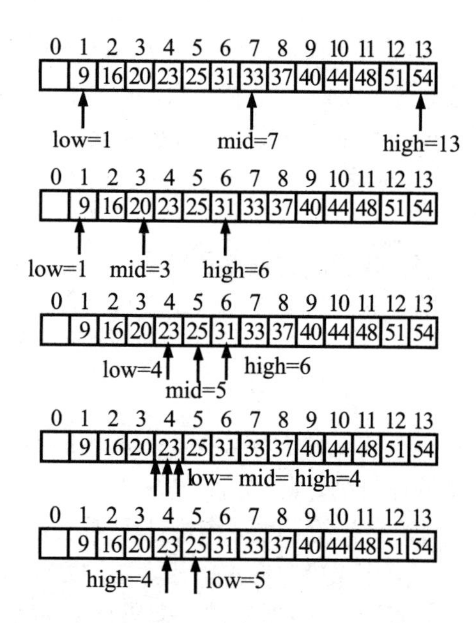

（b）查找关键码为 24 的数据元素的过程

图 4.1 折半查找示意图

折半查找的算法描述如代码 4.3 所示。该算法在表 tbl 中查找关键码为 kx 的数据元素，若找到，则返回该数据元素在表中的位置；否则，返回 0，表示此次查找失败。

代码 4.3 折半查找

```
1    int Binary_Search(S_TBL tbl, KeyType kx)
2    {   int  mid,low, high,flag=0;  //定义变量
3        low=1;
```

```
4        high=tbl.length;                  //(1)设置初始区间
5        while(low<=high)    {             //(2)表空测试，若非空，则进行比较测试
6            mid=(low+high)/2;             //(3)得到中点
7            if(kx<tbl.elem[mid].Key)
8                high=mid-1;               //查找区域调整到左半区
9            else if(kx>tbl.elem[mid].Key)
10               low=mid+1;                //查找区域调整到右半区
11           else {
12               flag=mid;
13               break;
14           }    //查找成功，将数据元素的位置存储到flag中
15       }
16       return  flag;
17   }
18
```

从折半查找的过程来看，每次比较都以表的中点为比较对象，每经过一次关键码的比较，就缩小了一半的查找区域，并以中点将表分割为两个子表，对定位到的子表继续这种操作。因此，对表中每个数据元素的查找过程可用二叉树来描述，称这个描述查找过程的二叉树为判定树。图 4.2 所示为描述例 4.1 的折半查找过程的判定树。

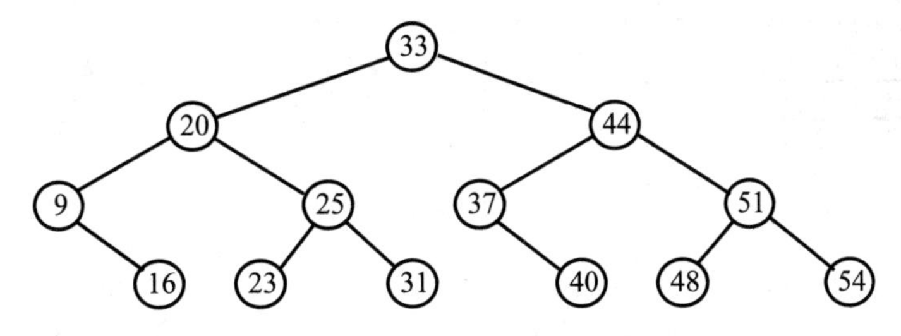

图 4.2　描述例 4.1 的折半查找过程的判定树

由图 4.2 可知，折半查找会形成一条从判定树的根结点出发到被查找结点的路径，查找结点在判定树中的层次就是与关键码进行比较的次数，折半查找成功时的比较次数也不会大于对应的判定树的深度。对于有 n 个结点的判定树，树的深度为 k，有 $2^{k-1}-1<n\leqslant 2^k-1$，$k-1<\log_2(n+1)\leqslant k$，因此 $k=\lceil \log_2(n+1)\rceil$。于是，折半查找在查找成功时，所进行的关键码的比较次数至多为 $\lceil \log_2(n+1)\rceil$。

下面讨论折半查找的平均查找长度。为便于讨论，这里以树的深度为 k 的满二叉树（$n=2^k-1$）为例。假设表中每个数据元素的查找概率是相等的，即 $P_i=1/n$，则树的第 i 层有 2^{i-1} 个结点，因此，折半查找的平均查找长度为

$$
\begin{aligned}
\text{ASL} &= \sum_{i=1}^{n} P_i C_i = \frac{1}{n}\sum_{i=1}^{n} i\times 2^{i-1} = \frac{1}{n}[1\times 2^0+2\times 2^1+\cdots+k\times 2^{k-1}] \\
&= \frac{n+1}{n}[\log_2(n+1)]-1 \\
&\approx [\log_2(n+1)]-1
\end{aligned}
$$

因此，折半查找的时间复杂度为$O(\log_2 n)$。可见，折半查找相对于顺序查找，其关键码的比较次数较少，效率高；但要求查找表为采用顺序存储结构的有序表。

4.1.4 分块查找

分块查找又称索引顺序查找，是对顺序查找的一种改进，是一种介于顺序查找与折半查找之间的算法。分块查找要求所查找的线性表分块有序，即将查找表分成若干数据块(分块)，每个分块内的数据元素可以是无序的，但要求各分块之间需要按照关键码的大小进行有序排列。另外，分块查找还需要建立一个索引表，索引项包括两个字段，即关键码字段（存放对应各分块中的最大关键码）、指针字段（存放指向对应各分块的指针），并且要求索引项按关键码字段有序。

查找时，先用给定的关键码 kx 在索引表中查找索引项，以确定查找表中的分块（由于索引项按关键码字段有序，因此可采用顺序查找或折半查找算法）；再对该分块进行顺序查找。

例 4.2 关键码集合为 2,30,6,1,50,40,45,49,51,65,55,74,99,83,75,76。按关键码 30、50、74、99 分为 4 块所建立的查找表及其索引表如图 4.3 所示。

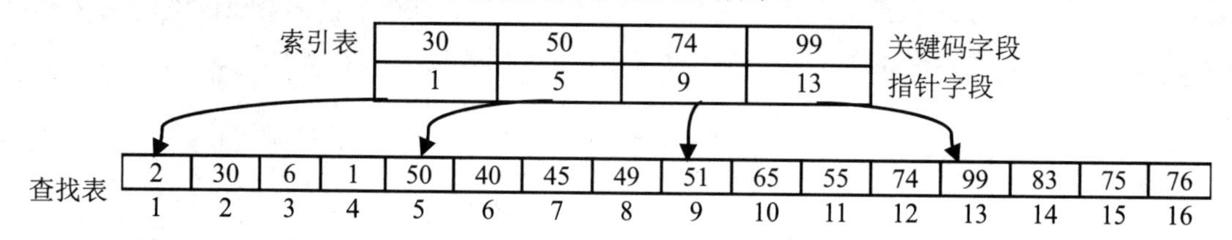

图 4.3 查找表及其索引表

该表被分成 4 个分块，每个分块中有 4 个元素，第 1 个分块中的最大关键码为 30，第 2 个分块中的最大关键码为 50，第 3 个分块中的最大关键码为 74，第 4 个分块中的最大关键码为 99，分块内数据元素无序，分块间关键码递增有序。

分块查找的基本思路：首先在索引表中进行查找以确定待查找数据元素所在的分块，然后在确定的分块中进行查找。由于索引表是有序表，因此既可以采用顺序查找算法，又可以采用折半查找算法；而由于分块是无序表，因此只能采用顺序查找算法。

在如图 4.2 所示的查找表中，查找 75 这个数据元素的过程如下：首先，将 75 与索引表中的关键码进行比较，由于 74≤75≤99，因此可以确定 75 这个数据元素在第 3 个分块中；然后，在确定的分块中采用顺序查找算法进行查找，最终确定 75 在表中的序号为 15，成功找到该数据元素。

由以上分析可知，分块查找由索引表查找和分块查找两步完成。设含有 n 个数据元素的查找表被分为 m 个分块，且每个分块均有 t 个数据元素，则 $t=n/m$。若针对索引表和分块都采用顺序查找算法，则在等概率情况下，整个分块查找的平均查找长度为

$$\text{ASL} = \text{ASL}_{\text{索引表}} + \text{ASL}_{\text{分块}} = \frac{1}{2}(m+1) + \frac{1}{2}(\frac{n}{m}+1) = \frac{1}{2}(m+\frac{n}{m})+1$$

可见，平均查找长度不仅与表的总长度 n 有关，还与分块个数 m 有关。对于 n 确定的情况，当 m 取 $\sqrt{n}$ 时，平均查找长度 ASL=$\sqrt{n}$+1，达到最小值。若对索引表采用折半查找算

法，而对子表采用顺序查找算法，则在上述条件下，分块查找的平均查找长度为

$$\mathrm{ASL} = \frac{1}{m}\sum_{j=1}^{m} j + \frac{1}{2}(\frac{n}{m}+1) = \left\lceil \log_2(m+1) \right\rceil - 1 + \frac{1}{2}(\frac{n}{m}+1)$$

分块查找只有在数据元素分块有序的条件下才能使用，既适用于顺序存储结构，又适用于链式存储结构。

4.1.5 二叉排序树查找

前面所述的顺序查找、折半查找和分块查找都属于静态查找算法。其中，折半查找算法效率最高，但只适合采用顺序存储结构且数据元素按关键码有序排列的查找表，即顺序表。而若针对此顺序表有频繁的插入或删除操作，则其效率相对较低。二叉排序树以树的形式组织查找算法，可以实现对查找表进行动态高效率的查找，应用二叉排序树进行查找属于动态查找算法。

1. 二叉排序树的定义

二叉排序树（Binary Sort Tree）或者是一棵空树，或者是具有下列性质的二叉树。

（1）若左子树不空，则左子树上所有结点的值均小于根结点的值；若右子树不为空，则右子树上所有结点的值均大于根结点的值。

（2）左、右子树也都是二叉排序树。

二叉排序树的定义是一个递归定义。对二叉排序树进行中序遍历，便可得到一个按关键码有序排列的序列，因此，一个无序序列可通过构造一棵二叉排序树而成为有序序列。图 4.4 所示为一棵二叉排序树。二叉排序树通常采用二叉链表的存储方式，从而使得二叉排序树查找既具备折半查找效率高的特点，又具备链式存储结构插入、删除灵活的特点。

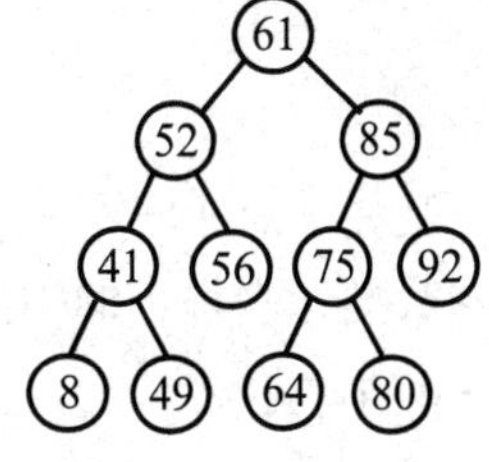

图 4.4 二叉排序树

2. 二叉排序树的查找过程

（1）若查找树为空，则查找失败。

（2）若查找树非空，则将给定的关键码 kx 与查找树根结点的关键码进行比较。

（3）若两者相等，则表示查找成功，结束查找；否则，有以下两种情况。

①当 kx 小于根结点的关键码时，查找将在以左子结点为根结点的子树上进行，转至步骤（1）。

②当 kx 大于根结点的关键码时，查找将在以右子结点为根结点的子树上进行，转至步骤（1）。

可见，二叉排序树的查找过程是一个递归过程。二叉排序树查找成功表明找到了一条从根结点到所查找结点的路径。若在如图 4.4 所示的二叉排序树中查找与给定的关键码 kx=64 相等的结点，则首先将 kx 与根结点的关键码 61 进行比较，因为 kx 大于 61，所以查找其右子树；因为 kx 小于右子树的根结点的关键码 85，所以转到 85 的左子树上进行查找；因为 kx 小于左子树的根结点的关键码 75，所以转到 75 的左子树上进行查找；而 75 的左子树的

根结点的关键码正好为 64，查找成功。

对于一个无序的查找表，若想采用二叉排序树查找算法，则首先需要通过二叉树的构造方法将其改造为一个有序序列。二叉排序树的建立过程实质上也是一个查找过程，查找成功时走了一条从根结点到所查找结点的路径。二叉排序树查找成功的平均查找长度与二叉树的形态和深度有关，即与查找表中的结点数，以及建立二叉排序树时结点的插入顺序有关。例如，对于一个关键码分别是 61, 85, 52, 56, 75, 92, 41, 80, 64, 49, 8 的无序查找表 *A*，将其改造为二叉排序树的过程如图 4.5 所示。

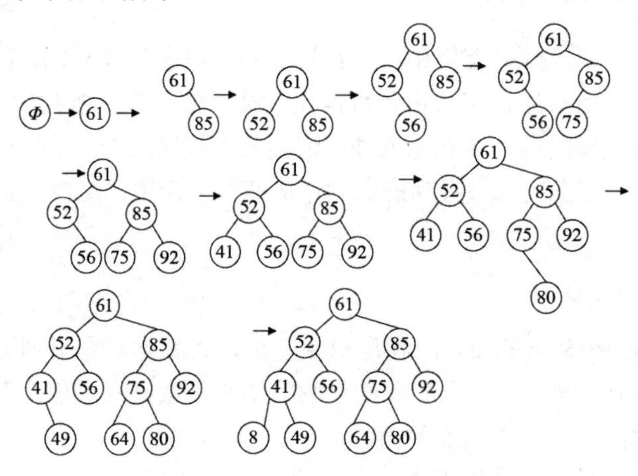

图 4.5　将 *A* 改造成二叉排序树的过程

又如，对于一个关键码分别是 8, 85, 52 , 56, 75, 92, 41, 80, 64, 49, 61 的无序查找表 *B*，其中的数据元素与上例中的数据元素相同但排列顺序不同，将其改造为二叉树排序树的过程如图 4.6 所示。

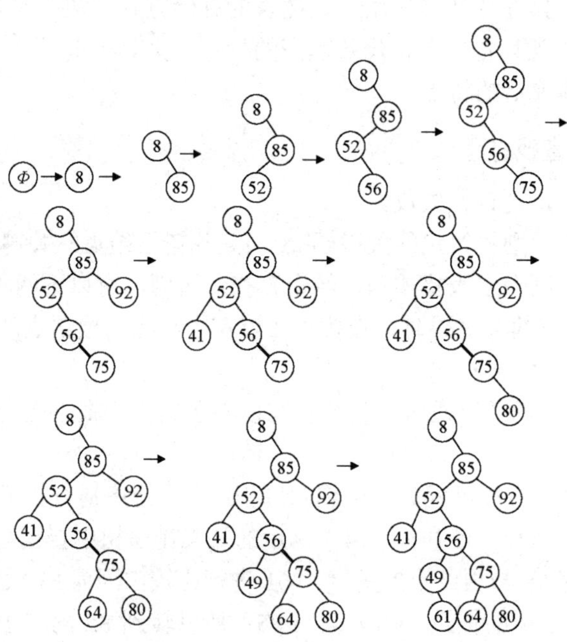

图 4.6　将 *B* 改造为二叉排序树的过程

显然，图 4.6 与图 4.5 中最终的二叉排序树不同，因此，采用二叉排序树查找算法的平均查找长度也就不同。若希望减小其平均查找长度，即提高查找效率，则希望生成的二叉排序树具有较好的平衡度。图 4.5 中的二叉排序树相对于图 4.6 中的二叉排序树具有较好的平衡度。

4.1.6 哈希表查找

查找表有多种组织方式，在已讨论过的及本节后面将要讨论的结构中，数据元素在结构中的相对位置与数据元素的关键码之间不存在确定的关系，即它们之间的关系是随机的。因此，它们的查找算法基于比较，查找效率依赖查找过程中的比较次数。若想不经过比较就找到数据元素，则必须在数据元素的存储位置和它的关键码之间建立一个对应关系 H。这样，在查找时，对给定的 k，只要根据这个对应关系 H 求得数据元素所在的位置 $H(k)$即可。这种算法就是哈希（Hash，散列的意思）法。与基于比较的算法相对，哈希法基于计算。通常称对应关系 H 为哈希函数，按这个思想建立的表为哈希表。

哈希表是由 m 个存储单元构成的存储区 M，其地址空间为 $0, 1, \cdots, m-1$。哈希函数 H 是一个映射函数，它将数据元素 R_i 的关键码 k_i 映射为 M 中的地址，即 $H: k_i$ -> $0 \sim m-1$。

在理想情况下，如果数据元素 e 的关键码为 k，哈希函数为 H，那么 e 在哈希表中的位置为 $H(k)$。要查找关键码为 k 的数据元素，首先要计算出 $H(k)$，然后看哈希表中的 $H(k)$处是否有数据元素，如果有，那么便找到了该数据元素；如果没有，那么说明该哈希表中不包含该数据元素。

然而，实际中由于哈希函数是从关键码集合到地址集合的映射，因此一般来说，关键码的范围比哈希表的长度大得多，即通常关键码集合比较大（尽管对于一个具体问题每个取值都可能，但又不可能取遍所有值），而地址集合比较小（$0 \sim m-1$）。例如，在 C 语言的编译程序中，可对源程序中的标识符建立一个哈希表。在设计哈希函数时，考虑的标识符集合应包括所有可能产生的标识符。假设标识符定义为以字母为首的 8 个字母或数字，则关键码集合的大小为 $C_{52}^{1} \times C_{62}^{7} \times 7! = 1.09388 \times 10^{12}$，而在一个源程序中出现的标识符是有限的，设表长为 1000 就足够了，地址空间为 0～999。因此，在一般情况下，哈希函数是一个压缩映像，这就不可避免地会产生冲突。所谓冲突（Collision），就是指对于不同的关键码可能得到同一地址值的现象，即 Key1 ≠ Key2，而 H(Key1)=H(Key2)。例如，若有关键码集合{3, 15, 20, 24}，哈希表长 m=5，哈希函数 $H(k)=k\%5$，则 $H(15)=H(20)$，产生冲突。具有相同哈希函数值的关键码对哈希函数来说称为同义词（Synonym）。因此，在建立哈希表时，不仅要设计一个“好”的哈希函数，还要设计一种处理冲突的方法。

因此，根据设定的哈希函数和相应解决冲突的方法，将一组关键码映射到一个有限的、连续的地址区间上，并以关键码在地址区间中的“像”作为数据元素在表中的存储位置，这种表便称为哈希表，这一映射过程称为散列（Hashing），所得数据元素的最终存储位置称为数据元素的哈希地址或散列地址。

1. 哈希函数的设计

设计一个恰当的哈希函数，使计算出的地址尽可能均匀地分布在整个地址空间，能够减少冲突的发生。同时，为了提高关键码到地址的转换速度，也希望哈希函数尽量简单。下面给出几种常用的哈希函数设计方法。

（1）直接地址法。

取关键码或关键码的某个线性函数值为哈希地址，即

$$H(\text{Key})=\text{Key} \text{ 或 } H(\text{Key})=a\times\text{Key}+b$$

其中，a 和 b 均为常数。这种方法对于不同的关键码不会产生冲突，但达不到压缩存储的目的。

（2）折叠法。

将关键码分割成位数相同的几部分（最后一部分的位数可以不同），取这几部分的叠加和（舍去进位）作为哈希地址，这种方法称为折叠（Folding）法。若关键码的位数很多，而且其中每位上的数字分布大致均匀，则可以采用此方法。

例如，每种图书都有一个国际标准书号（ISBN），它是一个 10 位的十进制数字，若要以它作为关键码建立一个哈希表，则当馆藏书种类不到 10000 时，可采用折叠法设计一个 4 位数的哈希函数。例如，国际标准书号 0-442-20586-4 的哈希地址可计算如下：$H(\text{Key})$=5864+4220+04=0088（已舍去进位 1）。

（3）数字分析法。

常常有这样的情况，关键码的位数比存储区地址码的位数多，此时可以对关键码的各位进行分析，丢掉分布不均匀的位，留下分布均匀的位作为哈希地址。

例如，对下列关键码集合进行关键码到地址的转换（关键码是 9 位的，地址是 3 位的，需要经过数字分析丢掉 6 位）：

Key	H(Key)
8 1 0 3 1 9 4 2 6	3 2 6
8 1 0 7 1 8 3 0 9	7 0 9
8 1 0 6 2 9 4 4 3	6 4 3
8 1 1 7 5 8 6 1 5	7 1 5
8 1 1 9 1 9 6 9 7	9 9 7
8 1 2 3 1 0 3 2 9	3 2 9

分析这 6 个关键码，其前 3 位不均匀，丢掉；第 5 位有 4 个 1，也不均匀，丢掉；类似地，第 6、7 位也不太均匀，丢掉。于是留下第 4、8、9 位作为哈希地址，位数合适，分布也均匀。这种方法的缺点是哈希函数依赖关键码集合，需要预先知道可能出现的关键码。

（4）基数转换法。

将关键码看作在另一个基数制上的表示，把它转换成原来基数制的数，并用数字分析法取其中的几位作为哈希地址。一般取大于原来基数的数作为转换的基数，并且两个基数是互质的。例如，Key=$(236075)_{10}$是以 10 为基数的十进制数，现在首先把它看作以 13 为基数的十三进制数$(236075)_{13}$，然后把它转换成十进制数：

$$(236075)_{13}=2\times13^5+3\times13^4+6\times13^3+7\times13+5=(841547)_{10}$$

最后进行数字分析，如选择第 2～5 位，于是 $H(236075)$=4154（在 m=10000 时）。

（5）平方取中法。

取关键码平方后的中间几位作为哈希地址是一种较常用的设计哈希函数的方法。通常在

选定哈希函数时不一定知道关键码的全部情况，取其中哪几位也不一定合适，而一个数平方后的中间几位数和数的每位都相关，由此可以使随机分布的关键码得到的哈希地址也是随机的。这里所取的位数由表长决定。

（6）除余法。

选择一个适当的正整数 p（通常 p 取小于或等于表长的最大素数），用 p 除以关键码（若关键码不是非负整数，则在计算 $H(k)$前，必须把它转换成非负整数），取其余数作为哈希地址，即 $H(k)=k\%p$，$p\leqslant m$。

由于除余法计算简单，而且在许多情况下效果较好，因此它是最常用的设计哈希函数的方法。它不仅可以对关键码直接取模（%），还可在折叠、平方取中等运算之后对关键码取模。

若表长 m 的取值分别为 8、16、32、64、128……，则 p 值相应地依次取 7、13、31、61、127……。通过分析，若 p 不是素数，则计算出的哈希地址就难以均匀地分布在整个地址空间，容易产生冲突。

2. 处理冲突的方法

哈希法根据处理冲突的基本方法分为两种：一种是闭哈希（Closed Hashing）法，它只使用一个大小固定的哈希表，因此它所处理的集合大小不能超过哈希表的大小；另一种是开哈希（Open Hashing）法，它将产生冲突的数据元素存储在哈希表外的一个无穷空间中，因此它能处理任意大小的集合。闭哈希法也称开放地址（Open Addressing）法，开哈希法也称单链（Separate Chaining）法。哈希法处理冲突的策略决定了查找、插入和删除的过程，这些过程在哈希法中具有内在的一致性并得到了统一。常用的处理冲突的方法有以下几种。

（1）开放地址法。

开放地址法就是当由关键码得到的哈希地址产生冲突时，即该地址已经存放了数据元素，就寻找下一个空的哈希地址，只要哈希表足够大，就总能找到空的哈希地址，并将数据元素存入。寻找空的哈希地址的方法很多，下面介绍 3 种。

①线性探测法：

$$H_i=(H(\text{Key})+d_i)\ \%\ m\quad(1\leqslant i<m)$$

其中，$H(\text{Key})$为哈希函数；m 为哈希表表长；d_i 为增量序列 $1, 2, \cdots, m-1$，且 $d_i=i$。

例 4.3　关键码集合为{47, 7, 29, 11, 16, 92, 22, 8, 3}，哈希表表长为 11，$H(\text{Key})=\text{Key}\ \%\ 11$，用线性探测法处理冲突，如图 4.7 所示。

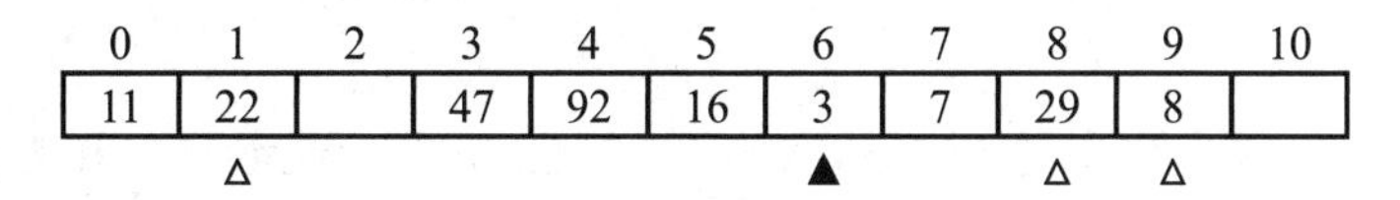

图 4.7　线性探测法处理冲突

在图 4.7 中，47、7、11、16、92 均是由哈希函数得到的没有冲突的哈希地址而直接存入的。

$H(29)=7$，哈希地址冲突，需要寻找下一个空的哈希地址：由于 $H_1=(H(29)+1)\ \%\ 11=8$，且哈希地址 8 为空，因此将 29 存入。另外，22、8 同样在哈希地址上有冲突，它们也是由 H_1 找到空的哈希地址的。而 $H(3)=3$，哈希地址冲突：

$$H_1=(H(3)+1)\ \%\ 11=4 \qquad （仍然冲突）$$
$$H_2=(H(3)+2)\ \%\ 11=5 \qquad （仍然冲突）$$
$$H_3=(H(3)+3)\ \%\ 11=6 \qquad （找到空的哈希地址，存入）$$

线性探测法可能使第 i 个哈希地址的同义词存入第 $i+1$ 个哈希地址，这样，本应存入第 $i+1$ 个哈希地址的数据元素变成了第 $i+2$ 个哈希地址的同义词，因此，可能出现很多数据元素在相邻的哈希地址上堆积起来的情况，大大降低了查找效率。此时，可采用二次探测法或双哈希函数探测法，以解决堆积问题。

②二次探测法：

$$H_i=(H(\text{Key})\pm d_i)\ \%\ m$$

其中，H(Key)为哈希函数；m 为哈希表表长；m 为等于 $4k+3$ 的质数（k 是整数）；d_i 为增量序列 $1^2, -1^2, 2^2, -2^2, \cdots, q^2, -q^2$ 且 $q \leqslant (m-1)/2$。

仍以上例来说明，用二次探测法处理冲突，如图 4.8 所示。

0	1	2	3	4	5	6	7	8	9	10
11	22	3	47	92	16		7	29	8	
	△	▲						△	△	

图 4.8　二次探测法处理冲突

此时，只有 3 这个关键码与上例不同，$H(3)=3$，哈希地址冲突：

$$H_1=(H(3)+1^2)\ \%\ 11=4 \qquad （仍然冲突）$$
$$H_2=(H(3)-1^2)\ \%\ 11=2 \qquad （找到空的哈希地址，存入）$$

③双哈希函数探测法：

$$H_i=(H(\text{Key})+i\times \text{ReH}(\text{Key}))\ \%\ m \qquad (i=1, 2, \cdots, m-1)$$

其中，H(Key)、ReH(Key)为两个哈希函数；m 为哈希表表长。

双哈希函数探测法先用第一个函数 H(Key)对关键码计算哈希地址，一旦产生地址冲突，再用第二个函数 ReH(Key)确定移动的步长因子，最后通过步长因子序列由探测函数寻找空的哈希地址。

例如，$H(\text{Key})=a$ 时产生地址冲突，就计算 $\text{ReH}(\text{Key})=b$，探测的地址序列为

$$H_1=(a+b)\ \%\ m,\ H_2=(a+2b)\ \%\ m,\ \cdots,\ H_{m-1}=(a+(m-1)b)\ \%\ m$$

（2）单链法。

单链法是采用单链表存放同义词数据元素，从而解决冲突的一种方法，也叫拉链法。它有两部分存储区，一部分是基本哈希表存储区，另一部分是附加区。基本哈希表存储区只记录各同义词链表的头指针，所有数据元素均存放在附加区。

设由哈希函数得到的哈希地址域在区间$[0,m-1]$上，以每个哈希地址作为一个指针，指向一个链，即分配指针数组：

```
ElemType  *eptr[m];
//由此建立 m 个空链表，由哈希函数对关键码进行转换后，映射到同一哈希地址 i 的同义词均加入
*eptr[i]指向的链表中
```

例 4.4　关键码序列为 47, 7, 29, 11, 16, 92, 22, 8, 3, 50, 37, 89, 94, 21，哈希函数为

$$H(\text{Key})=\text{Key}\ \%\ 11$$

用单链法处理冲突，建立的哈希表如图4.9所示。

（3）建立一个公共溢出区。

设哈希函数产生的哈希地址集为[0,m−1]，则分配两个表：一个基本表ElemType base_tbl[m]；每个存储单元只能存放一个数据元素；一个溢出表 ElemType over_tbl[k]；只要关键码对应的哈希地址在基本表中产生冲突，所有这样的数据元素就一律存入该表中。查找时，对给定的关键码kx，通过哈希函数计算出哈希地址 i，将给定的关键码与基本表的base_tbl[i]存储单元中的数据元素进行比较，若相等，则查找成功；否则，继续到溢出表中进行查找。

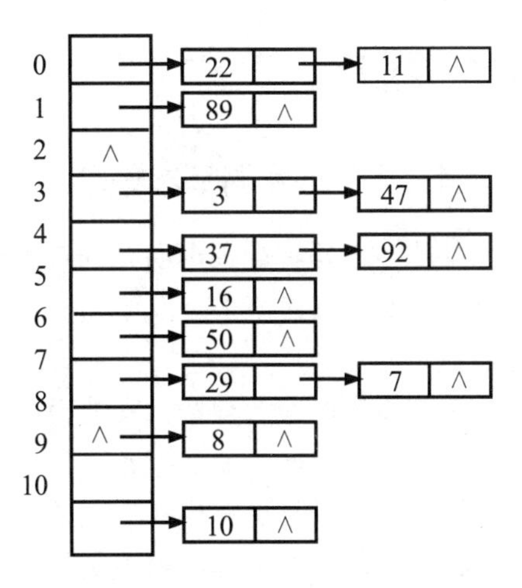

图4.9　单链法处理冲突时的哈希表

3. 哈希表查找分析

哈希表的查找过程基本上与其建立过程相同。一些关键码可通过哈希函数转换的地址直接找到，另一些关键码会在由哈希函数得到的地址上产生冲突，需要按处理冲突的方法进行查找。在以上介绍的3种处理冲突的方法中，产生冲突后的查找仍然是关键码的比较过程。因此，对哈希表查找效率的量度依然使用平均查找长度。

在查找过程中，关键码的比较次数取决于产生冲突的多少，产生的冲突少，哈希表查找效率就高；产生的冲突多，哈希表查找效率就低。因此，影响产生冲突多少的因素就是影响哈希表查找效率的因素。影响产生冲突多少的因素有以下3个：①哈希函数是否均匀；②处理冲突的方法；③哈希表的装填因子。

分析这3个因素，尽管哈希函数的好与坏直接影响冲突产生的频度，但一般认为所选的哈希函数是均匀的，因此，可不考虑哈希函数对平均查找长度的影响。就线性探测法和二次探测法处理冲突的例子来看，对于相同的关键码集合、哈希函数，在数据元素查找等概率的情况下，它们的平均查找长度不同：

线性探测法的平均查找长度 ASL=(5×1+3×2+1×4)/9=5/3

二次探测法的平均查找长度 ASL=(5×1+3×2+1×2)/9=13/9

哈希表的装填因子定义为

$$\alpha = \frac{\text{填入表中的数据元素的个数}}{\text{哈希表表长}}$$

由于表长是定值，α 与填入表中的数据元素的个数成正比，因此，α 越大，填入表中的数据元素越多，产生冲突的可能性就越大；α 越小，填入表中的数据元素越少，产生冲突的可能性就越小。

实际上，哈希表的平均查找长度是装填因子 α 的函数，只是不同的处理冲突的方法有不同的函数。

4.2 排序

4.2.1 排序的基本概念

排序也是数据处理中的一种重要运算，其目的就是将数据元素按关键码递增或递减的次序重新排列，从而便于查询和处理。数据表是待排序数据元素的有限集合，有时称它为待排序序列。

按照排序时存放数据元素的设备，排序可分为内部排序和外部排序两种。内部排序是指在排序期间，数据元素全部被存放在内存中的排序；外部排序是指在排序期间，全部的数据元素不能同时被存放在内存中，必须根据排序过程的要求，不断地在内、外存之间移动数据元素的排序。本节讲述的内容是指内部排序。

通常数据元素有多个属性域，即由多个数据成员组成，其中有一个属性域可用来区分数据元素，作为排序依据，该属性域内的数据即关键码。在解决不同问题时，视具体情况取不同的属性域作为关键码。如果数据表中的各个数据元素的关键码互不相同，那么称该关键码为主关键码。按照主关键码进行排序，排序的结果是唯一的。如果数据表中有些数据元素的关键码相同，那么称这种关键码为次关键码。按照次关键码进行排序，排序的结果可能不唯一。

排序的定义如下：设含有 n 个数据元素的序列为$\{R[0], R[1], \cdots, R[n-1]\}$，即待排序序列，其相应的关键码序列为$\{K[0], K[1], \cdots, K[n-1]\}$。现在需要确定 $0, 1, \cdots, n-1$ 的一种排列 $p[0], p[1], \cdots, p[n-1]$，使各关键码满足下列递减（或递增）关系：

$$K[p[0]] \leqslant K[p[1]] \leqslant \cdots \leqslant K[p[n-1]] \text{或} K[p[0]] \geqslant K[p[1]] \geqslant \cdots \geqslant K[p[n-1]]$$

对于数据表中的任意两个数据元素 $R[i]$和 $R[j]$，如果它们的关键码 $K[i]=K[j]$，且在排序之前，$R[i]$排在 $R[j]$前面，那么在排序之后，如果 $R[i]$仍排在 $R[j]$的前面，则称此排序方法是稳定的，否则称此排序方法是不稳定的。

排序的执行过程通常是通过对关键码的比较和数据元素的移动来实现的。比较操作对大多数排序算法来说是必要的；而对于数据元素的移动，则可以通过一些途径来避免。如果待排序的一组数据元素存放在地址连续的一组存储单元中，那么它类似线性表的顺序存储结构。在这种存储方式下，数据元素的次序关系由其存储位置确定，要执行排序操作，必须借助数据元素的移动。如果要避免数据元素的移动，则可以采用以下两种方法。

（1）将一组待排序的数据元素存放在一个静态链表中，数据元素的次序由指针指示。此时，在排序过程中不需要移动数据元素而仅需要改变指针。

（2）待排序的一组数据元素本身存放在一组地址连续的存储单元中，同时另设一个指示各个数据元素存储位置的地址向量，在排序过程中，无须移动数据元素本身，仅需移动地址向量中的地址，在排序结束后，按照地址向量中的值调整数据元素的存储位置。

这两种方法分别称为链表排序和地址排序。它们适合数据元素数量比较大的场合。

由于目前侧重于顺序存储的排序方法的研究，因此比较和移动数据元素这两种基本操作都要纳入时间开销的考虑中。排序的时间开销是衡量一个排序算法的最重要的标准之一，它可用算法执行中的关键码的比较次数与数据元素的移动次数来衡量，通常取二者之中的最大值作为算法的时间复杂度。下面的内容给出了对算法的时间复杂度的分析，一般都按平均情况进行分析。对于那些受数据元素关键码序列初始排列及数据元素个数影响较大的排序方法，需要按最好情况和最坏情况进行分析。

在讨论排序的方法中，均需要注意待排序数据元素的关键码，因此，在以后的各种排序算法中，均认为排序数据元素的形式定义为：

```
typedef  struct RecordType
{   Keytype Key;
    itemtype otherinfo;
}RecType;
```

为了简单起见，假设数据元素的关键码是一些可以直接进行比较的数据类型，如整型、字符型、实型等。在实际应用中，若关键码的数据类型没有可直接使用的比较运算符，则可事先定义宏或函数来完成比较运算。

4.2.2　插入排序

插入排序的基本思想是每步将一个待排序的数据元素按其关键码大小插入前面已经排好序的一组数据元素的适当位置上，直到所有的数据元素全部被插入。

（1）直接插入排序。

直接插入排序的基本思想是当插入第 i（$i \geqslant 2$）个数据元素时，前面的 $R[1]$～$R[i-1]$数据元素已经排好序。这时，用 $R[i]$的关键码与 $R[i-1]$, $R[i-2]$, …, $R[1]$的关键码进行比较，找到插入位置后，将 $R[i]$插入，原来位置上的数据元素及其后面的数据元素向后移动一个位置。与顺序查找类似，为了在查找插入位置的过程中避免顺序表（数组）的下标出界，在 $R[0]$处设置哨兵。例如，在例 4.5 中，先将带排序序列中的第 1 个数据元素看作一个有序的子序列，然后从第 2 个数据元素起逐个进行插入，直至整个序列变成按关键码非递减排序的有序序列。注意：数据表中的相同关键字用*加以区分。

例 4.5　直接插入排序。

直接插入排序示例如图 4.10 所示。

初始关键码序列	哨兵	[36]	22	65	99	15	27	65*	45
i=2	(22)	[22	36]	65	99	15	27	65*	45
i=3	(65)	[22	36	65]	99	15	27	65*	45
i=4	(99)	[22	36	65	99]	15	27	65*	45
i=5	(15)	[15	22	36	65	99]	27	65*	45
i=6	(27)	[15	22	27	36	65	99]	65*	45
i=7	(65*)	[15	22	27	36	65	65*	99]	45
i=8	(45)	[15	22	27	36	45	65	65*	99]

图 4.10　直接插入排序示例

根据上述排序思想，假设待排序数据元素是顺序存放在 $R[1]$～$R[n]$中的，则直接插入排序的算法描述如代码 4.4 所示。

代码 4.4　直接插入排序

```
1    void InsertSort(RecType R[],int n)
```

```
2    {    int i, j;
3         for(i=2;i<=n;i++)
4         {    R[0]=R[i];
5              j=i-1;
6              while(R[0].Key<R[j].Key)
7              {    R[j+1]=R[j];
8                   j--;
9              }
10             R[j+1]=R[0];
11        }
12   }
```

在该算法中，插入排序的主体是 for 循环部分，每次循环执行一趟直接插入排序。如前所述，在刚开始排序时，仅包含第 1 个数据元素的序列是有序的，可以认为它已经是排好序的，for 循环从第 2 个数据元素开始，到第 n 个数据元素结束。

一趟直接插入排序对应程序中的 while 循环部分，首先需要在排好序的部分查找合适的插入位置。本算法是从后向前检查所有的已排好序的数据元素的，直到找到一个小于当前要处理的数据元素的已排序数据元素，当前数据元素就插入该数据元素后紧跟的位置，而原来在该数据元素后面的所有数据元素都向后移动一个位置。

在代码 4.4 中，“R[0]”最初并不存放任何待排序数据元素，引入它的作用有两个，一个是保存当前要插入的数据元素。当然，也可以通过定义一个单独的缓存变量来暂时保存当前要插入的数据元素，这里之所以要将缓存的位置设在“R[0]”的位置上是基于它的另一个作用，即保证查找插入的循环在超出排序序列边界前总可以找到一个关键码等于当前数据元素的数据元素，这就可以用来在循环中“监视”控制变量 j 是否超出了边界，从而避免在该循环内每次都要检查“j”是否越界，因此把“R[0]”称为监视哨或哨兵。

从上面的算法可见，直接插入排序算法简洁，容易实现，对效率分析如下。

从空间上来看，它只需一个数据元素的辅助空间；从时间上来看，若设待排序数据元素的个数为 n，则该算法的主程序执行 $n-1$ 趟。关键码的比较次数和数据元素的移动次数与数据元素的初始排列有关。

在最好情况下，待排序序列已经按关键码有序排列了，每趟只需与当前位置的前一个数据元素的关键码比较 1 次，移动 2 次数据元素（哨兵移动），总的关键码的比较次数 KCN（Key Comparison Number）为 $n-1$，数据元素的移动次数 EMN（Element Move Number）为 $2(n-1)$。

在最坏情况下，第 i 趟时的第 i 个数据元素必须与前面 $i-1$ 个数据元素及哨兵都做比较，并且每比较 1 次，就要做 1 次数据元素移动操作。此时，总的关键码的比较次数和数据元素的移动次数分别为

$$\text{KCN}=\sum_{i=2}^{n} i=(n+2)(n-1)/2\approx n^2/2$$

$$\text{EMN}=\sum_{i=2}^{n}(i+1)=(n+4)(n-1)/2\approx n^2/2$$

若待排序序列中出现各种可能排列的概率相同，则可取上述最好情况和最坏情况下的平均值。此时，关键码的比较次数和数据元素的移动次数均约为 $n^2/4$。直接插入排序的时间复杂度为 $O(n^2)$。

由于直接插入排序仅需一个数据元素的附加空间，因此其空间复杂度为 $O(1)$。直接插入排序是一种稳定的排序方法。

（2）折半插入排序。

折半插入排序的基本思想是设待排序序列为 $R[1]$～$R[n]$，在插入 $R[i]$时，$R[1]$～$R[i-1]$已经有序，利用折半查找算法在有序序列中寻找 $R[i]$的插入位置。折半插入排序的算法描述如代码 4.5 所示。

代码 4.5　折半插入排序

```
1    void BinaryInsertSort(RecType R[],int n)
2    {   int left,right,mid;
3        int k,i;
4        for(i=2;i<=n;i++)
5        {   left=1;right=i-1;
6            R[0]=R[i];
7            while(left<=right)
8            {   mid=(left+right)/2;
9                if(R[0].Key<R[mid].Key)
10                   right=mid-1;
11               else
12               left=mid+1;
13           }
14           for(k=i-1;k>=left;k--)  R[k+1]=R[k];
15           R[left]=R[0];
16       }//for
17   }
```

折半插入排序所需的附加空间与直接插入排序相同，从时间上来看，它比直接插入排序快，因此其平均性能比直接插入排序要好。它所需的关键码的比较次数与待排序序列的初始排列无关，仅依赖待排序序列的长度。在插入第 i 个元素时，需要经过$\lfloor \log_2 i \rfloor+1$ 次比较才能确定它应插入的位置。此时，$\text{KCN}=\sum_{i=1}^{n-1}(\lfloor \log_2 i \rfloor+1)\approx n\log_2 n$，但数据元素的移动次数仍是 $O(n^2)$，其时间复杂度仍为 $O(n^2)$。

4.2.3　简单选择排序

简单选择排序（Simple Selection Sort）也称直接选择排序，其基本操作是：依次比较各数据元素的关键码，每次从当前待排序序列中选择一个关键码最小的数据元素，并把它与当前待排序序列中的第 1 个数据元素进行交换。这样的一次操作过程称为一趟简单选择排序。

显然，对 $R[1]$～$R[n]$的 n 个数据元素进行简单选择排序的过程是：第 1 趟，从 $R[1]$～$R[n]$中选择一个关键码最小的数据元素，并将它与 $R[1]$进行交换；第 2 趟，从 $R[2]$～$R[n]$中选择一个关键码最小的数据元素，并将它与 $R[2]$进行交换，依次类推。在进行第 i 趟简单选择排序时，由于

$R[1]$～$R[i-1]$中的数据元素依次是前 i-1 趟简单选择排序所选择的具有最小关键码的数据元素，因此 $R[1]$～$R[i-1]$是有序的。当从 $R[i]$～$R[n]$中选出关键码最小的数据元素 $R[k]$并与 $R[i]$交换后，使得 $R[1]$～$R[i]$变为有序状态。因此，经过 n−1 趟简单选择排序后，$R[1]$～$R[n-1]$就已经有序了，且它们的关键码均小于 $R[n]$的关键码，即 $R[1]$～$R[n]$已经有序。

上述过程总结如下：①在一组数据元素 $R[i]$～$R[n]$中选择具有最小关键码的数据元素（设 $1 \leqslant i \leqslant n$），若它不是其中的第 i 个数据元素，则将它与第 i 个数据元素进行交换；②在这组数据元素中去掉这个具有最小关键码的数据元素，在剩下的数据元素 $R[i+1]$～$R[n]$中重复执行步骤①，直到剩余数据元素只有一个。

简单选择排序示例如图 4.11 所示。简单选择排序的算法描述如代码 4.6 所示。

初始关键码序列	15	22	65	99	36	65*	27	45
i=1	15	[22	65	99	36	65*	27	45]
i=2	15	22	[65	99	36	65*	27	45]
i=3	15	22	27	[99	36	65*	65	45]
i=4	15	22	27	36	[99	65*	65	45]
i=5	15	22	27	36	45	[65*	65	99]
i=6	15	22	27	36	45	65*	[65	99]
i=7	15	22	27	36	45	65*	65	[99]

图 4.11　简单选择排序示例

代码 4.6　简单选择排序

```
1   void SelectSort(RecType R[],int n)
2   {    int i,j,k;
3        for(i=1;i<n;i++)
4        {    k=i;
5             for(j=i+1;j<=n;j++)
6                  if(R[j].Key<R[k].Key)
7                       k=j;                          //k即当前具有最小关键字的数据元素
8             if(k!=i)
9             {    R[0]=R[k];
10                 R[k]=R[i];
11                 R[i]=R[0];
12            }
13       }
14  }
```

简单选择排序的关键码的比较次数与数据元素的初始排列无关。第 i 趟选择具有最小关键码的数据元素所需的关键码的比较次数总是 $n-i$（i 从 1 开始），此处假定待排序序列有 n 个数据元素，则总的关键码的比较次数为

$$\mathrm{KCN}=\sum_{i=1}^{n-1}(n-i)=\frac{n(n-1)}{2}$$

数据元素的移动次数与数据元素的初始排列有关。当这组数据元素的初始状态是按其关键码从小到大有序时，数据元素的移动次数为 0，达到最少。最坏情况是每趟都要进行交换，总的数据元素的移动次数为 $3(n-1)$，因此简单选择排序的时间复杂度为 $O(n^2)$。

从所需的附加空间上来看，由于简单选择排序在交换数据元素时需要一个数据元素大小的缓存空间，因此其空间复杂度为 $O(1)$。简单选择排序是一种不稳定的排序方法。

4.2.4 交换排序

交换排序的一种最简单的实现方法是冒泡排序，其基本思想是依次比较相邻两个数据元素的关键码，若发现两个数据元素的次序相反，即前一个数据元素的关键码大于后一个数据元素的关键码，则进行交换，直到没有反序。

假设 n 个待排序的数据元素存放在数组 $R[1]$～$R[n]$中，在进行冒泡排序时，首先将 $R[1]$的关键码与 $R[2]$的关键码进行比较，若为反序，则交换；然后比较 $R[2]$和 $R[3]$的关键码，依次类推，直到 $R[n-1]$与 $R[n]$的关键码比较完成。这样的过程称为一趟冒泡排序，其结果是将关键码最大的数据元素调整到最后一个位置上。当第 1 趟冒泡排序完成后，$R[n]$为关键码最大的数据元素。继续对前 $n-1$ 个数据元素进行第 2 趟冒泡排序，将关键码最大的数据元素调整到第 $n-1$ 位置上。一般地，第 i 趟冒泡排序对 $R[1]$～$R[n-i+1]$中相邻的两两数据元素的关键码进行比较并在反序时交换两个数据元素，结果是将这 $n-i+1$ 个数据元素中关键码最大的数据元素交换到第 $n-i+1$ 位置上。这样，经过 $n-1$ 趟冒泡排序后，整个数据元素序列就变为有序序列。

冒泡排序示例如表 4.2 所示。

表 4.2 冒泡排序示例

序 号	待排序的数据元素	第 1 趟	第 2 趟	第 3 趟	第 4 趟	第 5 趟
1	36	22	22	22	15	已经有序 flag=True
2	22	36	36	15	22	
3	65	65	15	36	27	
4	99	15	65	27	36	
5	15	65*	27	45	45	
6	65*	27	45	65	65	
7	27	45	65*	65*	65*	
8	45	99	99	99	99	

根据上述描述，如果经过若干趟冒泡排序后，待排序的数据元素已经有序，则在进行下一趟冒泡排序时，不会有数据元素需要交换位置。通过增加一个标记 flag 来记下每趟冒泡排序是否发生交换，若无交换，则表明排序结束，其算法描述如代码 4.7 所示。

代码 4.7 冒泡排序

```
1    void BubbleSort(RecType R[],int n)
2    {   int i,j,flag=0;
3        for(i=1;(i<n && flag==0);i++)
4        {   flag=1;
5            for(j=1;j<=n-i;j++)
6                if(R[j+1].Key<R[j].Key)
7                {   flag=0;
```

```
8                       R[0]=R[j];
9                       R[j]=R[j+1];
10                      R[j+1]=R[0];
11                  }
12          }
13  }
```

从冒泡排序算法的运行时间上来看，在该算法中，其基本操作是比较关键码的大小和交换数据元素。最好的初始状态是待排序序列已经有序，算法只执行 1 趟冒泡排序，进行 $n-1$ 次关键码的比较，不交换数据元素。最坏的情形是算法执行了 $n-1$ 趟冒泡排序，第 i 趟（$1 \leqslant i \leqslant n-1$）进行了 $n-i$ 次关键码的比较，执行了 $n-i$ 次数据元素交换操作。在最坏的情形下，总的关键码比较次数和数据元素的移动次数分别为

$$\mathrm{KCN} = \sum_{i=1}^{n-1}(n-i) = \frac{1}{2}n(n-1)$$

$$\mathrm{EMN} = 3\sum_{i=1}^{n-1}(n-i) = \frac{3}{2}n(n-1)$$

上面讨论的是两种极端的情况，对应的冒泡排序算法所需的时间分别是最短时间和最长时间。在通常情况下，可以认为冒泡排序的时间复杂度为 $O(n^2)$。整个队列越接近有序，需要进行的冒泡排序的趟数越少。冒泡排序需要附加空间以实现数据元素的交换。冒泡排序是一种稳定的排序方法。

4.2.5 快速排序

快速排序（Quick Sort）也是一种交换排序方法，是对冒泡排序的一种改进，由霍尔（C.A.R. Hoare）于 1962 年提出，是目前使用最广泛和最快速的内部排序方法之一。

快速排序的基本思想是首先选取待排序序列中的某个数据元素（通常取第一个数据元素）作为**基准**（或中心点，Pivot），然后按照该基准数据元素的关键码大小将整个数据元素序列划分为以该关键码为边界的左、右两个子序列（分区），即左子序列中所有数据元素的关键码都小于该关键码，右子序列中所有数据元素的关键码都大于或等于该关键码。基准数据元素排在这两个子序列中间（这也是最终排序后，该数据元素对应的位置）。在此基础上，分别对这两个子序列重复实行上述过程，直到子序列长度不大于 1。因此，快速排序又称为分区交换排序。

在快速排序中，关键过程是如何选取基准数据元素，并根据其关键码 Ki，将一组数据元素划分为两个子序列，即完成一趟快速排序（又称为一次划分）。

一次划分的一种具体做法是采用从当前序列的两端开始交替扫描各个数据元素的策略，即从序列末端开始向前搜索，若遇到关键码小于或等于 Ki 的数据元素，则将其交换至序列的前端；从序列前端开始向后搜索，若遇到关键码大于 Ki 的数据元素，则将其交换至序列的后端。重复上述过程，直到扫描完所有的数据元素。

假设使用数组 R 存放待排序的数据元素，且当前待排序数据元素中的第一个数据元素的

位置序号为 Low、最后一个数据元素的位置序号为 High。不妨选取第一个数据元素 *R*[Low] 为基准数据元素。此时，一趟快速排序的具体过程如下。

（1）设两个指示变量 *i* 和 *j*，它们的初值分别是 *i*=Low、*j*=High；将 *R*[*i*]复制到一个临时变量 *x* 中，空出 *R*[*i*]所占的存储位置。

（2）从序列的 *j* 处开始，比较 *R*[*j*].Key 与 *x*.Key，若 *R*[*j*].Key≥*x*.Key，满足大小要求，即无须移动数据元素，则令 *j*=*j*−1，继续比较下一个数据元素，直到 *j*=*i* 或 *R*[*j*].Key<*x*.Key；若 *R*[*j*].Key<*x*.Key，则将 *R*[*j*]交换至 *R*[*i*]处，空出 *R*[*j*]所占的位置，并令 *i*=*i*+1，转向步骤（3）。

（3）从序列的 *i* 处开始，比较 *R*[*i*].Key 和 *x*.Key，若 *R*[*i*].Key<*x*.Key，满足大小要求，即无须移动数据元素，则令 *i*=*i*+1，继续比较下一个数据元素，直到 *i*=*j* 或 *R*[*i*].Key≥*x*.Key；若 *R*[*i*].Key≥*x*.Key，则将 *R*[*i*]交换至 *R*[*j*]处，空出 *R*[*i*]所占的位置，并令 *j*=*j*−1，转向步骤（2）。

（4）重复步骤（2）和（3），直到 *i*=*j*，将 *x* 复制到 *R*[*i*]处。此时，*i* 就是基准数据元素在序列中应放置的位置。

一趟快速排序的算法描述如代码 4.8 所示。

代码 4.8 一趟快速排序

```
1   /* R为存放待排序数据元素的数组，low和high分别为待排序数据元素序列的起始和终止位置
2   （low≥1，high≥1），使用R[0]作为暂存数据元素的临时变量*/
3   void  QuickOnePass(RecType R[], int low, int high)
4   {   int i,j;
5       i=low; j=high;  //初始化i和j
6       R[0]=R[i];      //对应上述步骤（1），使用R[0]暂存基准数据元素信息
7       do{
8           //对应上述步骤（2）
9           while((R[j].Key>=R[0].Key)&&(j>i)) {j--;}
10          if(j>i){
11              R[i]=R[j];
12              i++;
13          }
14          //对应上述步骤（3）
15          while((R[i].Key<R[0].Key)&&(j>i)) {i++;}
16          if(j>i){
17              R[j]=R[i];
18              j--;
19          }
20      }while(i!=j);
21      R[i]=R[0];      //对应上述步骤（4）
22  }
```

按照这个过程，对待排序数据元素的关键码序列 37, 28, 56, 80, 60, 14, 25, 50 进行一趟快速排序的过程如图 4.12 所示（使用 37 作为基准，不包含数据暂存的过程）。

初始数据元素的关键码序列	37	28	56	80	60	14	25	50
	i↑							↑j
j 前移一个位置：j=j−1	37	28	56	80	60	14	25	50
	i↑						↑j	
将 R[j]放到 i 位置	25	28	56	80	60	14		50
		i↑					↑j	
i 后移一个位置：i=i+1	25	28	56	80	60	14		50
			i↑				↑j	
将 R[i]放到 j 位置	25	28		80	60	14	56	50
			i↑			↑j		
将 R[j]放到 i 位置	25	28	14	80	60		56	50
				i↑		↑j		
将 R[i]放到 j 位置	25	28	14		60	80	56	50
				i↑	↑j			
j 前移一个位置：j=j−1	25	28	14		60	80	56	50
				i↑↑j				
最终划分结果	25	28	14	37	60	80	56	50

图 4.12　一趟快速排序过程示例

当对待排序序列进行一趟快速排序之后，可采用同样的方法分别对基准数据元素两侧的两个子序列进行快速排序，直到各个子序列的数据元素的个数都为 1。这就完成了整个待排序序列的快速排序。对于上述例子，其整个快速排序过程如图 4.13 所示。

初始数据元素的关键码序列	37	28	56	80	60	18	25	50
一趟快速排序后的序列	[25	28	14]	37	[60	80	56	50]
二趟快速排序后的序列	[14]	25	[28]	37	[50	56]	60	[80]
三趟快速排序后的序列	[14]	25	[28]	37	50	[56]	60	[80]
最终的序列	14	25	[28]	37	50	[56]	60	[80]

图 4.13　快速排序过程的完整示例

根据以上快速排序过程讨论，假设待排序数据元素放在 R[low]～R[high]中，则快速排序的递归算法描述如代码 4.9 所示（由前述一次划分的算法扩充实现）。

代码 4.9　快速排序的递归算法

```
1    /*快速排序的递归算法。使用R[0]作为暂存数据元素的临时变量；待排序数据元素从R[1]开始
2    存放，即low≥1，high≥1 */
3    void QuickSort(RecType R[], int low, int high)
4    {   int i,j;
5        i=low; j=high;  //初始化i和j
6        R[0]=R[i];       //步骤（1），使用R[0]暂存基准数据元素信息
7        do{
8            //步骤（2）
9            while((R[j].Key>=R[0].Key)&&(j>i)) {j--;}
10           if(j>i){
11               R[i]=R[j];
```

```
12                  i++;
13              }
14              //步骤（3）
15              while((R[i].Key<=R[0].Key)&&(j>i)) {i++;}
16              if(j>i){
17                  R[j]=R[i];
18                  j--;
19              }
20          }while(i!=j);
21          R[i]=R[0];      //步骤（4）
22          //对左子序列进行划分
23          if(low<i)
24              QuickSort(R, low, i-1);
25          //对右子序列进行划分
26          if(i<high)
27              QuickSort(R, j+1, high);
28      }
```

快速排序的运行时间主要耗费在划分操作上。对长度为 n 的序列进行快速排序所需的关键码的比较次数 $C(n)$等于对长度为 n 的序列进行划分的比较次数 $n-1$ 加上对两个子序列进行快速排序所需的关键码的比较次数。设一次划分后的一个子序列的长度为 k，则另一个子序列的长度为 $n-1-k$，即对 n 个数据元素进行快速排序所需的关键码的比较次数可表示为

$$C(n)=n-1+C(k)+C(n-1-k)$$

快速排序的最好情况是每次划分所得到的两个子序列的长度大致相等（两个子序列的长度差不超过 1）。在这种情况下，$C(n)$为

$$\begin{aligned} C(n) &\leqslant n+2\times C(n/2) \\ &\leqslant n+2\times[n/2+2\times C(n/2/2)] \\ &\leqslant 2n+4\times C(n/4) \\ &\leqslant \cdots \\ &\leqslant hn+2^h\times(n/2^h) \end{aligned}$$

当 $n/2^h=1$ 时，即当前待排序子序列的长度为 1 时，快速排序过程结束。因此有

$$C(n) \leqslant n\log_2 n+n\times C(1)$$

其中，$C(1)$表示对长度为 1 的子序列进行快速排序所需的关键码的比较次数，可以将它看作一个常数。故在最好情况下，整个快速排序过程所需的关键码的比较次数为 $O(n\log_2 n)$。

快速排序的最坏情况是每次划分所得到的子序列中有一个子序列为空，而另一个子序列的长度为 $n-1$，即每次划分所选择的基准数据元素都是当前待排序序列中关键码最小（或最大）的数据元素。这时，需要进行 $n-1$ 趟快速排序，整个排序过程的关键码的比较次数为

$$\text{KCN}=\sum_{i=1}^{n-1}(n-i)=\frac{n(n-1)}{2}$$

快速排序的一种最坏情况是初始数据元素的关键码序列按照递增（或递减）顺序排列。

在快速排序过程中，由于数据元素的移动次数不会超过关键码的比较次数，因此，快速排序在最好情况下的时间复杂度为 $O(n\log_2 n)$，在最坏情况下的时间复杂度为 $O(n^2)$。

从所需的附加空间来看，快速排序算法需要递归调用，系统内部需要一个栈来保存递归参量。当每次划分较为均匀时，栈的最大深度为$(\log_2 n)+1$（包括最外层参量入栈）；但当每次划分后两个子序列的长度极不平衡时，栈的最大深度为 n。因此，最好情况下的空间复杂度为 $O(\log_2 n)$，最坏情况下的空间复杂度为 $O(n)$。就平均而言，空间复杂度仍为 $O(\log_2 n)$。

从排序的稳定性来看，快速排序是不稳定的。

4.2.6 希尔排序

希尔排序（Shell Sort）又称缩小增量排序，由希尔（Donald Lewis Shell）于 1959 年提出，是一种改进的插入排序类方法。

考虑到直接插入排序的特点：①当待排序序列按关键码基本有序时，算法表现较好；②通常只对相邻的数据元素进行比较和移动，而且数据元素一次只移动一个位置，因而效率较低。

希尔排序的基本思想：设待排序序列有 n 个数据元素，首先取一个整数 $m<n$ 作为间隔（对应数据元素存储位置序号的增量），将全部数据元素分为 m 个子序列后（位置增量为 m 的数据元素被放在同一个子序列中），对每个子序列分别进行直接插入排序；然后缩小间隔 m，如取 $m=\lfloor m/2 \rfloor$（取下整，即取小于或等于 $m/2$ 的整数），重复上述子序列划分和排序过程，直到 $m=1$。当 $m=1$ 时，所有数据元素都被放在同一个序列中，进行插入排序。希尔排序示例如图 4.14 所示。

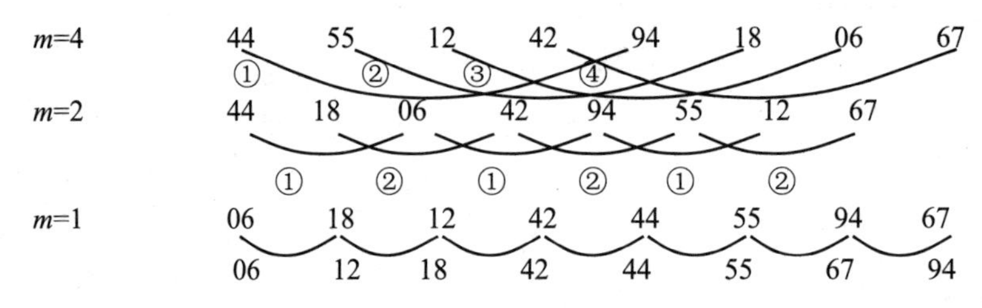

图 4.14　希尔排序示例

从上述希尔排序的过程中可见，开始时位置增量（m）较大，子序列中的数据元素较少，插入排序速度较快；随着排序，位置增量（m）逐渐变小，子序列中的数据元素逐渐变多，但由于前面工作的基础，大多数数据元素已基本有序，因此排序速度仍然很快。希尔排序正是由于采用了这些策略，从而有效改进了插入排序的性能。

希尔排序的算法描述如代码 4.10 所示。

代码 4.10　希尔排序

```
1   /*一趟希尔排序，按间隔m进行插入排序；待排序数据元素存放在R[1]～R[n]中，使用R[0]作
2   为暂存数据元素的临时变量，不是哨兵；对以下m个子序列进行插入排序：
3       R[1], R[1+m], …;  R[2], R[2+m], …; …; R[m], R[m+m],… */
4   void ShellInsert(RecType R[],int m,int n){
5       int i,j;
```

```
6      for(i=m+1; i<n; i++){   //将每个R[i]插入所属子序列的合适位置
7          R[0]=R[i];          //暂存在R[0]中
8          j=i-m;              //在所属子序列中，从后向前依次检查已排序的数据元素
9          while(j>=1 && R[0].Key<R[j].Key){
10             R[j+m]=R[j];
11             j-=m;
12         }
13         R[j+m]= R[0];
14     }
15  }
16  /*希尔排序算法：待排序数据元素从R[1]开始存放，n为数据元素的个数；m的初值为n/2，随后
17  依次将间隔减小为原来的1/2，直至m=1 */
18  void  ShellSort(RecType R[], int n){
19     int m=n/2;              //m是子序列间隔
20     while(m>=1){
21         ShellInsert(R, m, n);   //一趟直接排序
22         m=m/2;              //缩小位置增量m
23     }
24  }
```

m 的取法有多种，最初 D. W. Shell 提出取 $m=\lfloor n/2\rfloor$，然后 $m=\lfloor m/2\rfloor$，直到 $m=1$。这种 m 取值方法有可能因为到最后一趟排序才比较奇数位置和偶数位置的数据元素而导致算法性能下降。后来，D. E. Knuth 提出取 $m=\lfloor m/3\rfloor+1$。还有人提出 m 都取奇数，或者各 m 值互质的方法。

对特定的待排序序列，可以准确地计算希尔排序的关键码的比较次数和数据元素的移动次数。但想要弄清关键码的比较次数和数据元素的移动次数与 m 之间的依赖关系，并给出完整的数学分析，依然是尚未完全解决的难题。M. A. Weiss 通过实验统计得出，当 m 的取值为 $2^k-1, \cdots, 15, 7, 3, 1$ 时，希尔排序的平均时间复杂度约为 $O(n^{5/4})$。当待排序序列已基本有序或规模适中时，希尔排序的时间性能不低于快速排序。

4.2.7　归并排序

归并排序（Merging Sort）利用归并技术进行排序。所谓归并，就是指将两个或两个以上的有序序列合并成一个新的有序序列。无论有序序列采用顺序存储结构，还是链式存储结构，都能较方便地实现归并，它们的时间复杂度都在 $O(m+n)$数量级上，其中 m 和 n 分别是两个有序序列的长度。

归并排序的基本思想：假设初始序列含有 n 个数据元素，则可将其看作 n 个有序的子序列，每个子序列的长度为 1；通过两两归并，得到$\lceil n/2\rceil$（$n/2$ 取上整）个长度为 2 或长度为 1 的有序子序列；重复两两归并操作，直至得到一个长度为 n 的有序序列。这种排序方法称为 2 路归并排序，如图 4.15 所示。

在上述排序过程中，子序列总是两两归并的，因此 2 路归并排序算法的核心操作是将一维数组中前后相邻的两个有序序列归并为一个有序序列。

初始关键码	[52]	[33]	[65]	[80]	[73]	[23]	[29]
第一趟归并	[33	52]	[65	80]	[23	73]	[29]
第二趟归并	[33	52	65	80]	[23	29	73]
第三趟归并	[23	29	33	52	65	73	80]

图 4.15　2 路归并排序示例

假设相邻的两个有序序列分别为{SR[L], SR[L+1], …, SR[m]}和{SR[m+1], SR[m+2], …, SR[H]}，归并后产生的有序序列为{DR[L], DR[L+1], …, DR[m], DR[m+1], DR[m+2], …, DR[H]}。

两个有序序列的归并排序的算法描述如代码 4.11 所示。

代码 4.11　归并排序

```
1   /* 将两个有序序列归并为一个有序序列，并保存回数组R中 */
2   void Merge(RecType R[], int L, int m, int H){
3       int i, j, k;
4       int n1=m-L+1;            //第一个有序序列的数据元素的个数
5       int n2=H-m;              //第二个有序序列的数据元素的个数
6       //定义两个临时序列数组，并动态申请内存
7       RecType *TmpL, *TmpR;
8       TmpL= (RecType*) malloc(n1 * sizeof(RecType));
9       TmpR= (RecType*) malloc(n2 * sizeof(RecType));
10      //复制两个有序序列到临时序列数组中
11      for(i=0; i<n1; i++) TmpL[i]=R[L+i];
12      for(j=0; j<n2; j++) TmpR[j]=R[m+1+j];
13      i=0, j=0;   k=L;
14      while(i<n1 && j<n2){    //两两比较
15          if(TmpL[i].Key<= TmpR[j].Key){
16                  R[k]= TmpL[i]; i++;
17              }
18              else{
19                  R[k]= TmpR[j]; j++;
20              }
21          k++;
22      }
23      while(i<n1){             // 复制TmpL中剩余的数据元素
24          R[k]=TmpL[i];    k++; i++;
25      }
26      while(j<n2){             // 复制TmpR中剩余的数据元素
27          R[k]=TmpR[j];    k++; j++;
28      }
29      free(TmpL);
30      free(TmpR);
31  }
```

在上面算法的基础上，可以很容易实现 2 路归并排序算法。该算法先将整个序列划分为两个长度基本相等的子序列；然后分别对两个子序列进行 2 路归并排序，使两个子序列分别有序；最后将这两个子序列合并为一个完整的序列。

2 路归并排序的（递归形式）算法描述如代码 4.12 所示。

代码 4.12　2 路归并排序

```
1   /* 对整个序列进行归并排序，并存放回数组R中*/
2   void  MergeSort(RecType R[], int L, int H){
3       int mid;
4       if(L < H){
5           mid=(L+H)/2;//将整个序列等分为两个子序列
6           MergeSort(R, L, mid);   //递归地对第一个子序列进行归并排序
7           MergeSort(R, mid+1, H);//递归地对第二个子序列进行归并排序
8           Merge(R, L, mid, H);
9       }
10  }
```

在上述 2 路归并排序过程中，对于具有 n 个待排序数据元素的序列，其归并次数显然是 $\log_2 n$，每趟归并的时间复杂度为 $O(n)$，因此，归并排序的时间复杂度无论是在最好情况下还是在最坏情况下，均为 $O(n\log_2 n)$；同时，从该排序过程中可以看出，归并排序需要的附加空间与待排序数据元素的个数相等，因此归并排序的空间复杂度为 $O(n)$；从稳定性上来看，2 路归并排序是一种稳定的排序方法。

各种内部排序方法的特性比较如表 4.3 所示。

表 4.3　各种内部排序方法的特性比较

排序方法	比较次数		移动次数		平均情况	稳定性	附加空间	
	最好	最差	最好	最差			最好	最差
直接插入排序	$O(n)$	$O(n^2)$	$O(1)$	$O(n^2)$	$O(n^2)$	稳定	$O(1)$	
选择排序	$O(n^2)$	$O(n^2)$	$O(1)$	$O(n)$	$O(n^2)$	不稳定	$O(1)$	
折半插入排序	$O(n\log n)$		$O(1)$	$O(n^2)$	$O(n^2)$	稳定	$O(1)$	
冒泡排序	$O(n)$	$O(n^2)$	$O(1)$	$O(n^2)$	$O(n^2)$	稳定	$O(1)$	
快速排序	$O(n\log n)$	$O(n^2)$	$O(n\log n)$	$O(n^2)$	$O(n\log n)$	不稳定	$O(\log n)$	$O(n^2)$
归并排序	$O(n\log n)$		$O(n\log n)$			稳定	$O(n)$	

小　结

查找又称检索。最常用的查找方法有线性表的 3 种简单查找方法，有利用二叉排序树组织数据的树表查找，有建立哈希表的哈希表查找。本章在重点描述各种不同的查找方法的实现算法的同时，讨论了算法实现的时间复杂度。哈希表查找基于计算操作。在哈希表查找中，当发生地址冲突时，可以有几种方法来解决冲突。

插入排序、简单选择排序和交换排序（冒泡排序）的基本思想是对待排序数据元素的关键码进行比较，根据规则，将适当的数据元素放在适当的位置上，当所有数据元素都处在其应在的位置上时，排序结束。

快速排序的基本操作是划分操作，即将待排序数据元素以基准数据元素为边界分成两个子序列并确定基准数据元素的位置；通过对子序列进行如此的划分，直到所有数据元素都有

自己确定的位置。希尔排序是一种改进的插入排序算法，其通过选择从大到小的间隔值，将待排序序列分割成若干子序列，分别对其进行插入排序；待整个序列中的数据元素基本有序时，进行全体插入排序，从而改善算法性能。归并排序利用归并技术进行排序，对相邻的两个有序序列不断地进行归并，直到整个序列只剩下一个有序序列。归并排序算法的两个重点是两个有序序列的归并算法和 2 路归并排序算法。

习题 4

4.1　若对大小均为 n 的有序顺序表和无序顺序表分别进行查找，试在下列 3 种情况下分别讨论两者在等概率时的平均查找长度。

（1）查找不成功，即表中没有关键码等于给定的关键码的数据元素。

（2）查找成功且表中只有一个关键码等于给定的关键码的数据元素。

（3）查找成功且表中有若干关键码等于给定的关键码的数据元素，一次查找要求找出所有的数据元素。

4.2　设有序序列中数据元素的关键码序列为{3, 10, 13, 17, 40, 43, 50, 70}；要求查找关键码为 43 的数据元素（成功）和关键码为 5 的数据元素（不成功）。使用折半查找方法，写出其计算步骤及每步的 low、high 和 mid。

4.3　选取哈希函数 $H(k)=(3k)\%11$，用线性探测法处理冲突。试在 0～10 的哈希地址空间中对关键码序列{22, 41, 53, 46, 30, 13, 01, 67}建立哈希表，并求等概率下查找成功与不成功的平均查找长度。

4.4　已知序列{15, 20, 60, 40, 7, 32, 73, 95, 88}，试给出采用冒泡排序法对该序列做升序排列的每趟的结果。

4.5　已知序列{30, 82, 120, 75, 18, 37, 4, 8}，请给出采用直接插入排序法对该序列做升序排列的每趟的结果。

4.6　已知序列{10, 18, 4, 3, 6, 12, 1, 9, 18, 8}，请给出采用简单选择排序法对该序列做升序排列的每趟的结果。

第 2 部分　操作系统

第 5 章　操作系统概述

5.1　操作系统的定义

计算机发展至今，无论是个人计算机、服务器还是嵌入式计算机，都是由硬件和软件两大部分组成的。计算机硬件由各种物理部件组成，包括中央处理器（Central Processing Unit，CPU）、存储器、输入/输出设备等。计算机软件包括系统软件和应用软件，它们都是程序和数据的集合，并且由计算机硬件执行以完成各自的任务。其中，系统软件包括操作系统、各类程序编译软件等；应用软件是面向各种特定应用而开发的程序，也包括用于各类软件开发和维护的支撑软件。

计算机系统中的硬件和各类软件之间存在着一种层次关系，如图 5.1 所示。处于核心位置的硬件系统通常称为裸机，它是计算机系统的物质基础，是计算机软件的运行环境。对用户而言，若要在裸机上运行程序，则必须充分熟悉计算机部件的物理特性和控制方法，使用机器语言编写应用程序，直接控制对应的硬件。这样的模式无疑会给用户使用计算机带来困难和不便，而且效率低下。计算机软件，特别是系统软件的作用是对计算机硬件的性能进行扩充和完善。因此操作系统是配置在计算机硬件上的第一层软件，是对硬件的首次扩充，是其他软件的运行基础和运行环境。

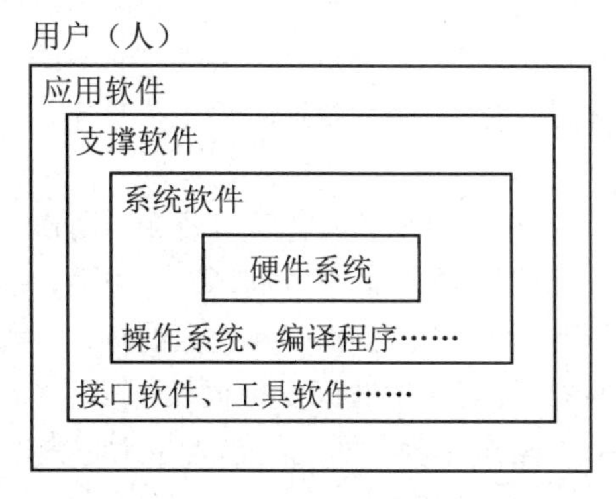

图 5.1　计算机系统中的软件和硬件层次结构

操作系统是计算机系统中控制与管理计算机硬件和软件资源、合理组织计算机工作流程，以方便用户充分而有效地使用这些资源的系统软件。

（1）从用户的角度来看，操作系统是用户与计算机硬件之间的接口，为用户提供了一个使用计算机的友好界面。引入操作系统之后，用户无须了解相关硬件和软件的底层细节就能高效和方便地使用计算机。操作系统通过命令、系统调用函数和图形界面等方式为用户提供各种使用接口。

（2）从系统管理的角度来看，操作系统是一种系统软件，是计算机硬件和软件资源的管理者，使得计算机能被多个用户高效率地共享和使用。

5.2 操作系统的发展历程

作为计算机中的核心系统软件，操作系统伴随着计算机硬件技术的发展而逐渐发展并不断完善，它与计算机的物理部件和体系结构密切相关。

1．手工操作阶段

第一代计算机主要由电子管构建，具有速度慢、规模小和设备少等特点，而且没有操作系统。用户（既是程序员，又是操作员）使用机器语言编写程序，通过手工方式直接控制和使用计算机。计算机每次只能为单个用户提供服务，因此用户在上机时独占计算机资源。如图 5.2 所示，在手工操作阶段，用户的一次上机过程包括以下几个步骤。

（1）用户将准备好的程序和数据穿孔在卡片（或纸带）上，通过卡片（或纸带）输入机将程序和数据输入计算机。

（2）用户通过控制台开关启动程序运行。

（3）程序运行完毕，打印输出结果。

（4）用户取走计算结果，下一个用户开始上机。

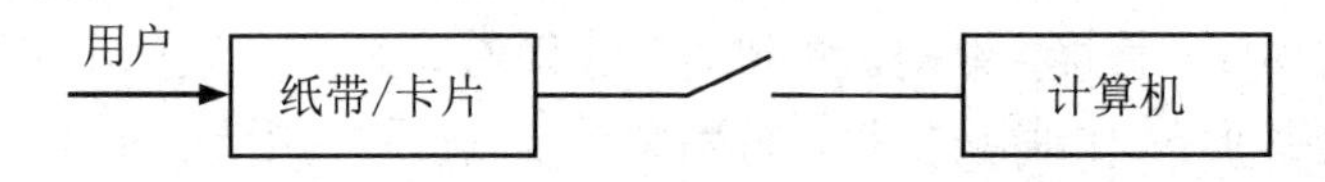

图 5.2　手工操作阶段的上机过程

以上过程描述是假设用户程序能运行正确的情况。如果用户程序运行时出现异常或计算机发生故障，那么这样的上机过程将会重复进行。后来，汇编语言和高级语言的陆续问世使用户编程效率得到了提高，但是用户依然需要通过手工操作来启动汇编或编译程序，将源程序翻译成目标代码。

综上，在早期的计算机系统中，用户独占计算机资源，用户的每次上机过程都包含许多的手工操作，存在操作烦琐、资源利用率低下等问题。一方面，手工操作环节不仅容易发生差错，还会浪费计算机的时间；另一方面，程序和数据的输入、程序执行、结果输出等都是联机进行的，使得每个用户占用计算机的时间变得很长。随着 CPU 速度的提高，CPU 与输入/输出设备的运行速度和手工操作速度不匹配的矛盾越来越突出，人们开始关注如何解决这一矛盾。

2．批处理系统

为了解决矛盾，提高计算机资源利用率，人们研发了监督程序，用以自动依次处理用户作业，这就是操作系统的雏形。

（1）早期联机批处理系统。

为了减少手工操作环节，操作员把用户提交的作业组合成一批作业，利用常驻内存的监督程序把这些作业依次存入磁带，逐个读入内存执行并输出结果。当某一批作业处理完成后，计算机将处理下一批作业。

在这样的批处理过程中，慢速的输入/输出设备和主机直接相连，因此称为联机批处理。联机批处理实现了批量作业执行中的作业自动转接，减少了手工操作环节，但是在作业输入和结果输出的过程（由慢速的输入/输出设备处理）中，主机 CPU 仍然处于等待状态，存在 CPU 时间浪费和资源利用率低下的问题。

（2）脱机批处理系统。

在脱机批处理系统中，通过增加不与主机直接相连的卫星机（价格低、性能弱的计算机）来专门与输入/输出设备“打交道”，如图 5.3 所示。输入设备（如卡片机、纸带机）通过卫星机把作业传输到输入磁带中；主机负责从输入磁带中将作业调入内存执行，并输出执行结果到输出磁带中；卫星机负责将输出磁带上的执行结果送到输出设备（如打印机）中。

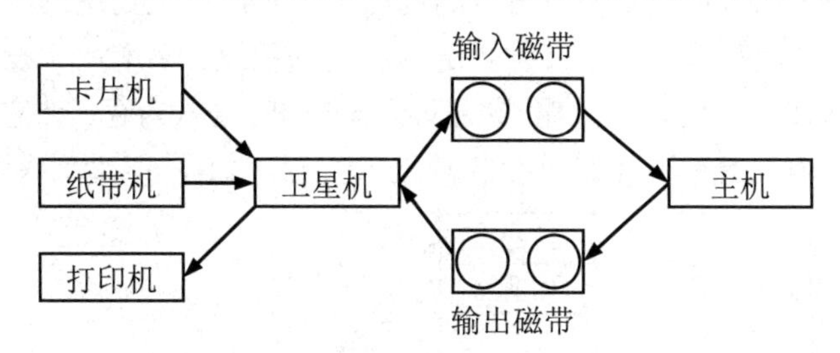

图 5.3　脱机批处理系统

相对于早期联机批处理系统，脱机批处理系统中的主机不直接与慢速的输入/输出设备“打交道”，而且与卫星机能并行工作，有效改善了 CPU 的利用率，提高了计算机系统的处理能力。

（3）执行系统。

脱机批处理系统借助磁带这一串行介质进行各种输入/输出操作，作业需要按照它们在磁带上的顺序依次执行。在这样的系统中，依然存在着不足：磁带需要手工操作进行拆装、需要额外的卫星机硬件资源等。20 世纪 60 年代初，通道和中断技术的出现使得操作系统进一步发展为执行系统（Executive System）。

通道是一种专用硬件，只负责完成输入/输出任务，又被称为输入/输出处理机（Input-Output Processor，IOP）。通道能控制一台或数台输入/输出设备，实现它们与内存之间的数据传输。通道在主机 CPU 的控制下启动，随后即能独立于 CPU 运行，实现与 CPU 的并行工作。

中断技术是指主机在收到外部中断请求信号（如输入/输出设备完成操作后发出的信号）时，能暂停当前正在执行的程序，转而执行相应的中断处理程序；相应事件处理完成后，主机又能继续执行之前被暂停的程序。

得益于通道和中断技术，计算机系统中的输入/输出任务可以在主机 CPU 的控制下完成。当主机在运行程序的过程中需要输入或输出数据时，CPU 将启动指令和相关参数送给通道，通道就能独立控制输入/输出设备完成任务；当输入/输出设备结束数据传输后，通道向主机 CPU 发送中断请求信号，主机即能暂停当前程序，转而处理输入/输出设备提出的中断请求，完成后返回原来的程序继续执行。此时，计算机系统中原有的监督程序的功能得到进一步增强，除负责作业运行的自动调度之外，还负责控制输入/输出任务，因此又被称为执行系统。

执行系统借助通道和中断技术实现了系统中输入/输出任务的联机操作。与早期联机批处理系统截然不同是，执行系统中的 CPU 与通道并行工作，使得 CPU 资源得到有效利用。

3. 多道程序设计系统

在上述早期批处理系统中，作业被预先送到外存（磁带）中，通过一定的调度策略选中一个作业进入内存运行，由该作业独占所有系统资源，因此早期批处理系统又称单道批处理系统。单道批处理系统的显著缺点是不论作业的大小和类型如何，计算机只能执行一个作业，因而存在计算机资源利用率低下的问题。对于以计算为主要任务的作业，输入/输出数据少，系统中的输入/输出设备会空闲；对于具有较多输入/输出任务的作业，主机的 CPU 又会被闲置。

为了进一步提高 CPU 和输入/输出设备的利用率，人们在批处理系统中引入了多道程序设计技术，形成了多道批处理系统，又称多道程序设计系统。多道程序设计系统是指计算机根据作业的资源需求和一定的调度策略选择几个作业同时进入内存，让它们交替运行；当某个作业运行完成后，再次选择一个或几个作业进入内存，如图 5.4 所示。

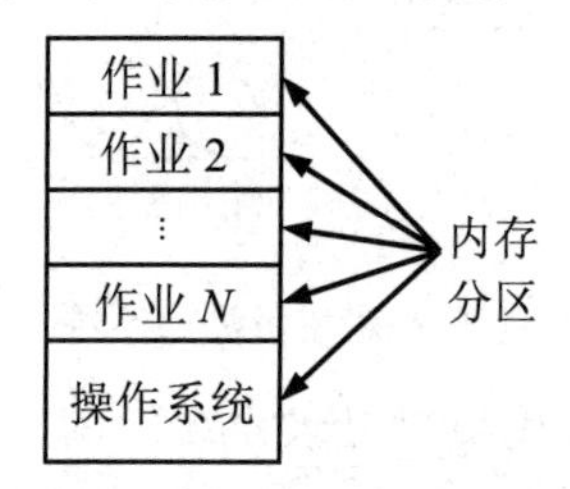

图 5.4　多道程序设计的系统

图 5.5 和图 5.6 分别给出了单道批处理系统和多道程序系统中程序运行的示例。其中，用不同的粗线表示 CPU 正在执行相应的程序，用细线表示磁盘操作，用细点画线表示磁带操作。

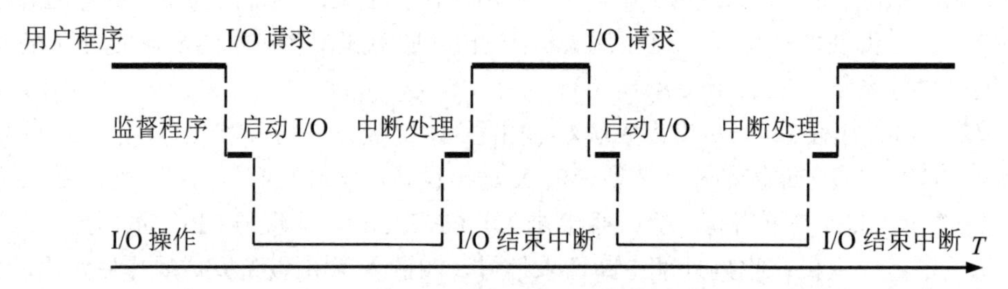

图 5.5　单道批处理系统

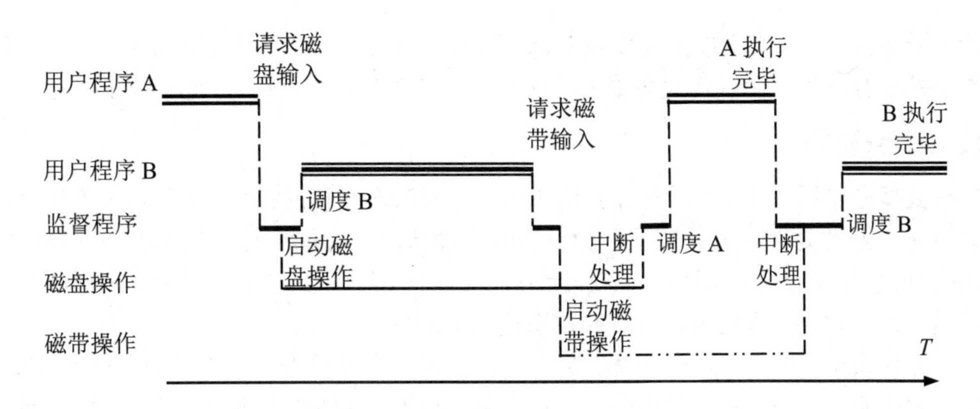

图 5.6　多道程序系统（两道程序）

多道程序系统的这种处理方式使得系统内存中可以同时存在多道程序，它们交替执行，充分提高了系统中 CPU 和输入/输出设备的资源利用率，进一步提高了系统的执行效率。

4．操作系统的进一步发展

从 20 世纪 70 年代开始，大规模和超大规模集成电路普及，计算机的硬件系统进一步迅猛发展，计算机的应用也逐渐向网络化、分布式和智能化等方向发展。针对不同的应用场景和应用需求，相继出现了分时操作系统、实时操作系统、网络操作系统、分布式操作系统等，标志着操作系统的正式形成。得益于操作系统这样的系统软件，计算机系统的资源管理水平、资源利用率和任务执行的自动化程度得到进一步提高，操作系统功能趋于完善。

21 世纪初至今，随着嵌入式、物联网、云计算、大数据和人工智能等新型应用场景的兴起，多种架构的 CPU、图形处理器、人工智能加速器、各类新型传感器、穿戴式设备等新型计算机物理部件不断升级换代，计算机操作系统随之又迎来了新一轮的蓬勃发展。

5.3　操作系统的类型

在操作系统的发展过程中，随着应用领域和应用需求的不同，人们对计算机操作系统的性能和使用方式的需求也各不相同，因此形成了以不同策略为用户提供不同服务的各类操作系统。

1．批处理操作系统

想方设法提高计算机系统的资源利用率是促使操作系统形成和发展的主要动力之一。批处理操作系统为一系列被称为“批”的用户作业提供服务。作业是由程序、数据和作业说明书组成的任务单位。多个用户作业组织在一起形成一批作业，它们被预先输入计算机系统中形成作业队列，由批处理操作系统按照作业说明书的要求来控制作业的自动调度执行。

后来，批处理操作系统进一步采用了多道程序设计技术，根据调度策略从作业队列中选择若干作业进入内存并发地运行（交替占用 CPU），这就形成了多道批处理操作系统。

多道批处理操作系统的优点是系统资源同时为多个作业服务，一方面，CPU 和输入/输出设备能够并行工作；另一方面，减少了手工操作环节，具有较高的系统资源利用率和作业吞吐量。批处理操作系统的缺点是作业的执行过程没有交互性，用户提交作业后无法直接控制该作业的运行过程；而且作业被成批处理的工作模式会导致较长的作业周转时间。

2．分时操作系统

在批处理操作系统中，用户与计算机和作业之间缺乏交互性。用户必须预先编制好控制命令来确定作业的处理任务并处理各种可能发生的情况，这就给程序的编制和开发带来困难。在作业的执行过程中，用户无法及时获知作业执行的具体进展，因而也不利于程序的调试和排错。为了解决这些问题，分时操作系统应运而生。

分时操作系统一般采用时间片轮转的方式，允许一台计算机同时为多个用户提供服务，实现交互式作业。在分时操作系统中，主机 CPU 的时间被划分成被称为时间片的时间段，轮流分配给各个用户使用。若时间片用完，则产生时钟中断，由操作系统收回相应用户的 CPU 使用权并重新进行调度分配；如果某用户当前的程序尚未执行完毕，则等待再次获得时间片。在分时操作系统中，虽然若干用户共享一台计算机，但是用户可以在各自的终端上获得足够快的响应时间，好像独占计算机系统一样。分时操作系统具有以下典型特性。

（1）同时性。若干用户可同时在自己的终端上使用计算机，实现 CPU 和其他资源的共享。在宏观上，各个用户在并行上机；在微观上，各个用户轮流使用计算机。

（2）交互性。交互式的上机方式给用户带来了方便，用户能够直接控制程序的执行，及时查看程序执行的状态或结果，从而便于程序的编写、调试和排错。

（3）独立性。通过时间片轮转的方式，用户互不干扰，彼此独立，他们感觉不到其他用户的存在，认为自己独占整个计算机系统。

（4）及时性。由于 CPU 的运行速度很快，因此，除了需要大量计算的任务，用户的交互操作都能够在足够短的时间内得到响应。

3．实时操作系统

实时操作系统是一种能够在限定的时间内对外部事件或输入数据进行快速处理并给出响应的操作系统。实时操作系统主要是为了满足一些应用领域中的实时控制和实时信息处理等需求而发展起来的。实时操作系统的典型应用领域包括过程控制系统、信息查询系统和事务处理系统。

根据计算机对限定响应时间的严格程度，实时操作系统可以分为硬实时操作系统和软实时操作系统。硬实时操作系统主要应用于工业过程控制、航空和航天中的跟踪与控制、导弹制导等领域，这些领域要求操作系统响应时间快、安全可靠，否则可能会产生难以预测的灾难性后果。在这些应用中，除了要求使用实时操作系统，还常常采用多计算机的冗余配置以进一步提高系统的可靠性。而软实时操作系统对响应时间的要求不如硬实时系统操作高，它主要应用于信息查询和事务处理系统。例如，在信息检索、订票、银行业务处理等系统中，较好的实时性能带来较好的用户使用体验，但偶尔的超时响应并不会导致严重的后果。

4．网络操作系统

计算机网络通过通信设施将物理上分散的、能独立运行的多个计算机系统互联起来，用于进行信息交换、资源共享和协同操作，为用户提供各种网络服务。

在已有的计算机操作系统的基础上，按照网络体系结构的协议标准开发各种网络功能模块，如网络通信、网络管理、资源共享和网络服务等，这就形成了各类网络操作系统。

5. 分布式操作系统

对于一般的计算机系统，所有的计算和任务执行都由一台计算机完成，又可以称其为集中式计算机系统。而分布式计算机系统是指由多台物理上分散的计算机基于网络互联形成的系统，其中的每台计算机既能独立执行任务又能协同工作。

分布式计算机系统具有一个统一的操作系统，用于实现系统的操作统一性，其可以将一个任务划分成多个可以并行执行的子任务，动态地分配给多台计算机执行，控制整个系统范围内的资源分配、信息交换和任务协同。分布式操作系统提供了一个统一的界面和标准接口，使得上述操作对于用户是透明的。

6. 通用操作系统

随着大规模集成电路工艺的飞速发展，以及计算机应用和需求的不断扩大，操作系统的功能也日趋完善。在上述基础上，出现了各类通用操作系统，它们兼有多道批处理、分时处理、实时处理和网络功能，或者其中两种以上功能的组合。

在个人微型计算机领域，通用操作系统的典型代表有微软公司的 Windows 操作系统（Windows 2000/XP、Windows 7、Windows 8、Windows 10 和 Windows 11 等）、苹果公司的 macOS 操作系统、开源的 Linux 操作系统（包括 Ubuntu、Debian 和 Fedora 等发行版本）；在智能手机、平板等智能终端应用领域，有 Android 操作系统和 iOS 操作系统；在嵌入式应用领域，有 Windows CE、VxWorks 和嵌入式 Linux 等操作系统。

随着飞腾和鲲鹏（ARM 架构）、兆芯和海光（X86 架构）、龙芯（MIPS 架构）和申威（Alpha 架构）等国产 CPU 的发展，基于 Linux 内核研发的国产操作系统也取得了重要进展，如麒麟、统信、中科红旗、中科方德等操作系统。2006 年，国防科技大学发布银河麒麟操作系统，2020 年，麒麟软件发布了银河麒麟操作系统 V10。目前，以银河麒麟操作系统 V10 为代表的国产操作系统不仅在中国载人航天工程、探月工程（嫦娥五号）、火星探测项目（天问一号）、航天远洋测量船等大国重器中获得应用，还在军工、政府、金融、电力、教育、大型企业等一系列领域获得广泛应用。这些国产操作系统在保障国家的信息安全与促进信息产业和软件产业发展等方面发挥了重要作用。

5.4 操作系统的功能

计算机系统的主要硬件资源包括 CPU、存储器、外存和输入/输出设备等，而软件和信息资源则一般以文件的形式存放在外存中。操作系统的主要功能包括以下几方面。

1. CPU管理

CPU 是计算机系统中最为核心的硬件资源，它的使用情况对整个计算机系统的性能有着关键影响。因而，有效管理 CPU，充分提高其利用率是操作系统的重要功能。在多道程序环境中，操作系统要组织多个作业同时运行，就要解决 CPU 的分配、调度和回收等问题。

为了更好地进行 CPU 管理，描述多道程序的并发执行过程，操作系统引入进程的概念，并且以进程为基本单位进行 CPU 的分配和调度。这样，对 CPU 的管理就被分成了作业管理和进程管理，而进程管理又包括进程控制、进程协调、进程通信、进程安全性等任务。

2. 存储管理

存储管理是对计算机系统中内存（主存）的管理。一个作业或程序要在 CPU 上运行，它的代码和数据需要进驻内存。操作系统本身、多道程序设计系统中并发执行的程序都要占用内存空间。存储管理的任务包括内存分配、地址转换、内存保护和内存扩充等。

内存分配根据每个程序的执行需求，为其分配一定的内存空间，并在程序运行结束时收回其所占用的内存空间。把基于逻辑地址（起始地址为 0）编址的用户程序装入内存，将逻辑地址转换成内存中对应的物理地址就是存储管理的地址转换功能。为了使并发执行的程序之间不受干涉，更不能干扰、破坏操作系统的内存空间，存储管理需要对每个程序的内存空间和系统的内存空间实施保护。当程序所需的内存空间超过计算机系统所能提供的内存空间时，如何将内存和外存（硬盘等）结合起来管理，形成一个空间比实际内存空间大得多的虚拟存储器，实现程序的顺利执行，这就是存储管理的内存扩充功能。

3. 设备管理

计算机系统中外部设备的种类繁多、控制复杂，而且相对于 CPU，其速度较慢。设备管理的主要任务包括实现各类设备的控制和信息传输，即设备驱动；管理各种外部设备，处理用户提出的输入/输出请求；通过缓冲技术提高 CPU 和设备的并行性；将一些独占的物理设备改造成可以共享的逻辑设备等。设备管理应该具备的功能包括设备驱动、设备分配、缓冲区管理、虚拟设备管理等。

4. 文件管理

文件是计算机中信息的主要存放形式，是系统中的软件资源，它们一般存放在外存中。对于这些文件，如果不能采用合理的方式进行管理，就会导致各种混乱，甚至破坏计算机系统。为此，操作系统通过配置文件管理系统实现文件管理，对用户文件和系统文件进行有效的管理，实现按名存取，以及文件的共享、保护和安全性维护；向用户和程序提供方便的操作与命令等。文件管理应该具备的功能包括文件存储空间的管理，以及文件的存取和使用方法、目录管理、共享和安全性控制等。

5. 用户接口

为了使用户能够灵活、方便地使用计算机，操作系统还为用户提供了使用其功能和服务的用户接口。用户接口包括操作接口和程序接口。操作接口包括一组操作控制命令或图形交互界面，供用户组织和控制自己作业的运行。程序接口通过系统调用等形式为用户程序提供使用操作系统功能的接口，如内存申请和释放、文件和目录操作、对各类设备进行输入/输出操作等。

5.5　操作系统的特性

作为一种复杂的系统软件，操作系统有多道批处理、分时处理和实时处理等不同的基本类型。除此之外，这些操作系统还共同具有以下 4 种基本特性。

1．并发性

并发性是指在同一时间间隔内，计算机系统中有两个或两个以上的程序执行活动。这里的并发与并行是有本质区别的。并行是指在同一时刻，计算机内有多个程序正在同时执行，这只有在多 CPU 的计算机中才能实现。在单 CPU 的计算机中，同一时刻最多只能有一个程序正在执行。并发性从宏观上描述某个时间间隔内多个程序的执行活动，它们串行地获得 CPU 使用权、交错地执行。操作系统负责多个程序对 CPU 的分时复用、实现多程序的并发执行，也负责 CPU 与设备、设备与设备等之间的并行工作。

2．共享性

共享性是指并发执行的多个程序共享计算机系统的硬件和软件资源。出于经济方面的考虑，向每个程序一次性提供其运行所需全部资源是非常浪费的。操作系统正是通过系统资源的有效共享来最大限度地提高资源利用率，从而实现程序的并发执行的。

3．虚拟性

在操作系统中，虚拟性是指把一个物理实体变为若干逻辑上独立、功能相同的对应物。例如，分时操作系统就把一个计算机系统虚拟为多个逻辑上独立、功能相同的系统，让每个用户都感觉到计算机在为自己提供服务；外部设备联机并行操作（Simultaneous Peripheral Operations On-Line，SPOOLing）系统可以将一台输入/输出设备虚拟为多台逻辑设备，或者将一台互斥的独占型设备虚拟为能同时共享的设备；而存储管理中的内存扩充技术也形成了一个比物理内存空间更大的虚拟存储空间。

4．不确定性

操作系统的不确定性又称异步性，反映了在多道程序运行环境中，由于资源共享、相互协作等原因，并发执行的多个程序的执行过程伴随着随机的不确定性。这些程序是以一种“走走停停”的异步方式运行的。系统中的每个程序何时执行、程序间的执行顺序，以及每个程序所需的执行时间都是不确定的，也是不可预知的。需要注意的是，操作系统的不确定性并不是指程序执行结果的不确定。

小　结

操作系统是计算机系统中控制与管理计算机硬件和软件资源、合理组织计算机工作流程，以方便用户充分而有效地使用这些资源的系统软件。它的基本功能是资源管理和方便用户。它管理 CPU、内存、输入/输出设备和文件，提供用户接口。

操作系统的形成和发展是与计算机硬件发展密切相关的。

最初的手工操作既费力又浪费计算机资源。随着 CPU 的运行速度越来越快，它与输入/输出设备在速度上越来越不匹配，由此推动了批处理操作系统的产生。随后出现的通道和中断技术又推动了多道程序设计技术的产生。之后相继出现了多道批处理操作系统、分时操作系统、实时操作系统、网络操作系统、分布式操作系统、通用操作系统。

操作系统提供了五大功能：CPU 管理、存储器管理、文件管理、设备管理和用户接口。操作系统这类系统软件有自己的基本特性，即并发性、共享性、虚拟性和不确定性。

习题 5

5.1 什么是操作系统的基本功能？

5.2 操作系统分为哪几类？各自的设计目标是什么？

5.3 简述操作系统的五大功能。

5.4 操作系统的基本特性是什么？并说明它们之间的关系。

5.5 什么是批处理操作系统、分时操作系统和实时操作系统？它们各自有什么特征？

5.6 多道程序设计的特点是什么？举例说明程序设计中多道程序设计的基本原理。

5.7 试从独立性、同时性、交互性和及时性 4 方面来比较批处理操作系统、分时操作系统，并说明它们各适合什么场合。

5.8 分时操作系统和实时操作系统有何不同？

第 6 章　CPU 管理

CPU 管理是操作系统的核心功能，负责管理、分配和调度处理器这一重要的硬件资源，控制程序的执行。无论是用户程序还是系统程序，它们最终都要在 CPU 上执行才能完成相应的任务。因此，CPU 管理的优劣直接影响操作系统的性能。

在多道程序的运行环境中，引入进程的概念来描述程序的执行过程。进程也是操作系统中 CPU 和其他资源分配的基本单位。并发进程在一个 CPU 上交替执行，它们会因为资源共享和任务协作而产生互斥与同步的关系。在进程管理中，需要有效解决进程的协调、进程的安全性、进程间的通信等一系列问题。为了提高系统并发性和减少开销，现代操作系统进一步引入了线程的概念。

CPU 管理可以分为进程管理和作业管理两个级别。进程管理确定哪个进程获得 CPU 使用权，又称为低级调度；而作业管理则确定哪些作业进入内存并获得 CPU 使用权，又称高级调度。

6.1　进程的概念

1. 进程的定义

程序是指为了完成特定的任务，在时间上按次序执行的计算机操作指令的集合。程序是一种静态的概念，体现了用户要求计算机完成相应任务时应该采取的动作步骤。

在早期单道程序的运行环境中，程序处于顺序执行模式，其执行过程具有顺序性、封闭性和可再现性等。此时，程序独占计算机所有的硬件和软件资源，程序所描述的动作步骤与程序的执行过程是严格一一对应的。当初始条件相同时，程序的多次重复执行始终会得到相同的结果。

为了充分利用系统的硬件和软件资源，提高系统性能，现代操作系统普遍采用多道程序设计技术。在多道程序的运行环境中，若干程序处于并发执行模式，它们的执行过程呈现间断性、相互制约性和不可再现性等。此时，多个并发执行的程序由于共享系统硬件和软件资源，因此它们的执行过程可能不是连续的，而是间断的。程序的任意两条指令之间都可能引发 CPU 使用权切换事件的发生。由于资源共享及可能的相互协作，因此这些程序的执行过程具有相互制约性，即程序的执行不再具有封闭性。在某些情况下，并发程序执行的次序不再确定，导致程序执行的结果失去可再现性。图 6.1 所示的两个循环程序 A 和 B，它们的并发执行会产生多种打印输出结果。

```
循环程序 A:  while(TRUE) {           循环程序 B:  while(TRUE) {
              N = N+1;                                 Print (N);
             }                                          = 0;
                                                       }
```

图 6.1　程序的并发执行

为了更好地描述多个程序的并发执行过程，人们引入进程这一概念。进程是程序在并发环境中的一次执行过程，是操作系统进行资源分配和调度的一个独立单位。

2. 进程的特征

进程和程序这两个概念既有区别又有联系。进程是程序的一次执行过程，是一个动态的概念；程序是一组指令的集合，是一个静态的概念。程序是一类软件资源，可以长期保存在计算机中；而进程则具有生命过程，是暂时存在的，可以动态地被创建和终止。

此外，一个进程可以执行一个或多个程序。例如，一个对 C 语言源程序进行编译的进程会依次执行预处理程序、编译程序、汇编程序和链接程序，最终生成可执行文件。反之，一个程序也可以被多次执行，形成多个独立的并发进程。例如，几个用户同时对各自的 C 语言源程序进行编译。综合而言，进程具有以下特征。

（1）动态性：进程具有一个从产生到消失的生命期。进程因被建而产生，因执行结束后被撤销而消亡。

（2）并发性：多个进程在一段时间内可以并发执行。操作系统正是通过进程的并发执行来提高系统资源利用率，从而实现系统性能的提高的。

（3）独立性：进程是操作系统中进行资源分配和 CPU 独立单位，每个进程都以各自独立的、不可预知的速度执行。

（4）制约性：并发执行的进程之间由于资源共享（间接制约）或相互协作（直接制约）而生成相互制约关系。这种制约性会造成进程执行速度的不可预测性，即异步性。为了使异步执行的并发进程依然能够产生可再现的结果，操作系统需要提供进程协调机制。

（5）结构性：进程由数据集合、程序和进程控制块（Process Control Block，PCB）等要素组成。PCB 是操作系统为进程配置的一个专门的数据结构，是系统控制与管理进程运行过程的工具。

3. 进程的组成

进程是在 CPU 上执行程序，并对相关数据集合进行操作的过程。因此，程序和数据集合是进程的必要组成部分，它们反映了进程的静态特性。进程的动态特性需要借助 PCB 来描述，其包含了进程的描述信息、控制信息和占用资源信息等。因此，进程是由程序、数据集合和 PCB 这 3 部分组成的，如图 6.2 所示。进程的状态总是不断地变化的，某一时刻进程的内容和状态集合称为进程映像。

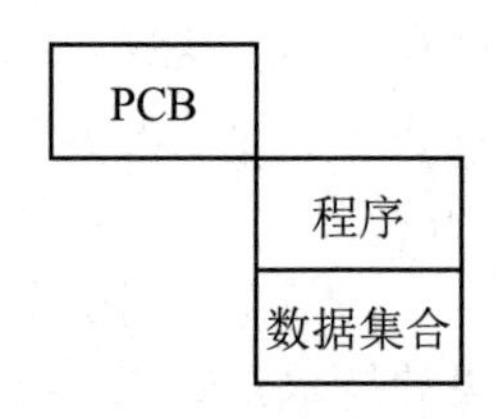

图 6.2　进程的组成

4. PCB

每个进程有且仅有一个 PCB，它是进程在系统中存在的唯一标识，也是操作系统用来查询和控制进程运行的工具。在创建一个进程时，操作系统会首先为其创建 PCB，然后根据

PCB 中的信息进行进程管理与控制；当进程执行完毕时，系统会释放其 PCB，该进程就不再存在。

在一些系统中，常常将 PCB 分为两部分：一部分是进程基本控制块，这部分常驻在内存中，包含了操作系统（无论进程是否正在执行）需要访问的进程控制信息；另一部分是进程扩充控制块，当进程不处于运行态时，操作系统不会访问该部分内容，其可以与进程的其他映像对换到外存对换区。

6.2 进程的状态和转换

进程具有生命周期。在进程的生命周期中，进程具有不同的状态，同时存在着这些不同状态之间的转换。

1. 进程的基本状态

在操作系统中，进程按照执行过程中的不同情况，至少具有 3 种基本状态，即运行态、就绪态和阻塞态。

（1）运行态。

运行态是指进程占有 CPU 使用权，正在执行时的状态。在单 CPU 系统中，任何时刻最多只有一个进程处于运行态。在多 CPU 系统中，处于运行态的进程个数不能多于 CPU 的个数。在本书中，除非特别指明，一般讨论的都是单 CPU 系统的情况。

（2）就绪态。

就绪态是指进程已经具备运行条件，等待系统分配 CPU 时的状态。处于就绪态的进程一旦获得 CPU 使用权，就能立即进入运行态。在一个系统中，可以有多个进程同时处于就绪态，它们会被排入就绪队列。

（3）阻塞态。

阻塞态是指进程因等待某个事件发生而暂时不能运行的状态。引起进程进入阻塞态的事件很多，可以是等待某个输入/输出操作的完成、等待某资源空闲，或者等待其他进程发来的信号。处于阻塞态的进程即使获得 CPU 也无法执行。在同一时刻，处于阻塞态的进程也可以有多个。操作系统通常根据不同的阻塞原因将阻塞进程排入不同的阻塞队列。

2. 进程的三态模型和状态转换

进程通常在创建之后处于就绪态，而在其生命周期中，其状态将会不断地发生转换。一个进程可以多次处于就绪态、运行态和阻塞态这 3 种基本状态，这些状态之间的转换体现了进程的动态特性，也体现了操作系统对于 CPU 资源的管理和调度分配。图 6.3 所示为进程的三态模型及其状态转换图。

（1）就绪—运行：处于就绪态的进程被调度程序选中，获得 CPU 使用权后，该进程的状态由就绪态变为运行态。

（2）运行—阻塞：正在运行的进程因等待某些事件发生或某些资源空闲等而放弃对 CPU 的占用，其状态由运行态变为阻塞态。

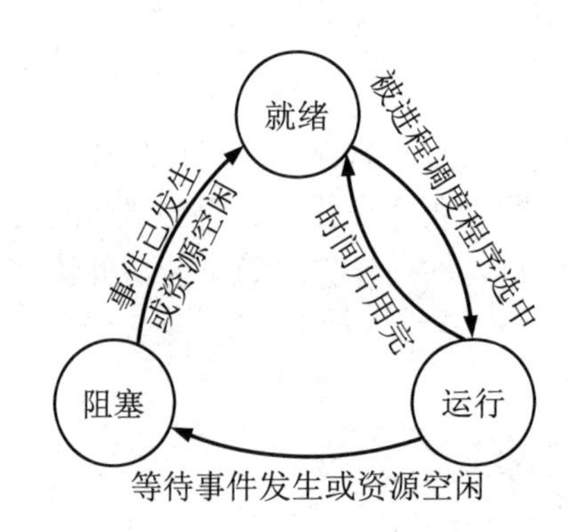

图 6.3　进程的三态模型及其状态转换图

（3）阻塞—就绪：处于阻塞态的进程等待的事件已经发生或资源空闲，其状态由阻塞态变为就绪态。该进程将离开阻塞队列进入就绪队列，与就绪队列中的其他就绪进程竞争 CPU 使用权。

（4）运行—就绪：正在运行的进程因用完分配给它的时间片（或出现具有更高优先级的进程）而放弃 CPU 使用权，其状态由运行态变为就绪态。

3．进程的五态模型和状态转换

在不少操作系统中，除了上述 3 种基本进程状态，还增加了 2 种进程状态：创建态和终止态。

（1）创建态：对应于进程被创建时的状态。此时，进程尚未进入就绪队列。创建进程需要多个步骤：首先，申请一个空白 PCB，建立必要的管理信息；然后为新进程分配其所需资源；最后设置进程为就绪态，并将其排入就绪队列。如果进程所需资源（如内存）尚未得到满足，那么此时进程创建工作尚未完成，进程更不能被调度运行，处于创建态。

（2）终止态：进程运行结束或因出现异常而被系统终止时所处的状态。进程的终止也需要多个步骤：首先，操作系统将释放除 PCB 以外的其他资源；然后将 PCB 撤销返还给系统。进入终止态的进程以后不能再被执行。

图 6.4 所示为进程的五态模型及其状态转换图。当系统有足够的资源能够接纳新的进程时，处于创建态的进程将转换为就绪态。

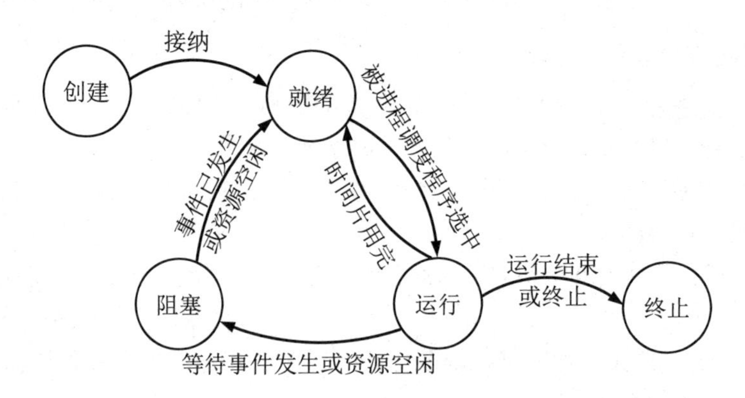

图 6.4　进程的五态模型及其状态转换图

4．具有挂起状态的进程状态转换

对于前面所描述的进程状态转换，假设进程都在系统的内存中。然而，随着系统中不断地创建进程，系统资源，特别是内存可能不再能满足进程运行的要求，导致系统性能降低。

此时，为了更好地管理和调度系统资源，必须把一些进程挂起，置于外存对换区中，释放这些进程占用的资源，达到平滑系统负载的目的。也有可能是系统需要排除某种故障或用户为了调试程序而暂时挂起某些进程，以便系统正常后或调试完成后解除挂起并恢复这些进程的运行。

在这类操作系统中，就引入了挂起功能，增加了 2 个新的进程状态：挂起就绪态和挂起阻塞态。为了便于区分，原先的就绪态和阻塞态分别被称为活动就绪态和活动阻塞态。图 6.5 所示为具有挂起状态的进程状态转换图。

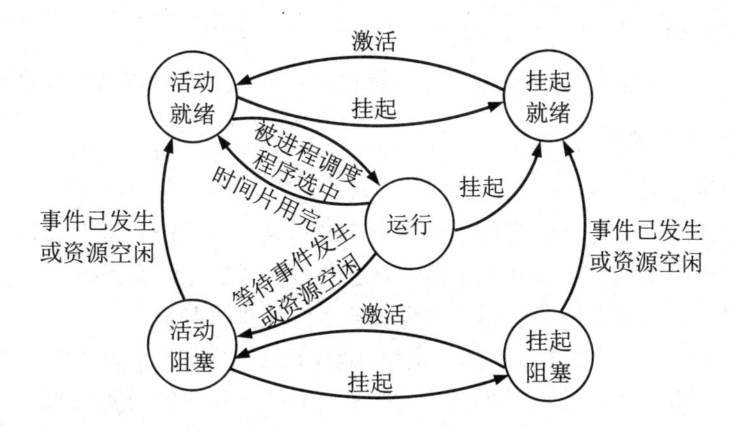

图 6.5　具有挂起状态的进程状态转换图

6.3　进程的控制

系统中的并发进程有着各自的生命周期，操作系统通过进程调度程序对进程的动态变化进行有效的控制与管理，实现系统资源共享、进程的协调。常用的控制功能包括创建进程、阻塞进程、唤醒进程、挂起进程、激活进程和撤销进程等。这些控制功能一般都是通过系统的原语操作来实现的。原语是完成系统特定功能的不可分割的程序段，其特点是程序段的执行过程不允许被中断，即原语操作不能并发执行。操作系统对于进程的控制如果不使用原语操作，则有可能造成进程状态的不确定性，无法达到控制进程的目的。

1．创建进程

进程一般是在系统运行过程中动态产生的。进程的创建可以由用户提交批处理作业、用户提交交互式作业、已有进程创建等事件引发。例如，当用户作业被选中进入内存时，系统会创建用户进程来执行这个作业。当用户进程请求某种系统服务时，也需要创建一个或多个子进程或系统进程。创建进程的主要工作包括以下几项。

（1）在系统中申请新的 PCB，为新进程分配唯一的进程标识符。

（2）为进程申请内存空间，装载进程的程序和数据集合，并将存储信息保存在对应的 PCB 中。

（3）为进程分配除内存外的其他各类资源。

（4）初始化 PCB，如进程标识符、进程优先级、进程正文段起始地址等。

（5）将新进程设为就绪态，将其加入就绪队列。

2．撤销进程

进程撤销又称进程终止。当进程完成其任务而正常结束或出现严重错误（非正常结束）时，系统将撤销该进程，回收其占用的内存和 PCB 等资源。撤销进程的主要工作如下。

（1）定位 PCB，若该进程处于运行态，则终止其运行。

（2）回收进程所拥有的全部资源。

（3）若该进程拥有子进程，则递归地撤销其所有子进程。

（4）删除 PCB。若撤销的是正在运行的进程，则请求进程调度程序重新分配 CPU。

3．阻塞进程和唤醒进程

正在运行的进程因等待某些事件的发生（如等待输入/输出操作结束、资源空闲或其他进程的信号）而无法继续运行时，将自行调用阻塞原语进入阻塞态，放弃 CPU 使用权。当处于阻塞队列中的进程所等待的事件发生时，该进程将被唤醒，进入就绪态。处于阻塞态的进程无法唤醒自己，必须由事件发生相关的进程或系统进程来唤醒。

进程阻塞原语主要完成的工作包括：定位当前运行的进程的 PCB，停止进程执行；保存当前进程的 CPU 现场信息；将其状态转换为阻塞态并移入相应的阻塞队列；转入进程调度程序，请求重新调度。

进程唤醒原语和进程阻塞原语的作用刚好相反，其主要完成的工作包括：定位进程的 PCB，将其从相应的阻塞队列中移除；将其状态转换为就绪态并移入就绪队列；若被唤醒的进程比当前运行进程具有更高的优先级，则设置重新调度标志。

4．挂起进程和激活进程

当需要平衡系统负载或用户有需要时，系统可以通过挂起原语将指定的进程挂起。挂起原语的主要工作包括：定位待挂起进程的 PCB，检查并转换其状态为挂起就绪态或挂起阻塞态，进行相应的队列操作；将被挂起进程的 PCB 的非常驻内存部分暂存至外存对换区；如果进程从运行态转换为挂起阻塞态，则请求重新调度。

当系统内存等资源充裕或用户有需要时，系统或相关进程可以调用激活原语激活原先被挂起的进程。激活原语的主要工作包括：将被挂起进程的 PCB 的非常驻内存部分重新调入内存；转换进程的状态，即将其从挂起就绪态转换活动就绪态，或者从挂起阻塞态转换为活动阻塞态；进行相应的队列操作。

需要注意的是，挂起原语可以由进程自己或其他进程调用，但是激活原语只能由其他进程调用。

6.4 进程的协调

在多道程序设计系统中，多个进程并发执行，用以改善系统资源利用率，提高系统执行任务的吞吐量。但是，这些并发执行的进程由于资源共享和进程协作（两个或多个进程共同完成某个任务），会产生两种相互制约关系。

（1）互斥关系，也称间接制约关系。它指两个或两个以上的进程因为相互竞争使用独占型资源而产生的制约关系。本来没有关系的多个进程因为共享资源产生了间接制约关系，其表现形式为“进程—资源—进程”。

（2）同步关系，也称直接制约关系。它指两个或两个以上的进程为了完成共同的任务而需要排定某些动作在执行时序上的先后，从而相互等待和传递消息所表现出来的制约关系。这些协作进程之间的直接制约关系的表现形式为“进程—进程”。

进程互斥和进程同步是并发进程活动中经常发生的问题，也是操作系统对进程实施协调控制的基本内容。

6.4.1 进程互斥

1. 进程互斥和临界区

在多道程序设计系统中，并发执行的进程共享系统硬件和软件资源。有些硬件资源（内存、显示器等）和软件资源（变量的读权限）允许多个进程并发地访问，而有些资源（如打印机、变量的写操作）的使用具有严格的排他性，即一段时间内只允许一个进程使用。只有当前占用独占型资源的进程使用完毕，释放该资源的使用权后，另一个进程才能使用。否则，若多个进程交叉使用该独占型资源，则会产生错误或得到毫无意义的结果。例如，两个进程共享一台打印机，如果不加使用限制，那么打印输出的结果可能是交织在一起的。

一段时间内仅允许一个进程使用的资源称为临界资源。相应地，进程中访问临界资源的程序段称为临界区。

例如，有两个进程 A 和 B，它们共享一个变量 X 且按以下方式进行操作（假定 R1 和 R2 为两个变量）：

```
A:  R1=X;              |     B:  R2=X;
    R1=R1+1;           |         R2=R2+1;
    X=R1;              |         X=R2;
```

如果进程 A 和 B 依次整体顺序执行，它们各自对变量 X 做加 1 操作，那么最终使得 X 增加了 2。但由于进程 A 和 B 可以并发地执行，它们的每个操作语句都可以发生相互交叉。因此，如果按照以下顺序执行，那么虽然两个进程也各自对 X 做了加 1 操作，但最终 X 只增加了 1，与期望的结果不相符：

```
A:  R1=X;
B:  R2=X;
A:  R1=R1+1; X=R1;
B:  R2=R2+1; X=R2;
```

在上述例子中，变量 X 是临界资源，进程 A 和 B 各自访问变量 X 的程序段就是临界区。为了获得正确的结果，这两个进程必须互斥地进入各自的临界区。

2. 进程互斥的概念和要求

在操作系统中，当一个进程进入临界区使用临界资源时，其他需要使用该临界资源（进入临界区）的进程必须等待；只有在占用临界资源的进程退出其临界区后，才允许其他进程使用该临界资源。这种并发进程由于互斥共享独占型资源而产生的相互制约关系称为进程互斥。

为了确保临界资源的合理安全使用，必须禁止两个或两个以上的进程同时进入临界区。不管采用什么方法来协调互斥的进程，都应遵循下述准则（以下描述中的临界区对应同一个临界资源）。

（1）空闲让进。若当前没有进程处于临界区内，则可允许任意一个申请进入临界区的进程立即进入自己的临界区。

（2）忙则等待。任何时候，处于临界区内的进程不能多于一个。若当前已有一个进程进入自己的临界区，则其他所有试图进入临界区的进程必须等待。

（3）有限等待。进程进入临界区的要求必须在有限时间内得到满足。

（4）让权等待。等待进入临界区的进程若占有 CPU，则应当立即释放，避免出现“忙等待”现象。所谓忙等待，就是指连续测试一个变量，直到某个设定值出现。

3. 进程互斥的实现方法

对于进程互斥的协调控制，可以使用软件方法，也可以使用硬件方法。这些方法的主要思想是借助标志变量来表示进程是否可以进入临界区。

1）软件方法

例如，有两个进程 P0 和 P1，它们互斥地共享某个临界资源。P0 和 P1 是循环进程，它们执行一个无限循环的程序段，每次在临界区内停留一段有限的时间。

算法 1：设置一个公用的整型变量 turn，用来指示允许进入临界区的进程标识。若 turn 为 0，则允许进程 P0 进入临界区，否则 P0 等待；P0 退出临界区后，修改 turn 为 1。进程 P1 的算法与此类似。两个进程的实现过程如下：

```
int turn = 0;
P0: while(TRUE){
    …
    while(turn!=0);
    CS0; //进程 P0 的临界区
    turn=1;
    …
    }
```

```
P1: while(TRUE){
    …
    while(turn!=1);
    CS1; //进程 P1 的临界区
    turn=0;
    …
    }
```

此方法可以保证两个进程互斥地访问临界资源，但存在的问题是强制两个进程必须以交替地方式使用临界资源，降低了临界资源利用率。例如，当进程 P0 退出临界区后，将 turn 置为 1（表示当前允许进程 P1 进入临界区），随后如果进程 P1 暂时没有使用需求，而 P0 需要再次使用临界资源，那么 P0 将无法进入临界区。因此，该方法不能保证满足空闲让进准则。

算法 2：同样设置一个整型变量 turn，用于指示允许进入临界区的进程标识；此外，还设置标志数组 flag[2]，表示进程是否希望进入临界区或是否正在临界区中被执行。改进后的 P0 和 P1 进程的实现过程如下：

```
int turn = 0;
bool flag[2] = {false, fasle};
P0: while(TRUE){
    …
    flag[0]=true;
    turn=1;
    while(flag[1]&&turn==1);
    CS0; //进程P0的临界区
    flag[0]=false;
    …
    }
```

```
P1: while(TRUE){
    …
    flag[1]=true;
    turn=0;
    while(flag[0]&&turn==0);
    CS1; //进程P1的临界区
    flag[1]=false;
    …
    }
```

改进后的方法有效地实现了进程互斥地使用临界资源，也满足了空闲让进准则。在使用软件方法实现进程互斥时，最重要的问题就是标识变量值的检查和修改不能作为一个整体来执行。这个问题可以用硬件方法来解决。

2）*硬件方法*

进程互斥也可以用硬件方法实现，其主要思想是通过关闭中断的方法来保证标识变量值的检查和修改作为一个整体来执行；或者用一条硬件指令完成标识变量值的检查和修改两项操作，保证它们不被打断。

（1）中断屏蔽方法。

实现进程互斥最简单的硬件方法是在一个进程进入临界区时关闭中断（又称为屏蔽中断），在进程退出临界区时重新打开中断。由于CPU在进程间的切换需要由中断引发，因此，关闭中断后就确保了当前进程在临界区的执行不会被打断，即避免了其他进程进入临界区。

采用打开/关闭中断来实现进程互斥的方法简单有效，但也存在着不足，不适合作为通用的互斥控制方法。打开/关闭中断的做法会限制CPU交替执行程序的能力，从而影响系统性能和效率。此外，对于多CPU系统，一个CPU关闭中断，并不能防止其他CPU上的进程进入临界区。

（2）硬件指令方法。

许多计算机都提供了专门的硬件指令，用于对变量内容进行检查和修改，或者交换两个变量的值。由于硬件指令的执行不可被中断，因此使用它来管理进程访问临界资源的标识可以解决临界区互斥的问题。在硬件指令方法中，一般为每个临界资源设置布尔型锁变量lock作为标识，当其值为false时，表示当前无进程在临界区。

第一种方法是使用TS（Test-and-Set）指令，TS(&lock)的功能是读出变量lock的值，并把lock设置为true。利用TS指令实现进程互斥的算法可描述为：

```
bool lock=false;
进程Pi{
    …
    while TS(&lock);
    CSi; //进程Pi的临界区
    lock=false;
    …}
```

第二种方法是使用Swap指令，其功能是交换两个变量的值。利用Swap指令实现进程互斥的算法可描述为：

```
bool lock=false;
进程Pi{
```

```
bool Keyi=true;
…
while (Keyi)
Swap(&lock, &Keyi); //上锁
CSi; //进程 Pi 的临界区
Swap(&lock, &Keyi); //开锁
…}
```

与软件方法相比，实现进程互斥的硬件方法具有适用范围广（支持有多个 CPU 情况）、算法简单和支持多个临界区等优点。但是上述软件方法和硬件方法都有一些无法克服的共性问题：进程在等待进入临界区时要耗费 CPU 时间，不能实现让权等待；进入临界区的进程是从等待进程中随机选择的，有的进程可能一直在等待，从而导致“饥饿”现象的出现。这些问题可以通过本章后续介绍的信号量和 P、V 操作机制得到有效解决。

6.4.2 进程同步

进程互斥主要用于解决并发进程对临界资源的互斥共享问题，而进程同步是操作系统需要解决的另一类进程的协调问题，它体现为并发进程之间的直接相互协作。在并发环境中，可以由一组并发进程协作完成一个任务。一方面，这些进程中的每个进程都以独立的、不可预知的速度向前推进；另一方面，它们又需要密切合作，在一些动作执行的关键点上可能需要互相等待和互通消息。这种并发进程为了协作完成任务，需要排定某些动作在执行时序上的先后，从而互相等待和互通消息，由此表现出来的制约关系称为进程同步。同步是进程之间发生的直接相互作用关系。

例如，系统中有两个协作的进程 A 和 B，它们公用一个单缓冲区，并循环执行。进程 A 为计算进程，其每次执行一个计算，并将计算结果放入缓冲区；进程 B 为打印进程，它每次执行负责从缓冲区中取出计算结果并打印。

进程 A 和 B 并发执行的过程如下：

```
PA: while(TRUE){                 | PB: while(TRUE){
    …                            |     …
    进行计算;                    |     从缓冲区中取出计算结果;
    将计算结果放入缓冲区;        |     打印计算结果;
    …                            |     …
    }                            |     }
```

进程 A 和 B 之间的同步关系体现在以下两方面。

（1）当进程 A 没有将计算结果放入缓冲区时，进程 B 不能执行打印操作，进程 B 必须等待进程 A 的执行；当进程 A 把计算结果放入缓冲区后，它应该给进程 B 发送信号，通知进程 B 可以继续执行。

（2）若进程 B 未取出缓冲区中的计算结果，则进程 A 不能把下一次的计算结果放入缓冲区，即此时进程 A 需要等待进程 B 的执行；当进程 B 从缓冲区中取出计算结果后，它也应该给进程 A 发送信号，通知进程 A 可以继续执行。

如何实现进程 A 和 B 之间的互相等待和互通消息是进程同步需要解决的问题。

进程的同步与互斥是两个既有区别又有联系的概念。从本质上看，并发进程不管是因为共享独占型资源，还是因为协作，它们都必须按一定的相互约束的时序来执行。因此，从广

义上来说，进程互斥也是一种特殊的由资源共享引起的进程同步。

6.4.3　信号量和 P、V 操作

前面介绍的在解决进程互斥的方法中，软件方法过于复杂，硬件方法相对简单、有效。但是它们都无法克服“忙等待”和可能出现的“饥饿”现象；而且将进程的协调问题交由用户来处理，会增加用户的编程负担，甚至会影响系统的可靠性。对比而言，解决进程同步问题最有力的工具是信号量和 P、V 操作。

1．信号量和P、V操作的定义

1965 年，荷兰计算机科学家 E. W. Dijkstra 提出了解决进程的同步和互斥的方法：信号量和 P、V 操作。该方法借鉴了交通管制中使用信号灯状态（或颜色）变化来实现交通管理的思想，在操作系统中，让两个或两个以上的进程基于特殊的变量展开交互。一个进程在某一关键时刻点能被迫停止执行，直到它收到特定的变量值才能继续执行；而且，更复杂的进程协作要求都能通过此方法实现。这个特殊的变量就是信号量（Semaphore），而进程之间通过对信号量进行 P、V 两项特殊操作来相互发送和接收信号。

（1）信号量。

在操作系统中，信号量表示某类物理资源的实体。在具体实现时，信号量可以用带有两个成员变量的结构体数据结构来表示：一个成员是整型变量，表示信号量的值，对应物理资源的数目；另一个成员是指向等待该信号量的进程阻塞队列。当信号量的值大于 0 时，该值是当前系统中可供进程使用的空闲资源的数量；当信号量的值小于 0 时，其绝对值是当前因等待该资源空闲而处于阻塞态的进程数量，即在该信号量队列中的进程数量。

图 6.6 所示为信号量的一般结构示意图。

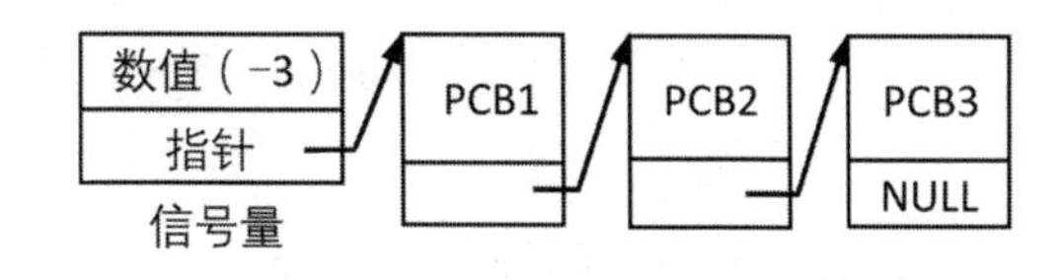

图 6.6　信号量的一般结构示意图

除了赋初值，信号量的值只能由 P、V 操作改变。P、V 操作具有不可分割的原子性，用于确保信号量的完整性和有效的进程协调。P 操作（对应于荷兰语 Proberen）的含义是尝试，而 V 操作（对应于荷兰语 Verhogen）的含义是增加。P 操作表示在进程的执行过程中，进程尝试向系统申请资源；而 V 操作则表示进程使用完资源后，将其还给操作系统，从而增加空闲资源的数量。

（2）P 操作。

假设系统中的某类物理资源用信号量 S 表示，那么 P 原语操作的定义如下。

P(S)操作顺序执行以下两个动作。

①将信号量 S 的值减 1，即 $S=S-1$。

②若 $S\geqslant 0$，则该进程继续执行；若 $S<0$，则该进程被阻塞，并排入信号量 S 对应的阻塞队列中。

对一个信号量执行一次 P 操作，意味着请求分配一个单位资源，因此先使 S 的值减 1，然后检查（减 1 操作后）S 的值以判断该尝试分配是否成功：当 $S\geqslant 0$ 时，表示分配成功，进程继续执行；当 $S<0$ 时，表示执行 P 操作之前已无可用资源，即分配不成功，该进程进入阻

塞态，排入信号量 S 对应的阻塞队列。

若分配不成功，则执行 P 操作的进程被阻塞后会立即放弃 CPU 使用权，并持续等待获得该资源，直至其他进程在信号量 S 上执行 V 操作后释放一个单位资源，而且系统（随机或根据进入信号量阻塞队列的次序）选中将此单位资源分配给它，同时唤醒它，使其进入就绪态，等待获得 CPU 使用权后继续执行。因此，进程通过 P 操作申请获得一个单位资源，该资源分配申请或者立即成功，或者需要经历“进程阻塞—其他进程释放资源—资源被分配给该进程”这一过程后才成功。

（3）V 操作。

相应地，V(S)操作顺序执行以下两个动作。

①将信号量 S 值加 1，即 $S=S+1$。

②若 $S>0$，则该进程继续执行；若 $S\leqslant0$，则释放信号量 S 对应的阻塞队列中的一个进程（将其由阻塞态转换为就绪态），执行 V 操作的进程继续执行。

进程使用完资源后，通过 V 操作释放该资源，因此首先执行 $S=S+1$ 值加 1 操作；然后检查（加 1 操作后）S 的值以判断当前是否有进程因等待该资源空闲而处于阻塞态：当 $S>0$ 时，表示没有其他阻塞进程，该进程继续执行；当 $S\leqslant0$ 时，表示存在一个或多个进程在该信号量对应的阻塞队列中，由系统选择其中一个阻塞进程，为其分配所释放的资源，将其唤醒为就绪态，而执行 V 操作的进程继续执行。

（4）P、V 操作的流程图和算法。

P、V 操作的流程图分别如图 6.7 和图 6.8 所示，它们对应的算法描述如下：

```
P 操作算法描述:
void P(Semaphore S)
{
    S=S-1;
    if (S<0)    then W(S);
}
```

```
V 操作算法描述:
void V(Semaphore S)
{
    S=S+1;
    if (S<=0)   then R(S);
}
```

上述算法描述中的 Semaphore 为信号量类型；W(S)表示执行 P 操作的进程进入阻塞态，并加入信号量 S 的阻塞队列；R(S)表示释放信号量 S 对应的阻塞队列中的一个进程，将其由阻塞态唤醒为就绪态。

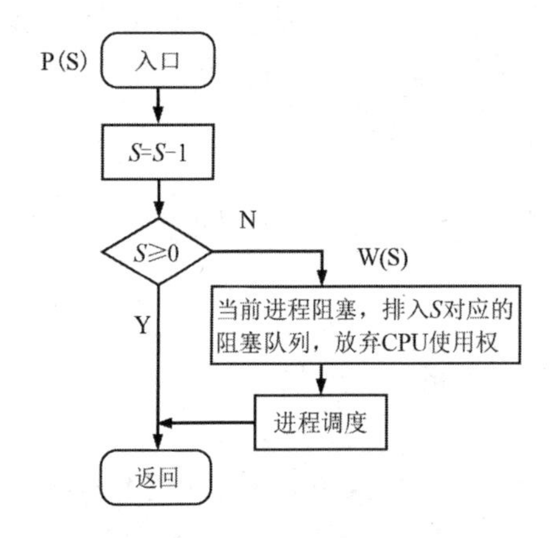

图 6.7　P 操作的流程图

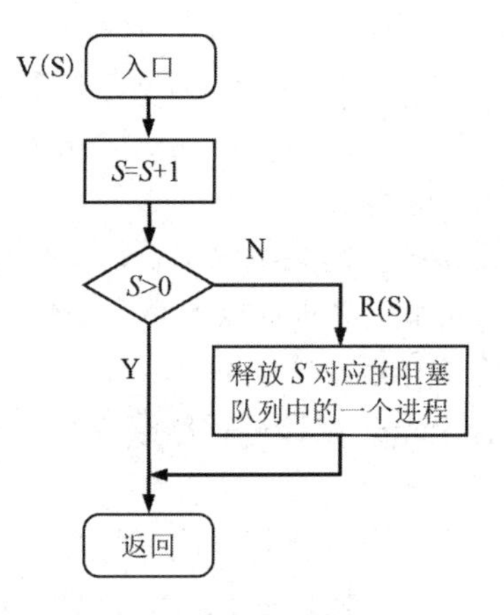

图 6.8　V 操作的流程图

需要注意的是，由于信号量是系统中若干进程共享的特殊变量，是临界资源，因此 P、V 操作本质上就是临界区。而 P、V 操作的原子性要求它们的执行作为一个整体来实施，不允许被分割或打断，以确保对信号量这一临界资源的互斥共享。在具体实现 P、V 操作时，可以通过系统底层的硬件指令等工具来实现。

2．P、V操作实现进程互斥

对于进程互斥问题，前面介绍的软件方法和硬件方法通过反复测试进程标识来判断进程是否能进入临界区；而基于信号量和 P、V 操作的方法则简便很多，只对信号量进行一次测试就能实现进程互斥。

例如，有 A 和 B 两个进程，它们竞争使用某临界资源。设 mutex 为公共信号量，它为互斥信号量。将 mutex 的初值设为 1，表示在初始状态下，临界资源未被占用。利用 P、V 操作实现 A 和 B 进程互斥的方法如下：

进程 A：	进程 B：
…	…
P（mutex）；	P（mutex）；
A 的临界区；	B 的临界区；
V（mutex）；	V（mutex）；
…	…

由于 mutex 的初值为 1，因此，若任意一个进程先执行 P 操作，则它将能申请到该资源，从而进入对应的临界区，mutex 的值减 1 后变为 0。若 mutex 的值为 0，则系统中的另一个进程再次执行 P 操作申请该临界资源时，有 mutex 的值减 1 后为-1，因为 mutex<0，所以进程被阻塞，并进入该临界资源的等待队列；直到正在临界区的进程退出临界区并执行 V 操作后释放临界资源，有 mutex 的值加 1 后为 0，因为 mutex≤0，所以唤醒等待队列中的这个阻塞进程；当被唤醒的进程退出临界区后，同样执行 V 操作，mutex 的值加 1 后变为 1，表明临界资源回到空闲状态。

通过信号量和 P、V 操作，可以确保每次只允许一个进程进入临界区，有效地保证了对临界资源的互斥操作。上述例子可以推广到两个或两个以上进程互斥地访问临界资源的情况。用 P、V 操作实现进程互斥时应注意以下两点。

（1）互斥信号量 mutex 的初值一般为 1。

（2）在每个进程中，用于实现进程互斥的 P、V 操作必须成对出现，即进入临界区前执行 P 操作、退出临界区后执行 V 操作。

3．P、V操作实现进程同步

在前面的例子中，两个协作的循环进程 A 和 B 公用一个单缓冲区。进程 A 可以看作计算结果的“供者”，而进程 B 则可以看作计算结果的“用者”，如图 6.9 所示。

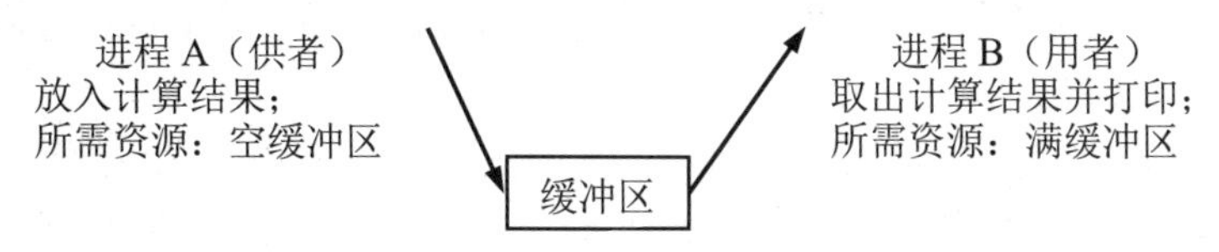

图 6.9　进程同步的结构示意图

在此例中，供者和用者间要交换两个消息：缓冲区为空和缓冲区为满（已有计算结果）。只有当缓冲区为空时，供者进程才能把计算结果放入缓冲区；当缓冲区为满时，表示其中有计算结果，只有在此时，用者进程才能从中取出计算结果并打印。初始化时，用者进程不能超前供者进程执行，即缓冲区中未放入计算结果时不能执行取出操作；任何时刻，如供者进程已把缓冲区写满，但用者进程尚未取出计算结果，供者不能继续向其中放入计算结果，避免信息覆盖。

可以看出，供者和用者基于各自所需的资源（空缓冲区、满缓冲区）展开了同步交互。为此，可以设置以下两个信号量。

S_1——表示空缓冲区的个数（0 表示没有，1 表示有）。

S_2——表示满缓冲区的个数（0 表示没有，1 表示有），即计算结果的个数。

通常可以设 $S1$ 和 $S2$ 的初值分别为 1 与 0，则供者进程和用者进程的同步关系用下述方式实现：

```
供者进程（A）:
L1: P(S1);
    进行计算;
    将计算结果写入缓冲区;
    V(S2);
    goto L1
```

```
用者进程（B）:
L2: P(S2);
    从缓冲区中取出计算结果;
    打印计算结果;
    V(S1);
    goto L2
```

对上述例子的同步过程可以分析如下。

（1）设从初始状态开始，供者进程先得到 CPU 使用权，它执行 P(S1)操作，申请空缓冲区。此时，S_1 的值变为 0，供者进程继续执行，即进行计算，并将计算结果写入缓冲区（在初始状态下，缓冲区为空）；供者进程填满缓冲区之后，执行 V(S2)操作，表示缓冲区中有可供用者进程读取的计算结果，S_2 的值变为 1；供者进程执行 goto L1 语句，开始下一轮的 P(S1)操作，由于 S_1 的值变为-1，表示无空缓冲区，因此供者进程阻塞，在信号量 S_1 的阻塞队列中等待，并且放弃 CPU 使用权。此时，S_1 的值为-1，S_2 的值为 1。

（2）此后某个时刻，用者进程获得 CPU 使用权，执行 P(S2)操作，S_2 的值变为 0，用者进程继续执行，即从缓冲区中取出计算结果并打印；释放一个空缓冲区，执行 V(S1)操作，由于 S_1 的值变为 0，表示有一个进程（供者进程）正在等待空缓冲区资源而处于阻塞态，因此把该进程从 S_1 的阻塞队列中取出，置为就绪态；用者进程执行 goto L2 语句，又返回到 L2，开始下一轮的 P(S2)操作，但这时 S_2 的值变为-1，故用者进程在 S_2 的阻塞队列中等待，并释放 CPU 使用权。此时，S_1 的值为 1，S_2 的值为-1。

（3）如果调度到供者进程再次使用 CPU，那么它就执行 P(S1)之后的代码，即进行计算，并将计算结果放入缓冲区；执行 V(S2)操作，S2 的值变为 0，唤醒用者进程，使其变为就绪态。此时，S_1 的值为 0，S_2 的值为 0。若此时供者进程的 CPU 时间片用完，用者进程又被进程调度程序选中，则它会继续执行 P(S2)之后的代码，通过 V(S1)操作回到类似初始状态，即 S_1 的值为 1，S_2 的值为 0。

如果用者进程先得到 CPU 使用权，那么会怎样呢？当它执行 P(S2)操作时就会阻塞（因为 S_2 的值变为-1），一直等待供者进程被调度，在缓冲区中放入一个计算结果，通过 V(S2)操作唤醒它。

通过信号量和 P、V 操作，不管供者进程和用者进程按照什么样的速度执行推进，都能有条不紊地保证这两个进程同步。信号量和 P、V 操作也可以推广到两个以上进程之间的同步。用信号量和 P、V 操作实现进程同步时应注意以下几点。

（1）分析进程间的制约关系，确定用于表示资源的同步信号量种类。根据进程间的同步关系，确定进程彼此间通过什么信号量进行协调。

（2）同步信号量的初值与相应资源的数量有关，也决定了 P、V 操作在程序代码中出现的位置。

（3）同一个同步信号量的 P、V 操作要成对出现，但它们应当分别位于不同的进程代码中。

4．生产者—消费者问题

生产者—消费者问题是一个具有代表性的进程的同步和互斥问题。在计算机系统中，通常每个进程的执行都需要使用某些硬件资源或软件资源（如缓冲区中的数据、通信中的消息等），也可以产生某些资源（通常是软件资源）。

在前面的例子中，供者进程将计算结果放入缓冲区，而用者进程从缓冲区中取出计算结果并打印。因此，供者进程就相当于生产者，而用者进程就相当于消费者。因此，针对某类资源抽象地来看，一个进程如果产生资源并释放它，则该进程被称为生产者；而一个进程如果使用或消耗资源，则该进程被称为消费者。

因此，生产者—消费者问题可以看作同步问题的一种抽象。该问题表述为一组生产者进程和一组消费者进程通过缓冲区相互关联。生产者进程将生产的产品（如数据、消息等）放入缓冲区，消费者进程从缓冲区中取出产品。

假定缓冲区共有 N 个存储单元，不妨将其设为如图 6.10 所示的环形缓冲区。其中，阴影部分表示该存储单元中放有产品，否则为空白；in 表示生产者下次放入产品的存储单元，out 表示消费者下次取出产品的存储单元。为了使这两类进程能协调工作，它们应满足以下同步条件。

（1）生产者放入产品的总量不能超过缓冲区的总容量（N）。

（2）消费者取出产品的总量不能超过生产者所生产的产品的总量。

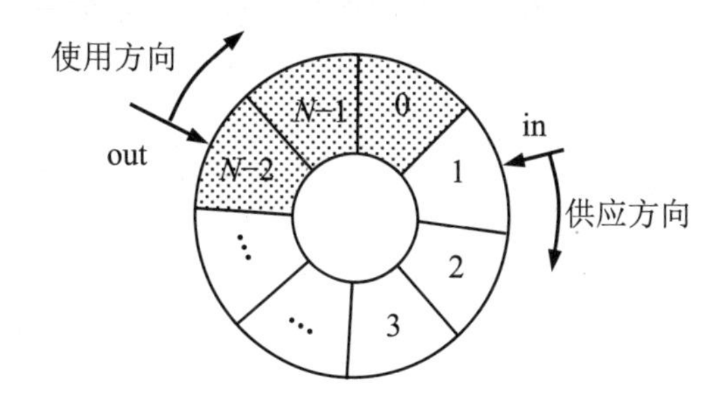

图 6.10　环形缓冲区

设缓冲区中存储单元的编号为 0～N-1，in 和 out 分别是生产者进程和消费者进程使用缓冲区的指针，指向缓冲区中的存储单元，且它们的初值都是 0。

为了实现生产者和消费者两类进程的同步操作，需要设置 3 个信号量。

（1）products：表示放有产品的缓冲区存储单元的个数，其初值为 0。

（2）buffers：表示空闲的缓冲区存储单元的个数，其初值为 N。

（3）mutex：互斥信号量，初值为1，用于缓冲区这一临界资源的互斥访问，即保证任何时候都只有一个进程使用缓冲区。

生产者—消费者问题的实现方法如下：

```
生产者进程：
while(TRUE){
     生产一个产品；
     P(buffers);
     P(mutex);
     将产品放入缓冲区（in 指向）；
     in=(in+1)mod N;
     V(mutex);
     V(products);
}
```

```
消费者进程：
while(TRUE){
     P(products);
     P(mutex);
     从缓冲区中取出产品（out 指向）；
     out=(out+1)mod N;
     V(mutex);
     V(buffers);
}
```

生产者—消费者模型中既有进程同步，又有进程互斥，在实现时需要注意以下几点。

（1）在每个进程中，对互斥信号量 mutex 的操作要成对出现，必须先执行 P(mutex)操作、后执行 V(mutex)操作，以实现对缓冲区（临界资源）的互斥访问。P(mutex)和 V(mutex)二者之间的代码段就是该进程的临界区。

（2）对同步信号量 products 和 buffers 的 P、V 操作同样必须成对出现，但它们分别位于不同的进程中。

（3）无论是在生产者进程中还是在消费者进程中，两个 P 操作的次序都不能颠倒，应先执行同步信号量（products 和 buffers）的 P 操作，后执行互斥信号量 mutex 的 P 操作，否则可能会造成进程死锁。

6.5　进程间的通信

进程间的通信是指并发进程之间的信息交换。根据通信内容的不同，进程间的通信分为两种，即传递少量控制信息的低级通信和传递大批量数据的高级通信。进程的互斥与同步也是一种进程间的通信，它们之间传递的是少量控制信息，因而是低级通信。

为了满足进程间的大批量数据传送需求，一些高级通信方法逐渐发展起来，其中最为典型的两种是消息传递机制和共享内存机制。

1．消息传递机制

消息传递机制以消息为单位在进程间进行数据交换。进程间发送或接收消息可以使用消息缓冲区或信箱作为通信链路。

（1）消息缓冲区通信。

在基于消息缓冲区的通信方法中，由系统管理一组缓冲区，一个进程在发送消息前，先向系统申请一个缓冲区，把需要发送的消息填写进去；然后通过消息传递机构将该消息送到接收进程的消息队列中。接收进程在合适的时候从消息队列中取出一条消息，读取其所有信息后，释放该消息缓冲区。

一个消息的数据结构由消息正文和相关的控制信息两部分组成，即发送进程标识、消息类型、消息长度、下一条消息指针和消息正文。

为了支持消息传递，在 PCB 中还会增加相应的成员，如进程已收到的消息队列的首指针、用于消息队列操作的互斥信号量和同步信号量（用于表示接收进程消息队列中的消息个数）。

操作系统通过 Send 和 Receive 两个原语来实现消息传递机制，前者用于向一个给定的进程发送一条消息，后者用于从一个给定的进程处接收一条消息。

发送进程在发送消息之前，先在自己的内存空间设置一个发送区，写入准备发送的消息，然后调用 Send 原语把消息从发送区复制到消息缓冲区，所有发送到接收进程的消息缓冲区中的消息构成一个消息队列。

接收进程用 Receive 原语接收消息，把其他进程发来的消息复制到自己内存空间的接收区中，并将该消息从消息队列中删除。

（2）信箱通信。

信箱通信是一种间接的消息传递通信方式。发送进程申请建立一个与接收进程共享的数据结构——信箱。发送进程把消息发送给信箱，接收进程从信箱中取走消息，这样就完成了进程间的信息交换。信箱通信解除了发送进程和接收进程之间的直接联系，因此被称为间接通信。一个进程可以与一个或多个进程建立信箱，因此信箱通信提高了消息传递的灵活性。

一个信箱的数据结构通常包括信箱头和信箱体两部分，信箱头包括信箱容量、信件格式、信箱属性（公用、私用或共享）、存放信件的位置指针等；信箱体分为多个区，每个区可存放一条消息。信箱通信方式也通过发送和接收两个原语来实现消息的传递。

2. 共享内存机制

在共享内存机制中，需要在内存中开辟一个公共区域（共享内存区），需要通信的进程把自己的虚拟地址空间映射到这个共享内存区中。当一个进程在虚拟地址空间写入数据后，另一个进程就能从自己对应的虚拟地址空间中直接读出共享内存区中的数据，从而实现进程间的通信。

在具体实施过程中，一个进程向操作系统请求分配一段内存，并获得内存分段的名字；其他进程通过这一内存分段名字向操作系统请求访问该内存分段。

相对于消息传递机制需要很多辅助工作和发送与接收环节的中转，共享内存机制是最快捷和最有效的进程间的通信方法。

6.6 进程的安全性

6.6.1 死锁的概念

在多道程序设计系统中，通过多个进程的并发执行获得系统资源利用率的提高。计算机系统中有很多独占型资源，而且一个进程的执行往往需要多种独占型资源。这样，就有可能出现多个进程竞争有限的资源且推进顺序不当的情况，从而无限期循环等待而阻塞。这种状态就是死锁，而陷入死锁状态的进程称为死锁进程。

例如，有 A 和 B 两个进程，它们共享系统中的两个独占型资源 S1 与 S2。在某个时刻，进程 A 占有了 S1，等待 S2；而进程 B 占有了 S2，等待 S1，如图 6.11 所示。如果进程 A 和 B 都不主动放弃已占有的资源，而且期望获得对方已占有的资源，那么它们会无限期僵持下去。

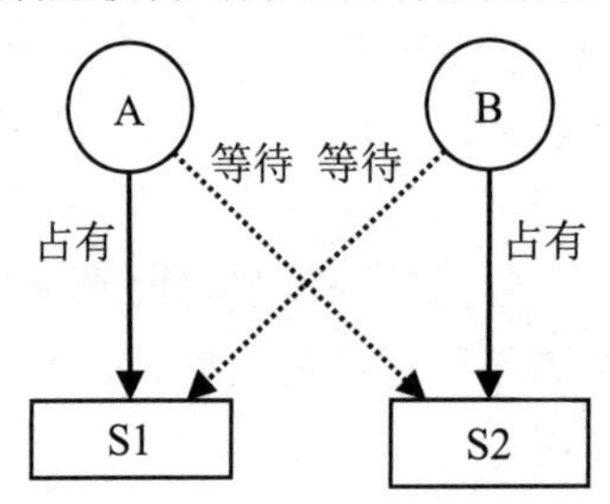

图 6.11　两个进程的死锁模型

因而，死锁的定义是两个或两个以上的进程因循环等待（这些进程中）他方占有的资源而无限期僵持下去的局面。需要注意的是，在这些循环等待的进程集合中，每个进程都在等待只能由该进程集合中的其他进程释放的资源。因此，如果没有外力的作用（操作系统的相应处理机制），那么死锁进程和相关的进程都会处于阻塞态。

当系统发生死锁时，死锁进程会占用大量的系统资源，而且等待这些资源的其他进程或需要与死锁进程协作的其他进程就会相继陷入死锁状态，最终可能会导致系统崩溃，引发系统安全性问题。

6.6.2　产生死锁的必要条件

从上面的例子可以看出，计算机系统产生死锁的根本原因就是资源有限和资源的分配操作不当。需要注意的是，资源有限并不意味着一定会产生死锁。在资源有限的情况下，如果能按照一定的策略来分配资源，那么未必会发生死锁。

1971 年，E.G. Coffman 等指出，当系统发生死锁时，必定同时满足以下 4 个必要条件。

1. 互斥条件

系统存在独占型资源（临界资源），并发进程应当互斥地共享这些资源。并发进程只能轮流地使用一个独占型资源，这是由资源本身的属性决定的。

2. 不可抢占条件

对于已经被分配的资源，必须在占有该资源的进程主动释放它之后，其他进程才能使用该资源，即资源不允许被其他进程强行抢占（又称为剥夺）。

3. 占有且申请条件

进程至少已经占有一个资源，但又需要申请新的资源才能继续执行；进程在申请资源得不到满足而等待时，不释放其已占有的资源。

4. 循环等待条件

存在一个进程等待资源的循环链，其中的每个进程都等待下一个进程占有的资源。也就是说，存在等待序列{P1, P2, …, Pn}，其中，P1 等待 P2 占有的某一资源、P2 等待 P3 占有的某一资源……Pn 等待 P1 占有的某一资源，形成一个进程循环等待链。

当系统中发生死锁时，以上4个必要条件一定是同时满足的。需要注意的是，这些条件是否成立是与操作系统的实现策略密切相关的。例如，资源是如何分配的？一个进程是否需要获得所有资源后才能运行？针对死锁这个进程安全性问题，操作系统采用的解决方法一般包括死锁的预防、死锁的避免、死锁的检测和解除这3种。

6.6.3 死锁的预防

死锁的预防是通过破坏死锁发生时的4个必要条件之一来保证系统不发生死锁的方法。对于第一个必要条件，即互斥条件，因为它是由系统中独占型资源本身的属性决定的，所以系统不仅不能破坏这个条件，还必须采取合适的机制保证独占型资源的互斥访问。因此，系统一般通过破坏其他3个必要条件来实现死锁的预防。

1. 破坏不可抢占条件

对于不可抢占条件，可以通过不同的方法来破坏它。一种方法是，对于已占有某些资源的进程，如果它申请新的资源的请求不能立即被满足，那么它必须释放其所占有的全部资源；在以后合适的时候，该进程重新申请这些资源，从而间接地实现其他进程对这些资源的抢占。这种方法实现困难，而且反复地申请和释放资源有可能会无限推迟一个进程的执行，降低了资源利用率，影响了系统性能。

另一种方法是，对于一些独占型系统资源（如打印机等），可以通过虚拟化的技术将其改造成虚拟的共享设备。

2. 破坏占有且申请条件

破坏占有且申请条件的有效方法是实行资源预先分配策略。也就是说，进程在运行（执行，书中根据语境灵活使用两者）前，一次性地向系统申请它所需的全部资源。只有当系统能够满足进程的全部资源需求时，系统才一次性地将这些资源分配给该进程；否则，系统不分配任何资源给该进程，进程暂不运行。采用资源预先分配策略后，就不会发生进程占有资源又申请资源的现象，因此不会产生死锁。但是，这种策略也有如下缺点。

（1）在许多情况下，一个进程在执行前可能不知道它所需的全部资源。

（2）降低了资源利用率。分配给进程的一个资源可能最后才被该进程使用，从而造成资源被长时间闲置。

（3）降低了并发性。进程只有在获得全部资源后才能执行，这可能会等待很长时间。实际上，一个进程可能在获得部分资源后就能执行。

3. 破坏循环等待条件

采用资源有序分配策略可以很好地破坏循环等待条件。这种方法先对系统资源进行分类编号，然后按照编号分配资源，使进程在申请和占用资源时不会形成环路。

例如，系统有 n 类资源，事先排序为 R1, R2, …, Rn。所有进程在申请资源时必须严格按资源编号（$1, 2, \cdots, n$）递增的顺序提出。若一个进程占有了2号资源，则它以后只能申请编号大于2的资源。这样，进程只有占有了编号小的资源，才能申请编号大的资源，避免了循环等待环路的产生，从而能预防死锁。

与前面两种死锁预防的策略相比，资源有序分配策略允许进程动态地申请资源，因此资源利用率和系统性能得到改善。但是，给所有资源合理编号会增加系统开销。另外，为了遵循资源有序分配的原则，进程需要提前申请其暂不使用的资源，增加了进程对资源的占用时间。

可见，死锁的预防是通过破坏发生死锁的必要条件之一来严格防止死锁的产生的，但代价是降低了系统的资源利用率和并发性。

6.6.4 死锁的避免

与死锁的预防不同，死锁的避免并不严格限制死锁产生的必要条件，而是通过合适的资源动态分配方法来确保系统不会进入不安全状态，以避免死锁的产生的。

1. 系统安全状态

在死锁避免的方法中，系统的状态被区分为安全状态和不安全状态。所谓安全状态，就是指系统中存在一个所有进程的资源分配序列，能依次满足每个进程对资源的最大需求，使得它们都能执行完成。这个进程序列{P1, P2, …, P*n*}被称为安全序列。如果某一时刻存在这样一个安全序列，则系统处于安全状态；反之，如果找不到一个这样的安全序列，则系统处于不安全状态。

对于一个进程序列{P1, P2, …, P*n*}，若每个进程 P*i*（$1 \leqslant i \leqslant n$）要执行完成尚需分配的最大资源量可以为系统中当前可用资源与 P*i* 之前的所有进程 P*j*（$j<i$）当前占有资源之和所满足，则此进程序列是一个安全序列。换言之，即便进程 P*i* 尚需分配的最大资源量超过系统当前可用的资源量，但随着它前面的所有进程执行完成并释放其所占有的资源，进程 P*i* 尚需分配的最大资源量也一定能够得到满足，因此，所有进程都可以按照安全序列的顺序依次执行完成。

2. 银行家算法

在死锁避免的调度算法中，最具有代表性的是 E. W. Dijkstra 于 1965 年提出的银行家算法。该算法基于一个小镇的银行家与客户之间的资金借贷模型，可以作为操作系统中死锁的避免策略的资源分配方法。

银行家算法假定小镇银行家拥有数量为 Σ 的资金，小镇有多个客户，银行家对客户提出以下要求。

（1）每个客户必须预先说明自己所需的最大资金。

（2）每个客户可以分批提出部分资金的借贷申请。

（3）如果银行家满足了客户所需的最大资金，那么客户应在有限的时间内将资金全部归还给银行家。

而银行家将保证做到以下两点。

（1）若一个客户所需的最大资金不超过 Σ，则银行家一定会接纳该客户。

（2）对于客户的一次部分资金请求，银行家可能会因资金不足而延迟批准，但能在有限时间内满足客户的请求。

银行家既需要将一定数量的资金安全地借贷给若干客户，满足客户对于资金的请求，又希望能到期后收回全部资金而不至于破产。因此，银行家对于客户的每次资金请求都会进行检查，如果这次资金分配后自己处于安全状态就立刻满足客户的资金请求，否则将推迟满足该请求。对于状态是否安全的检查，银行家需要判断当前自己剩余的资金是否能满足某个客户的资金请求，并在一段时间后收回该客户的所有借贷资金以满足其他客户的资金需求。以此类推，如果所有客户的最大资金需求都能按照一定的次序得到满足，即所有借贷都能被收回，那么该状态是安全的。

银行家算法中的银行家可以看作操作系统，资金可以看作系统资源，客户就是进程。当采用银行家算法分配系统资源时，系统在知道进程对同类资源最大需求量的基础上，对该类资源进行部分分配。只有在一次资源分配后系统处于安全状态时，才满足此次分配请求。

例如，假设系统中的某类资源总数为12个单位，由3个并发进程共享。某时刻的系统状态I如图6.12所示。可以看出，此时系统处于安全状态，因为存在一个安全序列{P2,P1,P3}，能够让3个进程依次获得资源并执行完成，如图6.13所示。

	占有数（尚需分配）	最大需求量
进程P1	3（5）	8
进程P2	2（2）	4
进程P3	4（7）	11
可分配	3	

图6.12 系统资源分配状态图（状态I）

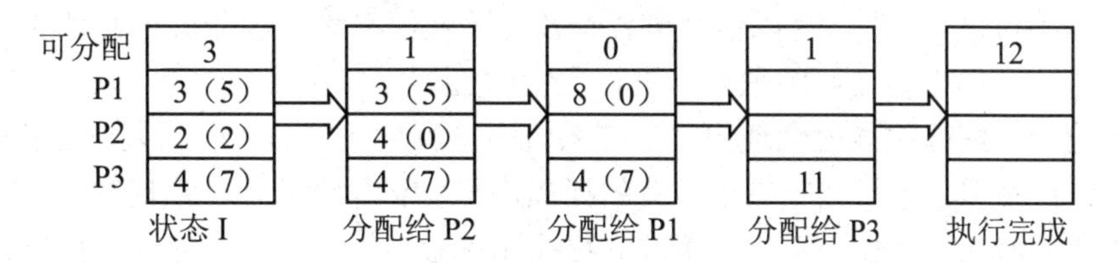

图6.13 状态I时的资源分配过程

假设在状态I下，系统满足了进程P3提出的1个单位的资源分配请求，系统进入状态II（见图6.14）。此时，系统找不到一个安全序列，即进程P2获得2个单位的资源且执行完成后，系统中还剩余4个单位的资源，无法满足进程P1和P3的剩余资源需求，因此状态II是不安全的。

	占有数（尚需分配）	最大需求量
进程P1	3（5）	8
进程P2	2（2）	4
进程P3	5（6）	11
可分配	2	

图6.14 系统资源分配状态图（状态II）

可见，死锁的避免策略的本质是系统在进行一次资源分配时，始终要确保系统不进入不安全状态。需要注意的是，系统进入不安全状态后，只是有可能产生死锁。因为系统中的进程有可能因执行的推进而主动释放一些资源，使得系统又回到安全状态。

一方面，必要条件存在并不一定产生死锁；另一方面，在大多数系统中，进程请求分配资源是多次进行的。死锁的避免策略不对进程施加约束规则，而是动态地确定是否允许进程的一次资源分配请求。因此，与死锁的预防策略相比，死锁的避免策略允许更高程度的进程并发性。但是，死锁的避免方法仍然相对保守，通过谨慎地进行资源分配来避免死锁的产生，限制了进程的并发执行程度。另外，这种方法要求进程提供其对各类资源的最大需求量，这往往是不易做到的。

6.4.5 死锁的检测和解除

在死锁的检测和解除方法中，对资源的分配不加任何限制，即允许死锁产生，但系统会适时地检测系统中是否产生死锁，并采取措施解除死锁。

死锁检测算法的执行频率应当适中，如果过于频繁，则会耗费 CPU 的时间；如果过于稀疏，则又不能及时地发现死锁。在具体实施时，系统中是否存在进程循环等待链是死锁检测算法的关键依据。

（1）如果系统中不存在进程循环等待链，则表明此时系统中没有死锁产生。

（2）如果系统中存在进程循环等待链，且等待的资源在系统中仅有一个，则表明系统中产生死锁。

（3）如果系统中存在进程循环等待链，而等待的资源在系统中存在多个，则表明系统中未必会产生死锁。这是因为进程循环等待链以外的其他进程可能会释放所等待的资源，从而解除进程循环等待链。此时，可以借助进程—资源分配图来进一步分析进程循环等待链中的进程组与系统中其他进程之间的关系，进行死锁的检测。

死锁的检测和解除往往配合使用，当在系统中检测到死锁后，应当采取措施解除死锁。死锁的解除方法很多，包括强制撤销所有的死锁进程，或者按照一定的顺序逐个撤销死锁进程，直到死锁被解除。另外，还可以通过进程挂起和激活机构将一些死锁进程挂起，强制剥夺它们占有的资源以解除死锁，待条件满足后激活被挂起的进程。

6.7 线程

线程是一些现代操作系统中出现的一种非常重要的技术。线程技术的引入进一步提高了系统的并发性，从而提高了系统的效率和性能。对现代的多 CPU 和多线程 CPU 计算机系统而言，多线程技术带来的系统并发性和性能的提高更为显著。

1. 线程的引入

在操作系统中引入进程的概念是为了实现多个程序并发执行，以提高资源利用率和系统效率。对一个进程而言，它具有两个独立的基本属性。

（1）进程是系统分配资源的独立单位。

（2）进程又是 CPU 调度的独立单位，是系统并发执行的主体，具有各种状态和调度优先级。

显然，操作系统在实现进程并发执行时，需要进行一系列的操作，如创建进程、撤销进程和切换进程等，这些操作都有一定的时间开销和存储空间开销。因此，在系统中不宜设置过多的进程，也不宜使用过高的频率进行进程切换，这些限制了系统并发程度的进一步提高。

为了减少进程并发执行时的时间和存储空间开销，进一步提高系统的并发程度，操作系统引入了线程的概念：把进程的两个基本属性"分配资源的单位"和"调度单位"分离开来，前者依然由进程实现，将进程作为系统资源分配的独立单位；而后者由线程来实现，将线程作为系统中 CPU 调度和分配的基本单位。在这种思想的指导下，就产生了多线程的概念，在一个进程内部可以存在一个或多个线程，如图 6.15 所示。

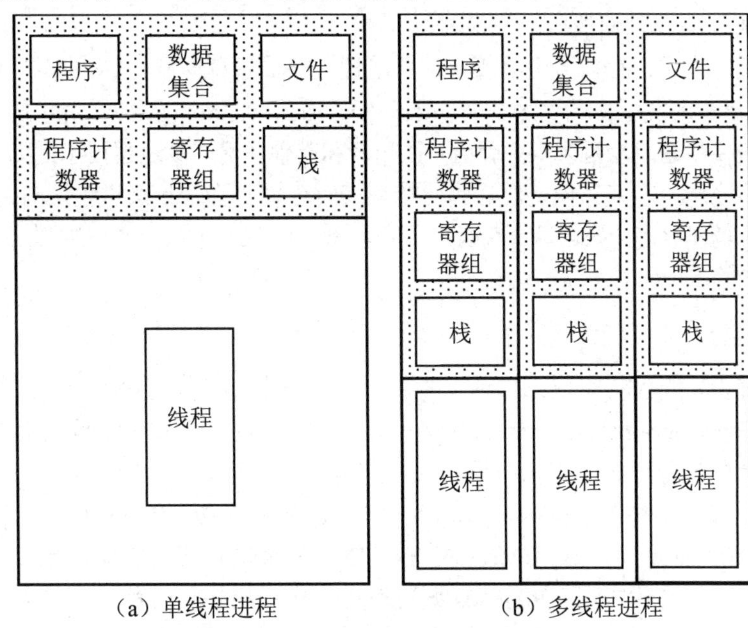

图 6.15 单线程进程和多线程进程示意图

因此，在操作系统中引入线程技术后，可以带来并发性和系统性能的提高。

(1) 在一些进程中，可能会同时发生多种活动，其中，有些活动会因为等待系统资源或事件的发生而时常阻塞（如等待按键输入或数据到来等），有些活动能一直正常运行（如后台计算或界面显示等）。将这些活动分解成多个并发执行的线程既可以简化程序设计，又能提高系统的并发性。

(2) 可以将线程看作轻量级的进程，其创建和撤销等操作更为容易与快速。在很多系统中，创建一个线程往往比创建一个进程快 10～1000 倍。

(3) 如果进程中存在大量的计算活动和输入/输出处理活动，那么使用多线程技术将允许这些活动在时间上相互重叠，从而加快进程的执行速度。

(4) 对多 CPU 和支持多线程功能 CPU 的计算机系统而言，多线程技术能带来更多的性能提升和真正的并行执行。在具有硬件多线程功能的 CPU 上，线程切换能以纳秒级的速度完成。

2. 线程的定义

在多线程环境中，进程是系统中除 CPU 以外的资源分配和保护的基本单位，它有一个独立的虚拟地址空间，用以驻留进程映像（程序和数据集合），并以保护模式访问和使用分配给它的各类资源。

线程是进程内一个相对独立的组成部分，是 CPU 调度和分配资源的基本单位。线程只拥有少量在运行时必不可少的资源（如程序计数器、寄存器组和栈），它与同属于一个进程的其他线程共享该进程拥有的全部资源。线程的组成一般包括以下几项。

（1）线程的唯一标识和线程执行状态信息。

（2）程序计数器（存放即将要执行的指令地址）和寄存器组（存放线程执行时的当前工作变量）。

（3）用于线程执行时的栈。

多线程是指一个进程存在多个线程，这些线程共享该进程所获得的内存空间和其他资源，它们独立参与 CPU 调度，也可以为了完成某一任务而协同工作。正如系统中的多进程技术是为了让多个进程共享系统物理内存、硬盘、打印机和其他资源，多线程技术是为了让多个线程共享所属进程的地址空间和其他资源，因此线程有时也被称为轻量级进程。与传统进程一样，线程也有自己的基本状态，如运行、就绪和阻塞。线程状态之间的转换与进程状态之间的转换也是类似的。

3. 线程的实现

在操作系统中，线程的实现方式有多种。专门为程序员提供创建和管理线程的应用程序接口（Application Programming Interface，API）称为线程库。根据线程实现时是否有内核的支持，线程可以分为用户级线程、内核级线程和混合式线程。

目前广泛使用的 3 种线程库为 Pthreads、Windows 和 Java。Pthreads 是可移植操作系统接口（Portable Operating System Interface，POSIX）标准的扩展，它仅仅定义了描述线程行为的标准规范，不是具体实现。Pthreads 既可以用于实现用户级线程，又可以用于实现内核级线程。大多数 UNIX 类的操作系统，如 Linux、macOS 和 Solaris 都支持 Pthreads。Windows 并不支持 Pthreads，但是可以通过一些第三方公司提供的扩展来实现。Windows 线程库是 Windows 操作系统专用的内核级线程库。Java 线程 API 的实现依赖宿主操作系统的类型，如在 Windows 操作系统上使用 Windows 线程库实现，而在 UNIX 和 Linux 等操作系统中则使用 Pthreads 实现。

（1）用户级线程。

用户级线程是指线程的创建和管理在用户空间实现，由应用程序利用线程库定义的各类函数进行线程的管理工作，如同步、调度和阻塞等。这也意味着线程的实现过程没有内核的支持，系统内核也不知道线程的存在，即系统认为自己正在管理一个普通的单线程进程。因此，用户级线程最显著的优点是它能够在不支持线程的操作系统中实现。

应用程序在用户空间管理进程时，会使用专用的线程表（记录每个线程的程序计数器、寄存器、栈指针和状态信息等）来跟踪一个进程中的所有线程。当进程中的某个线程阻塞时，该进程中的另一个线程能自动投入运行。这样的线程切换速度比内核级线程切换速度高一个数量级或更多。用户级线程的另一个优点是进程能够根据自己处理任务的需求选择合适的线程调度算法。

当然，由于缺少操作系统内核的支持，用户级线程也有自身的缺点：当一个线程因为系统调用而阻塞时，整个进程中的其他线程都必须等待。另外，CPU 时间片是分配给进程的，当进程内的线程数量增多时，每个线程获得的执行时间会相应减少。

（2）内核级线程。

内核级线程的管理工作直接由操作系统内核来完成。内核也使用线程表来记录所有线程的信息。内核级线程在执行过程中可以使用系统调用来创建一个新线程，也可以撤销一个已存在的线程。因为系统中的 CPU 时间是以线程为基本单位进行分配的，所以当一个内核级线程由于等待事件的发生而阻塞时，同一个进程中的其他线程或其他进程中的线程都有机会获得下一个运行时间片。

（3）混合式线程。

一些操作系统提供了上述两种线程实现方法的组合方法。在这些操作系统中，一方面，内核支持内核级多线程的建立、调度与管理；另一方面，允许用户应用程序使用线程库来建立、调度和管理用户级线程。由于该方法同时提供内核级线程和用户级线程，因此它可以很好地将两种线程的优点结合起来。一个进程中的多个用户级线程可以分配和对应一个或多个内核级线程，从而获得更高的系统并发性。

4．线程与进程的比较

线程与进程密切相关，这两者之间的异同点可以总结如下。

（1）CPU 调度。在传统的操作系统中，分配资源和 CPU 调度的基本单位是进程。而在引入线程的操作系统中，线程是 CPU 调度的基本单位，进程是分配资源的基本单位。需要注意的是，在用户级线程的实现方法中，进程依然是 CPU 调度的基本单位。同一进程的多个线程共享该进程的 CPU 时间片。

（2）分配资源。无论是传统操作系统还是支持多线程的操作系统，进程都是拥有系统资源的基本单位，而线程不拥有系统资源（只拥有自身运行必需的少部分资源）。但是，一个进程的多个线程可以共享访问该进程所分配到的系统资源。

（3）并发性。在引入线程的操作系统中，不但进程可以并发执行，而且同一进程内的多个线程也可以并发执行。这种系统并发行的改善有效提高了系统的性能和任务执行的吞吐量。

（4）系统开销。由于在创建或撤销进程时，系统都要进行资源的分配或回收等工作，因此操作系统需要付出的时间和存储空间开销远大于创建或撤销线程时所需的开销。类似地，在进行进程切换时，系统需要保存当前进程的运行环境，载入即将运行进程的运行环境；而在进行线程切换时，系统只需保存和载入程序计数器、寄存器和栈指针等少量信息，因此线程切换的开销很小。另外，由于同一进程内的多个线程共享进程的资源，因此多线程之间的同步与通信更易于实现。

6.8　作业管理

在批处理操作系统中，作业是用户提交给计算机完成的一个独立任务。而作业管理是为了合理组织作业工作流程而在操作系统中提供的管理模块，它实现作业的组织、控制和管理。

1．作业和作业步

作业是一个比程序更广泛的概念，前面提到，作业通常由程序、数据和作业说明书 3 部分组成。程序和数据用于完成相应的任务，作业说明书体现了用户对作业的控制意图。作业说明书主要包含作业信息描述、作业控制描述和资源要求描述。

通常，作业由若干相对独立的、顺序相连的加工步骤组成，其中的每个加工步骤称为作业步。因此，一个作业是由一个或多个作业步组成的。这些作业步之间存在着相互联系，往往上一个作业步的输出是下一个作业步的输入。例如，一个作业可以包含编译、装入和运行这 3 个作业步。

需要说明的是，作业是早期批处理操作系统中的概念，它也应用于大型机系统。在分时操作系统中，用户的一次上机操作过程可以被看作一个交互式作业。

2．作业控制块

为了有效地管理和调度作业，作业管理会为进入系统的每个作业建立一个作业控制块（Job Control Block，JCB）。JCB 是作业在系统中存在的标志，保存系统对作业进行管理和调度时所需的全部信息，如作业名称、作业类型、资源要求、作业状态、资源使用情况和作业优先级等。

在作业运行期间，系统使用 JCB 和作业说明书实现对作业的控制。当一个作业执行完成后，系统会收回分配给它的各类资源，撤销 JCB。

3．作业的状态

一个作业从被提交给系统，直到运行结束，一般需要经历提交、后备、执行和完成 4 种状态。4 种作业状态的转换过程如图 6.16 所示。

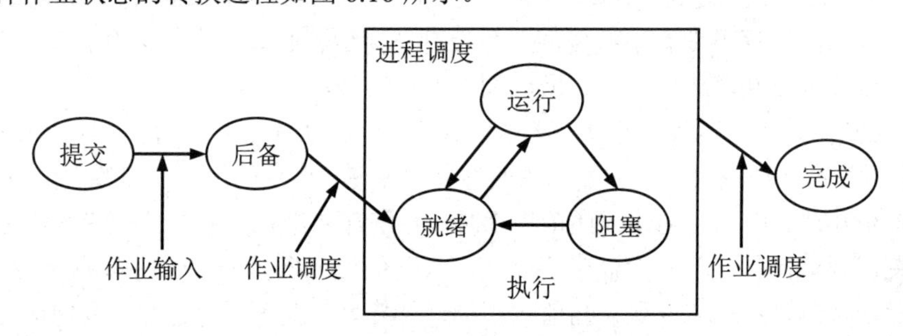

图 6.16　4 种作业状态的转换过程

（1）提交状态：当用户向系统提交一个作业或通过终端输入作业时，该作业所处的状态。

（2）后备状态：作业的全部信息通过输入设备（如读卡机或 SPOOLing 系统）输入外存（称为“输入井”），等待进入内存运行时所处的状态。此时，系统为该作业建立了 JCB，并把它放入了后备作业队列。

（3）执行状态：作业被调度程序选中进入内存，为它分配所需的资源，为作业步建立进程时所处的状态。一个作业从进入后备状态开始，直到运行完成，整个过程都处于执行状态。在作业的执行过程中，作业步对应的进程是否获得 CPU 使用权由进程调度决定。

（4）完成状态：作业执行完成（或发生异常而提前结束）后，系统回收它所占用的全部资源和 JCB，准备退出系统时的作业状态。

4．作业管理的任务

在批处理操作系统中，作业管理主要完成的工作包括以下几项。

（1）批处理作业的输入：使用读卡机或 SPOOLing 系统接收并控制作业的输入，将它们存放在外存中。

（2）批处理作业的建立：为每个进入系统的作业建立 JCB，将这些作业排入后备作业队列，等待作业调度。

（3）执行作业调度程序：从后备作业队列中选择某些作业进入内存运行，在作业完成后执行善后工作。

对于交互式作业，系统为每个用户创建一个负责处理用户命令的终端进程。在中间过程中，用户逐条输入命令来提交作业和控制作业运行。系统为这些命令创建对应的进程，执行完成后给出交互式的应答结果。而退出命令的执行完成代表交互式作业的结束。

5．作业和进程的关系

作业是用户向计算机提交的一个任务实体，如一次工程计算和一个控制过程等。进程是计算机为完成任务实体而设置的执行实体，是系统分配资源的基本单位。显然，计算机要完成一个任务实体，必须要有一个或一个以上的执行实体，即一个作业的执行过程包含一个或多个进程。首先，系统必须为一个作业创建一个作业控制进程；然后，作业控制进程在执行作业说明书中的作业控制语句时创建相应的子进程；最后，系统为各子进程分配资源和调度各子进程的执行以完成作业要求的任务。

6.9　CPU 调度

在计算机系统中，通常会有多个批处理作业同时存放在后备作业队列中，等待进入内存运行；同样，内存中也会有多个进程同时竞争 CPU。如果系统中只有一个 CPU，那么操作系统既需要选择一些批处理作业进入内存运行，又需要选择下一个要运行的进程。完成这些选择工作的程序称为调度程序，调度程序使用的算法称为调度算法。CPU 调度负责完成涉及 CPU 调度和分配的工作。

6.9.1　CPU 调度的层次

CPU 调度按照层次可以分为高级调度、中级调度和低级调度 3 个等级。一个作业从进入系统成为后备作业开始，直到执行结束退出系统，需要经历不同级别的调度。本章前面介绍的进程管理属于低级调度，而作业管理则属于高级调度。

（1）高级调度。

高级调度又称作业调度、宏观调度或长程调度，其主要功能是根据一定的算法，从输入系统的一批作业中选出若干作业，为其分配内存和必要的资源，并建立作业控制进程和作业步对应的进程，等待进程调度程序挑选进程执行，在作业完成后处理善后工作。

（2）中级调度。

中级调度又称交换调度或中程调度，它是指系统为了控制内存中的进程数量，并结合进程的状态，选择一些进程在内存和外存中进行对换。在内存等资源紧缺时，中级调度将一些暂时不能运行的进程从内存对换到外存中等待，此时，这些进程处于挂起状态，不参与进程调度；当内存等资源有空闲且进程具备运行条件时，中级调度将这些进程重新装入内存。可见，中级调度可以短期均衡系统负载，提高内存的利用率和系统吞吐量。

（3）低级调度。

低级调度又称进程调度、微观调度或短程调度，其主要功能是根据某种算法将CPU分配给就绪队列中的某个进程，使其进入运行态。低级调度是操作系统最为核心和基本的功能，因而其运行频率很高，其调度策略的优劣直接决定了整个系统的性能。

在CPU的三级调度中，低级调度是各类操作系统必备的功能；在多道批处理操作系统中，存在高级调度和低级调度；在分时操作系统或实时操作系统中，一般不存在高级调度，只存在中级调度和低级调度；在功能完善的操作系统中，为了提高内存的利用率和作业吞吐量，会引进中级调度。

图6.17所示为具有高级调度和低级调度的CPU两级调度模型。其中阻塞队列可以有多个，表示进程因为等待不同的事件发生而处于不同的阻塞队列。图6.18所示为CPU三级调度模型，它引入了中级调度，相应地，为进程增加了挂起就绪状态和挂起阻塞状态。

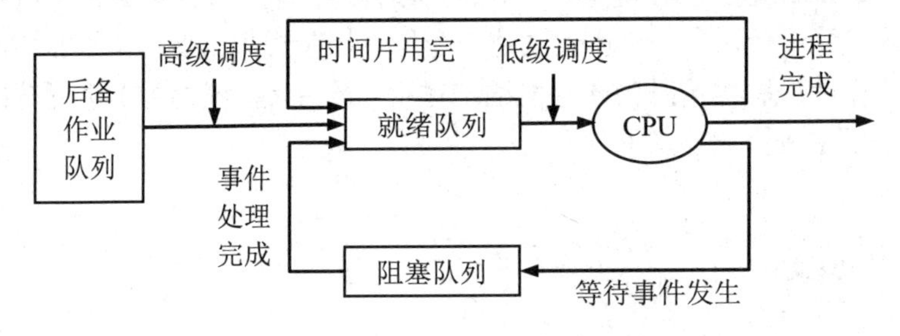

图6.17　CPU两级调度模型

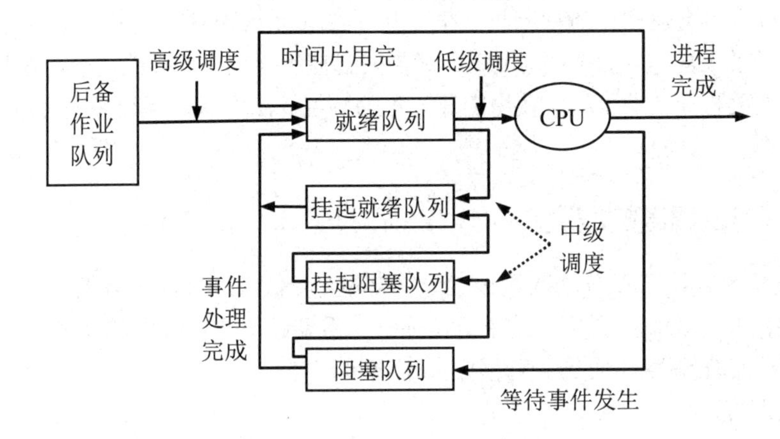

图6.18　CPU三级调度模型

6.9.2　作业调度和进程调度的功能

1．作业调度的功能

通常，作业调度主要完成的工作如下。

（1）按照某种作业调度算法从后备作业队列中选择某些作业进入内存运行。

（2）调用系统存储管理和设备管理功能，为选中的作业分配内存和其他外部设备资源。

（3）为进入内存的每个作业建立作业控制进程，作业控制进程根据作业说明书为每个作业步建立对应的进程。

（4）作业执行完成（或发生异常而提前结束）后，系统回收该作业所占用的全部资源，输出结果并撤销该作业的 JCB，根据作业调度算法选择新的作业进入内存运行。

2．进程调度的功能

一个进程能否得到 CPU 使用权由进程调度程序决定。进程调度程序的主要功能如下。

（1）保存现场。当前运行的进程放弃 CPU 使用权（因时间片用完或等待事件发生等原因）时，进程调度程序把它的现场信息，如程序计数器和通用寄存器等内容保存于该进程的 PCB 的现场信息区中。

（2）选择进程。根据一定的调度算法从就绪队列中选择一个进程，将它的状态改为运行态，准备把CPU 使用权分配给它。

（3）恢复现场。为选中的进程恢复现场信息，将CPU 使用权交给该进程，使它从上次间断的地方继续运行。

在一般情况下，进程调度发生的时机包括一个正在执行的进程完成任务时、因为等待事件发生而阻塞时、用完规定的时间片时、系统重新调度标志有效时。也就是说，在这些情况下，系统中的CPU 使用权将发生变化，因此需要执行进程调度程序。

6.9.3　调度性能的评价

在操作系统中，CPU 调度算法的选择要受到多种因素的影响。不同的操作系统往往会选择不同的调度算法。在评价调度算法的性能和优劣时，需要考虑多种因素。

1．选择调度算法时应考虑的因素

操作系统在选择调度算法时，既要保证主要目标的实现，又要兼顾其他的次要目标，需要考虑的主要因素包括如下几个。

（1）保证实现系统的设计目标。对于批处理操作系统，应尽量提高资源利用率和系统的平均吞吐量（单位时间内得到服务的作业数）；对于分时操作系统，应保证对用户的平均响应时间；对于实时操作系统，必须实现对事件处理的及时性和可靠性。

（2）对所有作业或进程应公平对待，使得每个进程都能公平地共享CPU 使用权。

（3）均衡使用资源，提高资源利用率。

（4）兼顾响应时间和资源利用率。

（5）可以基于相对优先级策略，但要避免作业或进程无限延期执行。

（6）算法实现所需的系统开销不应太大。

2. 常用的性能评价指标

1）CPU 利用率

使得CPU和其他资源尽可能地并行工作，提高它们的利用率。其中，CPU利用率为CPU有效工作时间与CPU总运行时间的比率。

2）吞吐量

吞吐量是指单位时间内CPU处理作业的数量。系统处理的长作业多，吞吐量低；反之，如果系统处理的短作业多，则吞吐量高。

3）周转时间

从作业被提交到作业完成所需的时间就是周转时间，包括作业在后备作业队列中的等待时间、相应进程在就绪队列中的等待时间、进程在CPU上的执行时间和进程等待事件发生所需的时间。一般来说，系统应选择平均周转时间短的算法。

4）就绪等待时间

就绪等待时间指作业在后备作业队列中的等待时间和进程在就绪队列中的等待时间。

5）响应时间

响应时间是作业或进程从提交第一个请求到产生第一个响应所用的时间。

6.9.4 常用的调度算法

不同的操作系统有着不同的系统目标，往往采用的调度算法也各不相同。对于各类调度算法，有的适用于作业调度，有的适用于进程调度，也有的两者都适用。几种常用的调度算法如下。

1. 先来先服务

先来先服务是一种最简单的调度算法。对作业调度来说，先来先服务算法按照作业进入系统后备作业队列的先后次序选择一个或几个作业进入内存；对进程调度来说，先来先服务算法按照进程进入就绪队列的次序选择最先进入队列的进程，把CPU使用权分给它。

先来先服务算法易于实现，但效率不高，其平均等待时间往往很长。该算法有利于长作业（进程）而不利于短作业（进程），有利于CPU繁忙型进程（需要大量CPU时间进行计算）不利于I/O繁忙型进程（需要频繁请求输入和输出）。

2. 时间片轮转

时间片轮转算法类似先来先服务算法，但它增加了CPU的可剥夺性，用以切换进程。该算法将CPU的时间分成固定大小的时间片（如10～100ms），进程就绪队列中的每个进程轮流运行一个时间片。进程在当前时间片内能执行完毕时，它会主动释放CPU；如果它没有执行完毕，那么进程调度程序会将其送至就绪队列末尾，并选择就绪队列中的下一个进程运行。时间片轮转算法能够有效防止CPU繁忙型进程长期占有CPU。

时间片轮转算法除了需要定时器完成时间片的计时，还需要确定合适的时间片长度。如果时间片太长，那么它将退化成先来先服务算法；如果时间片太短，那么会增加进程调度所需的系统开销。一般来说，先来先服务算法多用于批处理操作系统和实时操作系统，时间片轮转算法多用于分时操作系统。

3．优先级调度

在优先级调度算法中，每个进程都有一个优先级。在进行进程调度时，进程调度程序从就绪队列中选择优先级最高的进程，为它分配 CPU。如果有多个具有相同优先级的进程，则可以按照先来先服务算法进行调度。

在当前进程的运行过程中，当就绪队列中出现优先级更高的进程时，可以采用非剥夺式或剥夺式的处理策略。在非剥夺式处理策略中，当前进程一直运行，直到它运行完成或因等待事件发生而主动让出 CPU 时，调度优先级更高的进程使用 CPU。在剥夺式处理策略中，进程调度程序会立即停止当前进程，强行将CPU分配给优先级更高的进程。

进程优先级的设定也有多种方法，一种方法是外部定义，即进程优先级由用户根据需要定义；另一种方法是内部定义，即进程优先级由系统综合考虑各种因素（类型、内存需求、运行时间、打开的文件数、输入/输出操作量等）来确定。

进程优先级可以是静态的，也可以是动态的。静态优先级是在创建进程时确定的，其在进程的整个运行期间保持不变；动态优先级是随着进程的推进而不断改变的，如随着等待时间的增加而不断提高。动态优先级能够有效克服静态优先级可能出现的“饥饿”现象（某个低优先级的进程无限期等待 CPU）。

4．其他调度算法

除了上述 3 种调度算法，还有几种常用的调度算法：最短作业优先算法、最短剩余时间优先算法、多级队列算法和多级反馈队列算法。

（1）最短作业优先算法。

最短作业优先算法根据作业所需的执行时间，总是选取执行时间最短的作业作为下一次服务的对象。这一算法是非剥夺式调度算法，易于实现，且效率比较高。它的主要缺点包括难以精确估算执行时间、忽略了作业的等待时间、有利于短作业而不利于长作业。最短作业优先算法也可以用于进程调度。

（2）最短剩余时间优先算法。

最短剩余时间优先算法是将剥夺式处理策略引入最短作业优先算法中形成的。当新进程加入就绪队列时，如果它需要的运行时间比当前运行进程所需的剩余时间还短，则当前运行进程被强行剥夺 CPU，调度新进程来运行。这种算法能保证新的短进程一进入系统就很快得到服务。但是，这种算法会增加系统的开销（如保存进程断点现场、统计进程剩余时间等）。

（3）多级队列算法。

多级队列算法根据进程的某些属性，如占用内存大小、优先级和类型等将各个进程分别分到优先级不同的就绪队列中，每个就绪队列都有自己的调度算法。例如，前台进程（需要较高的交互性）和后台进程（主要进行计算或批处理工作）具有不同的响应时间要求，它们各设一个就绪队列，前台进程可用时间片轮转算法调度，而后台进程则可用先来先服务算法调度。

显然，在各个就绪队列之间也需要调度，通常采用剥夺式的固定优先级调度算法。例如，前台就绪队列的优先级高于后台就绪队列，从而只有在前台就绪队列中的进程都运行完之后，才调度后台就绪队列中的进程。

（4）多级反馈队列算法。

多级反馈队列算法是对多级队列算法的改进，它允许进程在多个就绪队列之间移动。这种算法根据 CPU 的执行特点来区分进程。如果进程是 CPU 繁忙型的，那么它会被移到优先级更低的就绪队列中；反之，如果进程是 I/O 繁忙型或交互型的，那么它会被移到优先级高的就绪队列中。具有较高优先级的就绪队列采用较短时间片轮转算法调度，具有较低优先级的就绪队列采用较长时间片轮转算法调度，具有最低优先级的就绪队列采用先来先服务算法调度。此外，进程的优先级可以事先定义好，也可以在执行过程中发生改变。例如，在具有较低优先级的就绪队列中等待时间过长的进程会被移到具有更高优先级的就绪队列中。

多级反馈队列算法具有较好的性能，能满足各类操作系统的要求，成为最通用的CPU调度算法。然而，它的算法参数需要一些方法来确定，因此它也是最复杂的调度算法。

小　结

程序在顺序执行时，具有顺序性、封闭性、可再现性及与时间的无关性。在多道程序设计系统中，程序的并发执行使顺序程序的各种特性都不复存在，并发执行程序的一个重要特性是程序结果可能与时间有关。

为了更好地描述程序的并发执行而引入了进程的概念。所谓进程，可理解为“程序在并发环境中的一次执行过程，是操作系统进行资源分配和调度的一个独立单位”。进程的两个基本特性是动态性和并发性。进程有 3 种基本状态：运行态、就绪态和阻塞态。在一些功能完善的操作系统中，进程还有挂起态。进程包括 3 部分内容：程序、数据集合、PCB。PCB 是系统为进程定义的一种专门的数据结构，它动态地记录进程的所有关键信息，包括进程标识、优先级、现行状态、存储信息、现场信息、资源信息及链接信息等。PCB 是进程存在的唯一标识。

原语是实现相关功能的程序段，可被看作机器指令延伸的一种软指令，它的执行具有不可分割性。进程控制的作用是对进程在整个生命周期中的各种状态之间的转换实施控制。进程控制原语操作包括建立、撤销、阻塞、唤醒、挂起、激活。

进程同步就是指对进程的异步运行在时间上施加某种限制。互斥是一种特殊的同步。一次只允许一个进程使用的资源称为临界资源。进程中访问临界资源的部分称为临界区，进程必须互斥地进入临界区。解决临界区互斥问题应遵循的准则包括空闲让进、忙则等待、有限等待、让权等待。

信号量和信号量上的 P、V 操作可构成“阻塞—唤醒”的进程协调机构。信号量是一个被保护的量，信号量值表示某类资源的可用数目。P 操作意味着请求获取一个单位资源，当在值为 0 的信号量上执行 P 操作时，进程会被阻塞。V 操作意味着释放一个单位资源，若有在信号量上被阻塞的进程，则唤醒它。被阻塞的进程将进入信号量的等待队列。在利用该进程协调机构实现互斥时，设置一个初值为 1 的公用信号量 mutex，并将各进程的临界区置于 P(mutex)和 V(mutex)语句之间。在实现两个合作进程的简单同步时，可以设置一个初值为 0

的私有信号量 S，等待事件发生的进程执行 P(S)操作，产生事件的进程执行 V(S)操作。生产者与消费者关系是同步问题的抽象，在实现时可设置一个公用信号量 mutex（初值为 1）和生产者的私有信号量 buffers（初值为 *n*），以及消费者的私有信号量 products（初值为 0）。

进程间的通信就是指在进程之间进行信息交换。常用的高级通信方法有消息传递机制和共享内存机制，它们可在进程之间传递大批量的信息，相比于 P、V 原语等低级通信机构，进程间的通信有更强的处理能力。

两个或两个以上进程都无限期地等待他方占有的资源而无法向前推进的情况称为死锁。死锁存在的 4 个必要条件是互斥条件、不可抢占条件、占有且申请条件、循环等待条件。

死锁的解决方法包括预防死锁、避免死锁、检测及解除死锁。预防死锁通过破坏 4 个必要条件之一来实现。银行家算法是最典型的避免死锁的算法。在允许死锁的前 3 个必要条件存在的前提下，检测死锁就是确定环路等待条件是否存在，一旦检测到死锁，便立即解除，解除死锁的方法有撤销进程法和挂起进程法。

线程是为了进一步提高系统的并发性而引入的概念。引入线程后，进程作为系统资源分配的独立单位，线程作为系统中CPU调度和分配的基本单位。线程只拥有少量的在运行时必不可少的资源，它与同属于一个进程的其他线程共享进程拥有的全部资源。

作业管理的主要任务是作业调度与作业控制。作业调度是CPU的高级调度。

作业是用户提交给计算机完成的一个独立任务。作业是由程序、数据和作业说明书 3 部分组成的。作业步是作业中一项相对独立的工作。作业有 4 种状态：提交状态、后备状态、执行状态和完成状态。联机作业没有后备状态。

CPU 调度可以分为 3 个层次：高级调度（又称宏观调度或长程调度）、中级调度（又称交换调度或中程调度）和低级调度（又称进程调度、微观调度或短程调度）。

作业调度的主要功能是按照某种调度算法选择一个后备作业，为其创建作业进程。调度算法性能的优劣由多种指标来衡量，如 CPU 利用率、吞吐量、周转时间等。常用的调度算法有先来先服务算法、时间片轮转算法、优先级调度算法和最短作业优先算法等。

习题 6

6.1　试说明进程和程序的关系。

6.2　试说明线程和进程的区别。

6.3　在操作系统中引入线程概念的主要目的是什么？

6.4　画出具有 3 种状态的进程状态转换图，并标明状态转换的条件。

6.5　进程有无以下状态转换？为什么？

（1）就绪—运行。

（2）阻塞—运行。

（3）就绪—阻塞。

6.6　进程由哪 3 部分组成？各部分的作用分别是什么？

6.7　并发进程之间有哪两种制约关系？它们各自的产生原因是什么？

6.8　什么是进程互斥？什么是进程同步？

6.9 什么是临界资源和临界区？试举一个临界资源的例子？临界区管理的基本准则是什么？

6.10 有哪些解决进程的同步与互斥问题的方法？

6.11 信号量和P、V操作的定义是什么？

6.12 有3个并发进程P1、P2和P3，进程P1从输入设备不断地读入数据，并存入缓冲单元Buffer1中；进程P2不断地将Buffer1中的内容复制到缓冲单元Buffer2中，进程P3不断地将Buffer2中的内容在打印机上输出。试用信号量和P、V操作实现这3个进程之间的协调工作。

6.13 进程P1和P2利用公共缓冲池交换数据。设缓冲池有 n 个缓冲块，进程Pl每次生成一个数据块并存入一个空缓冲区，进程P2每次从缓冲池中取出一个装满数据的缓冲块。试用信号量和P、V操作实现进程P1和P2的同步。

6.14 请用信号量和P、V操作实现某数据库的读者与写者的互斥操作。要求读者与写者之间互斥，写者与写者之间互斥，读者与读者之间不互斥。

6.15 进程间的高级通信有哪些实现机制？

6.16 设系统中有某类数量为 M 的独占型资源，N 个进程竞争该类资源，其中各进程对该类资源的最大需求量为 W。当 M、N、W 分别为下列值时，试判断哪些情况会产生死锁？为什么？

（1）M=2，N=2，W=1。

（2）M=3，N=2，W=2。

（3）M=3，N=2，W=3。

（4）M=5，N=3，W=2。

（5）M=6，N=3，W=3。

6.17 在生产者—消费者问题中，如果将两个P操作的位置互换，那么会产生什么样的结果？

6.18 什么是死锁？试述产生死锁的必要条件。

6.19 解决死锁问题的方法有哪些？

6.20 死锁的预防主要是破坏哪些必要条件？试举一例。

6.21 什么是银行家算法？试说明它的基本思想。

6.22 什么是作业和作业步？作业有哪4种状态？

6.23 CPU调度分为哪3种类型？简述各类调度的主要任务。

6.24 试说明作业调度和进程调度之间的关系。

6.25 衡量CPU调度算法优劣的主要指标有哪些？

6.26 常见的CPU调度算法有哪些？

第 7 章　存储管理

存储管理是操作系统的重要组成部分，负责管理计算机中的另一类重要资源——主存储器。在计算机中，任何程序和数据都必须进入主存储器，只有这样才能被执行和处理。一方面，主存储器的容量是有限的；另一方面，进程的并发执行要求多个程序同时进入主存储器，因此，如何对主存储器进行有效的分配和管理将直接影响系统的性能。

本章首先介绍操作系统中有关存储管理的基本概念，然后分析几种常用的存储管理技术的基本思想和实现算法，并讨论它们各自的优/缺点。

7.1　存储管理概述

7.1.1　存储器的层次

如图 7.1 所示，计算机的存储器系统一般分为多个层次，主要包括寄存器、高速缓存、主存储器和外存，用以平衡容量、速度和价格等多种因素。在存储器的层次结构中，距离 CPU 越近的层次的容量越小，速度越高，价格越昂贵。

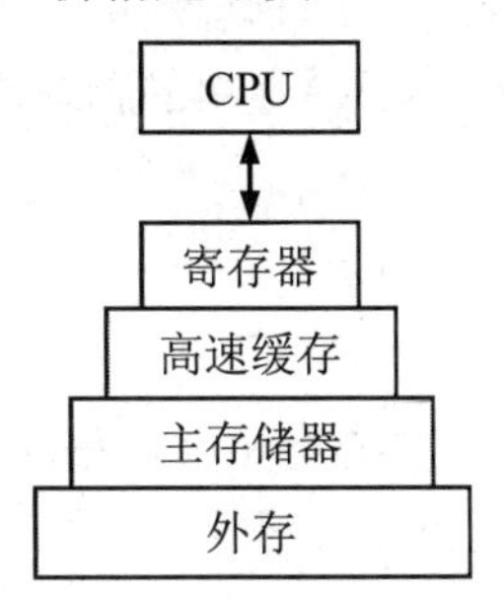

图 7.1　存储器系统的层次结构

寄存器位于 CPU 中，它的访问速度最高，价格最昂贵，处于存储器系统的顶层。高速缓存（又称缓存）的容量比寄存器稍大，其访问速度比主存储器高，但它的成本远高于主存储器。高速缓存主要用于存放频繁使用或最近使用的信息，以减少 CPU 对主存储器的访问次数，提高程序执行速度。有些计算机具有两级甚至多级高速缓存，其每级高速缓存的访问速度都比前一级低，但容量越来越大。

主存储器简称内存或主存，是存储器系统的主要部分，它存放了系统程序和用户程序中的指令及数据。寄存器、高速缓存和内存是 CPU 能直接访问的存储器，它们存储的信息掉电后会丢失。

外存包括硬盘、磁盘、磁带和光盘等。它具有容量大、价格便宜、访问速度低等特点。外存中的信息只有交互到内存后，才能被 CPU 存取。外存的管理由操作系统的设备管理功能负责，其中存储的信息即使掉电后也能长期存在。

CPU 不能直接存取外存中的信息，但内存和外存之间可以相互传递信息。由于物理机制的限制，外存的存取速度低于内存的存取速度。

7.1.2　逻辑地址和物理地址

1．用户程序执行所需的步骤

在计算机系统中，一个用户程序从源程序开始，到进入系统运行，需要经历若干步骤。

（1）编译阶段：由编译程序（或汇编程序）对用户源程序进行编译（或汇编），形成若干目标代码模块。

（2）链接阶段：链接程序将编译（或汇编）后得到的一组目标代码模块及其所需的库函数链接在一起，形成一个完整的可执行目标程序。

（3）装入阶段：装入程序根据内存的使用情况和分配策略，将得到的可执行目标程序装入系统分配的内存区。

2．逻辑地址和物理地址的定义

在上述用户程序执行的步骤中，链接程序无法预知程序被装入内存时的位置，因此链接阶段产生的可执行目标程序的地址空间中的地址是以 0 为基地址开始编号的顺序地址。这种地址称为逻辑地址（又称相对地址或虚拟地址）。

装入程序将可执行目标程序装入内存时，会根据指定的内存区首地址将可执行目标程序中的逻辑地址转换成内存中对应存储单元的物理地址（又称绝对地址）。

这种把程序空间中的逻辑地址转换成内存中的物理地址的过程叫作地址重定位（又称地址转换或地址映射）。

7.1.3　存储管理的功能

由前面所介绍的存储器系统的层次结构和用户程序执行的步骤可知，存储管理需要为多道程序的并发执行提供有效存储空间的分配和管理功能。存储管理应具备如下 4 项主要功能。

1．内存分配

在多道程序设计系统中，操作系统和多个用户作业共存于内存中，系统需要根据适当的算法为用户作业分配内存空间，作业运行完成后，系统要及时收回它占有的内存区域，以提高内存利用率。内存分配一般有两种方式，即静态分配和动态分配。

（1）静态分配。

对于静态分配，作业要求的内存空间是在作业被装入内存时确定并分配的，作业在运行过程中不能再次申请内存或在内存中“移动”，即内存分配在作业运行前一次性完成。

（2）动态分配。

对于动态分配，作业要求的基本内存空间也是在作业被装入内存时确定并分配的，但它允许作业在运行过程中申请附加的内存或在内存中“移动”，即内存分配在作业运行前和作业运行过程中逐步完成。

显然，动态分配具有较高的灵活性，它不要求在一个作业的全部信息进入内存后该作业才开始运行。作业只有在运行期间需要某些信息时，系统才将这些信息调入内存，即当前作业暂不使用的信息可以不进入内存，这有利于提高内存利用率。

2. 地址转换

在多道程序设计系统中，各个程序由用户独立编程、编译和链接，并在作业管理的调度下随机地装入内存。系统为程序分配内存的过程中需要完成地址重定位工作。地址重定位有两种方式：静态地址重定位和动态地址重定位。

（1）静态地址重定位。

对于静态地址重定位，地址转换是在程序被装入系统分配的内存指定区域时，一次性地由软机构重定位装入程序来完成的，即地址转换工作是在程序执行前一次性完成的。该方法无须硬件支持，易于实现，但是不允许程序在执行过程中于内存中移动。

（2）动态地址重定位。

对于动态地址重定位，地址转换是在程序执行过程中进行的，并且由硬件地址重定位机构来完成。程序被装入系统分配的内存指定区域时，不对逻辑地址做任何修改，但是将所分配内存区域的起始地址存入一个硬件专用寄存器——基址寄存器（重定位寄存器）。程序在执行过程中，每当遇到要访问地址的指令时，就由硬件自动地将访问地址加上基址寄存器的值，形成实际物理地址。

与静态地址重定位相比，动态地址重定位允许程序在内存中移动。程序在内存中可以因为对换或内存空闲区收集而移动，从而便于提高内存利用率。另外，动态地址重定位为实现虚拟存储器提供了基础，因为它不要求程序在执行前分配其所需的全部内存。

3. 内存保护

在多道程序设计系统中，一方面，多个进程可以共享内存中的系统程序、用户程序和数据段，以提高内存利用率；另一方面，系统要为各用户程序的内存空间提供保护，以防止其他程序的干扰和破坏。在程序的执行过程中，系统必须随机检查其对内存的访问，限制程序在其自己所属的内存空间中活动。内存保护特别要防止用户程序侵犯操作系统内存空间，因为这可能会摧毁操作系统，带来灾难性的后果。内存保护功能一般可由软件和硬件配合来实现。

4. 内存扩充

在计算机中，内存的容量总是有限的，为了能既满足越来越大的单个程序的运行要求，又保证多个作业在内存中并存和并发执行，内存扩充也成为存储管理的主要功能。常用的内存扩充方法有覆盖、对换和虚拟存储技术。

覆盖技术是把一个程序按逻辑划分为若干程序段，将不会同时执行的程序段分成一个组，通过轮流将它们装入内存来减少内存开销。

对换技术将暂不能执行的程序移到外存中，在合适的时候再将其移入内存，以此来腾出内存空间。

虚拟存储技术是实现内存扩充的主要手段，它允许程序在只有部分被调入内存的情况下运行。该方法把有限的物理内存与大容量的外存统一起来，构成一个容量远大于物理内存的虚拟存储器空间。一个程序在运行时，其全部信息都被装入虚拟存储器空间，但实际上可能只有当前运行所必需的那一部分存放在物理内存中，其他部分存放在外存中。当程序运行需要访问的信息不在内存中时，系统再将其从外存调入内存。此外，系统还会适时地将内存中暂时不用的信息调至外存，以释放内存空间。

7.2 基本存储管理技术

一个作业或程序能运行的前提是它先被装入内存，即系统必须为它分配一定大小的内存空间。早期的基本存储管理技术采用连续内存分配方法，即为每个程序分配一个连续的内存区域。连续内存分配方法可分为分区分配法和可重定位分区分配法。当存储空间不够时，可以采用交换技术来实现内存扩充。

1. 分区分配法

分区分配法是一种最简单的内存分配方法，适用于多道程序设计系统。它的基本思想是将内存划分为若干分区，并将每个分区分配给不同的作业。按照分区时采取的策略不同，分区分配法又可以分为固定分区分配法和动态分区分配法。

（1）固定分区分配法。

在固定分区分配法中，内存被划分的分区个数固定不变，各个分区的大小也固定不变，但不同分区的大小可以不相等，每个分区只可装入一个作业。

固定分区分配法的管理方式简单，但内存利用率不高。由于作业的大小和分区的大小一般无法恰好相等，因此每个分区中都有可能浪费一部分空间，或者当前虽然有若干空闲分区，但没有一个能容纳下一个作业。一个分区中被浪费的内存空间称为内部碎片。

（2）动态分区分配法。

动态分区分配法又称可变分区分配法，它不事先划分内存分区，而在作业要进入内存时，根据作业的大小来建立分区，即分区的大小恰好适应作业的大小。

动态分区分配法比固定分区分配法的内存利用率高，能消除内部碎片。但是，随着若干作业被装入内存和从内存中退出，经常会出现大量分散的、小的空闲内存空间。内存中这种容量小的、不连续的、无法被利用的小分区称为外部碎片。

此外，为了实现上述分区分配法，需要设置相应的数据结构来记录内存的使用情况，为内存分配提供依据。在动态分区分配法中，还会专门用数据结构来描述空闲分区。常用的数据结构有以下两种形式。

①分区表：用于记录每个分区的情况，每项表记录对应一个空闲分区，记录的信息包括分区序号、分区大小、分区起始地址和该分区的状态（是否空闲）等。

②分区链：使用链指针把所有的分区链接起来，在每个分区的起始部分存放用于控制分区分配的信息，如分区状态位（是否空闲）、分区大小、指向前面一个分区的前向指针和指向后面一个分区的后向指针。

2. 可重定位分区分配法

在固定分区分配法或动态分区分配法中，都会不可避免地出现内存碎片（内部碎片或外部碎片）。大量碎片的出现减少了内存中可容纳作业的个数，也造成了内存空间的浪费。碎片问题最简单的解决方法是使用紧缩技术。该技术通过移动已分配内存分区中的内容将所有内存碎片合并为一个连续分区。

然而，紧缩技术的使用是有前提条件的，只有程序的地址转换采用了运行时的动态重定位方式，系统才能够使用紧缩技术。可重定位分区分配法是通过在动态分区分配法的基础上增加了内存紧缩功能而实现的。但是，采用紧缩技术消除内存碎片需要大量移动内存中的内容，这无疑会花费大量的 CPU 时间。

3. 对换技术

对换技术又称交换技术，可以用于解决分时操作系统或批处理操作系统中内存不足的问题。它的基本思想是只允许一个作业（早期单用户系统）或有限数目的作业（多道程序设计系统）在内存中运行。当某个作业用完分配给它的 CPU 时间片，或者因为等待其他事件发生而不能继续运行时，系统暂时将其从内存移到外存中，以释放内存空间给其他作业使用；在以后的合适时间，系统又可以把作业从外存调回内存而使之重新运行。

对换技术可以与分区分配法结合使用，如果作业被移出后要装入新的内存分区中运行，就要有动态重定位机构的支持。对换技术是以整个作业或进程交换为代价的，会花费大量的 CPU 时间。

7.3　分页存储管理

另一类存储管理技术称为虚拟存储管理技术，一方面，它使用软件方法来扩充内存，解决内存扩充问题；另一方面，它允许作业在内存中的地址空间是非连续的，从而可以有效解决内存碎片问题。

7.3.1　虚拟存储管理

在前面介绍的各种分区存储管理方法中，作业需要在内存中占用一个连续的地址空间。虽然可以采用紧缩技术来消除内存碎片，采用对换技术来扩充内存，但这些都是以花费大量的 CPU 时间为代价的。而且，当一个大作业的地址空间大于系统内存空间时，这个作业会因为无法被全部装入内存而无法运行。

但实际情况是，程序的运行过程具有局部性规律：有些部分经常用不到（如出错处理程序），有些部分很少使用（如程序初始化和终止处理部分）；即使是常用的部分，在比较短的时间内，也只有部分程序会执行。

既然如此，系统就没有必要在作业运行之前把它全部装入内存，而只将当前运行所需的那部分程序和数据装入内存，就能启动程序运行；其余部分存放在外存中，待以后实际需要时再分别调入内存；此时，也可以把暂时不用的那部分从内存调到外存中。这样，系统就提供了一个比真实的内存空间大得多的地址空间，这就是虚拟存储器。虚拟存储器的优点包括以下两点。

（1）系统可以运行比内存空间大的作业，用户编写程序时无须考虑内存容量的限制，简化了程序设计任务。

（2）由于每个作业只需部分装入内存，因此，在一定容量的内存中可以同时装入更多作业，从而提高系统资源利用率和系统的吞吐量。

在虚拟存储器的基础上，如果允许作业分散地装入不相邻的内存分区中，即允许作业在内存中的地址空间是非连续的，就可以更充分地利用内存空间，消除内存碎片问题。

综上所述，虚拟存储器的基本特征包括以下几点。

（1）虚拟扩充。虚拟存储器不是在物理上扩充内存容量，而是采用软件的方法将内存和外存相结合，在逻辑上扩充内存容量。但是，虚拟存储器的容量不是无限大的，其容量受制于两个因素：指令中表示地址的位数和外存的容量。

（2）部分装入。每个作业不是一次性地被全部装入内存，而是被部分装入内存。

（3）离散分配。当一个作业被部分装入内存时，不必占用连续的内存空间，以避免内存空间的浪费。

（4）多次对换。在一个进程运行期间，进程所需的全部程序和数据要分多次调入与调出内存。每次调入的部分只满足当前需要，而暂时不需要的部分则可被调出到外存的对换区中；对于被调出的部分，在需要时再将其调入内存。

在虚拟存储管理技术中，根据离散分配内存空间时基本单位的不同，它可以分为分页存储管理、分段存储管理和段页式存储管理。

7.3.2 分页存储管理的基本原理

1. 分页原理

在分页存储管理中，将一个作业或进程的逻辑地址空间划分成若干大小相等的区，每个区称为“页”或“页面”。每页都有一个页号，从0开始编号，如第0页、第1页等。

相应地，将内存的物理地址空间也划分成与页大小相同的若干区域，称为“块”或“页框”。同样，块号也从0开始编号，如第0块、第1块等。

系统在为进程分配内存时，以内存块为单位，而且可以将进程中的若干页装入不相邻的内存块中。这种方法有效地减少了内存碎片，只有进程的最后一页可能装不满一个内存块，形成小于一页的内存碎片。

页的大小应适中，通常为2的若干次幂，如512B～1GB。页较小，页内碎片变小，但会增加进程页数，导致页表过长而多占内存，还会降低页换进换出的效率；反之，页过大，会减小页表长度，提高页换进换出的效率，但页内碎片会变大。

2．逻辑地址结构

如图7.2所示，在分页存储管理中，进程中的逻辑地址也可以由两部分组成：页号和页内位移，以便于将逻辑地址转换成物理地址。图7.2所示的结构中的地址为32位，其中0～11位为页内地址，对应的页长度为4KB；12～31位为页号，可容纳220页。

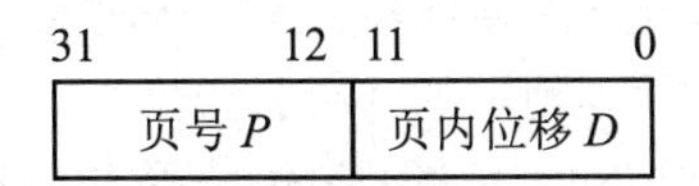

图7.2　分页存储中的逻辑地址结构

对于给定的系统，其地址结构是一定的。若页大小为 L，则对于任意给定的逻辑地址 A，其页号为 INT$\lfloor A/L \rfloor$，即 A 除以 L 后向下取整数；页内地址为 $A \bmod L$，即 A 对 L 取模。例如，某系统的页大小为1KB，若 A 为3456，则 P 为3，W 为384，A 可以表示为(3,384)。

3．页表

在分页存储管理中，进程的逻辑地址空间被分成页后依然是连续的，但是页所装入的内存块可能不相邻。为了确定进程的每页与装入的内存块之间的对应关系，系统又为每个进程建立了一张页面映像表，简称页表，如图7.3所示。

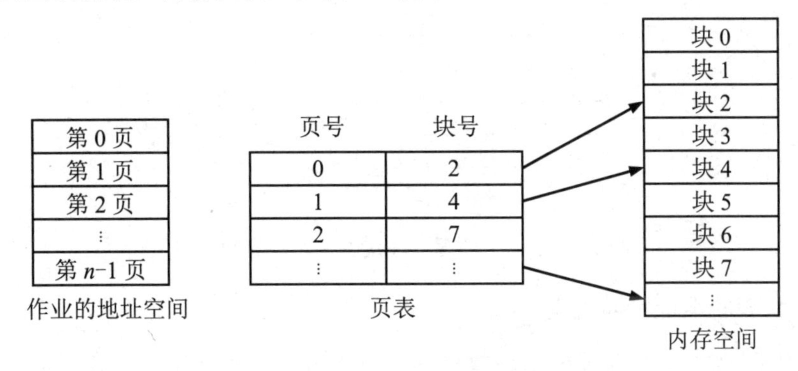

图7.3　分页存储中的页表

页表的表项结构一般与系统密切相关，页表除包含页号和块号信息外，还包含一些控制和状态信息，如读/写或只读、是否在内存中等。页表大小由进程或作业的大小确定。进程的逻辑地址空间内的所有页（第0～n-1页）依次在页表中有一个页表项，记录了页号和块号。

现代计算机都支持较大的逻辑地址空间（32位或64位），对应的页表本身也会很大。在这种情况下，可以采用两级页表或多级页表，对页表进行分页存储；也可以倒置页表，为内存的每个物理块设置一个列表项，记录对应页号和该页所属进程的信息，从而整个系统只有一个倒置页表，为所有进程服务。

4．基本地址转换结构

进程执行时，根据页表把逻辑地址中的页号换成块号，实现逻辑地址到物理地址的转换。现代计算机的页表很大，因此页表一般存放在内存中。为了提高地址转换速度，系统会设置硬件地址转换机构。此外，系统还设置了专用的硬件——页表基址寄存器，用于存放页表在内存中的起始地址。有一些系统还会设置页表长度寄存器，其保存了页表的大小，可用于检查逻辑地址的有效性。

进程运行前，系统将页表的起始地址送入页表基址寄存器；进程运行时，系统借助硬件地址转换机构，自动地将逻辑地址分为页号和页内位移两部分，并以页号为索引检索页表得到块号，获得物理地址。其中，物理地址的计算公式为

物理地址=块号×块大小+页内位移

图 7.4 所示为分页存储管理系统中的基本地址转换机构。在图 7.4 中，页大小为 1KB，则逻辑地址 2500（=2×l024+452）的页号为 2，页内位移为 452B。由页表可知，第 2 页装入的内存块的块号为 8。将块号 8 与页内位移 452B 组合（8×1024+452=8644），可得到物理地址为 8644。

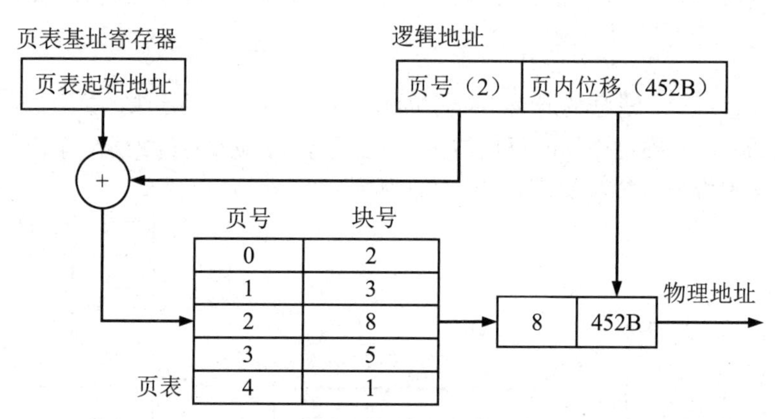

图 7.4　分页存储管理中的基本地址转换机构

5. 具有快表的地址转换机构

在使用基本地址转换机构进行地址转换的过程中，由于页表存放在内存中，因此 CPU 存取数据或访问指令至少需要访问内存两次：一次访问页表，确定物理地址；另一次根据所得到的物理地址存取数据或访问指令。因此，这种分页存储管理降低了计算机的执行速度。

考虑到大多数程序通常总是对少量页进行多次访问，上述问题的解决方案是为基础地址转换机构增加一个特殊的、高速的转换表缓冲区（Translation Look-aside Buffer，TLB）。TLB 又称快表，它速度快、价格高，但容量较小，只能存放几十个页表表项。系统在 TLB 中存放进程最近访问的部分页表表项，而页表整体仍然存放在内存中。

引入 TLB 后的地址转换过程：当 CPU 给出逻辑地址后，地址转换机构首先将页号与 TLB 中的所有页号进行并行匹配，若 TLB 中有相匹配的页号，则立即获得该页号对应的块号，生成物理地址；若在 TLB 中没有查找到有效的匹配项，则通过正常的页表查找来获得物理地址，同时将新找到的页表表项更新到 TLB 中。在 TLB 已满且要更新一个页表表项时，可以采用先进先出等策略淘汰一个旧的页表表项。具有 TLB 的地址转换机构如图 7.5 所示。

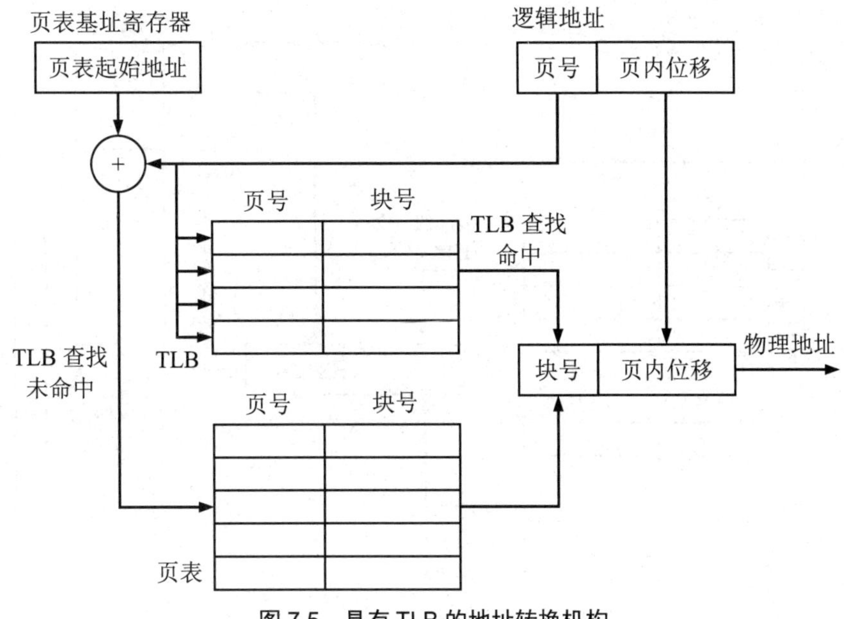

图 7.5　具有 TLB 的地址转换机构

7.3.3　请求分页存储管理

分页存储管理可以分为纯分页（静态分页）存储管理和请求分页（动态分页）存储管理两种类型。本节前面所介绍的属于静态分页存储管理，它要求作业和进程在开始执行前把所有的信息都装入内存。显然，静态分页存储管理并未使用虚拟存储技术，因此，当内存空闲空间不足或作业太大时，会限制一些作业进入内存运行，也无法运行目标程序空间大于系统内存的作业。

请求分页存储管理能够很好地解决上述问题，它的基本思想是，对于一个运行的作业或进程，只把它当前运行所需的那部分页的集合装入内存；当进程运行需要访问的页不在内存中时，由硬件产生缺页中断，并由操作系统处理这个中断：操作系统装入所要求的页并相应调整页表的记录，重新启动相应的指令，如果内存资源紧张，则可以在已装入内存的页中选择若干页，将其换出到外存中。

可见，请求分页存储管理实现了虚拟存储器，将内存和外存两级存储器融合成逻辑上统一的虚拟存储器，这样，一方面，可以运行比内存容量更大的作业；另一方面，在相同容量的内存中可以并发执行更多作业。

需要注意的是，请求分页存储管理和对换技术虽然都在内存与外存之间交互信息，但是它们有很大的区别。对换技术在交换时以整个进程为交换单位，而请求分页存储管理则以页为交换单位。

为了实现请求分页存储管理，系统必须提供一定的硬件支持，除前面所介绍的页表、硬件分页转换机构外，还需要缺页中断机构。页表表项除需要包含对应的块号外，还需要保存反映该页是否在内存中的状态位、页在外存中的地址和该页使用情况的信息（如最近是否被引用过、内容是否被修改过）等，为系统进行页交换提供依据。图 7.6 所示为具有 TLB 的请求分页存储管理系统。

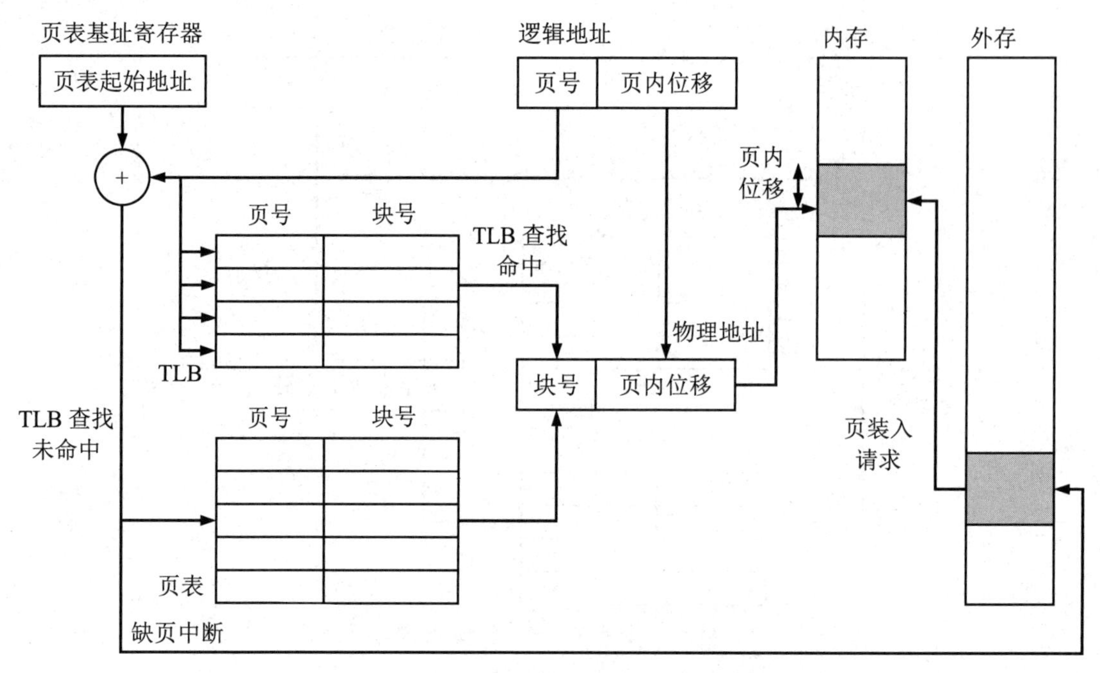

图 7.6 具有 TLB 的请求分页存储管理系统

7.4 分段存储管理

对于前面介绍的各类存储管理技术，从分区分配法到分页存储管理，它们的目的都是更好地提高内存利用率。而引入分段存储管理的目的是满足程序员编程和进程共享等方面的要求。

1. 分段存储管理的概念

在分页存储管理中，作业的逻辑地址空间被当作一个连续的一维地址空间，其被划分成的若干页与程序内容之间不存在逻辑关系。实际上，程序在设计实现时，通常都采用模块化的结构，一个程序包括主程序、子程序、库函数和数据等程序段（功能模块），如图 7.7 所示。

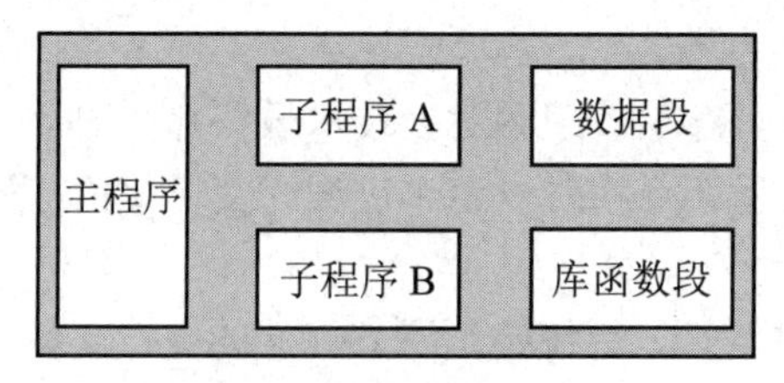

图 7.7 程序的模块化结构

程序在设计时以模块为基本单位，在执行时也以模块为单位。因此，在进行存储管理时，以模块为单位进行内存的分配能节省系统时间和减少存储空间开销，也有利于以模块为单位的数据共享和保护，这就是分段存储管理的基本思想。

2. 分段的基本原理

分段存储管理将作业或进程的逻辑地址空间按模块分为多段，此时，每段可以由两部分来描述：段号和段内位移。段号是从 0 开始的连续正整数，段号和段内位移占用的位数确定后，作业的逻辑地址空间中允许的最大段数和各段的最大长度也就确定了。

在分段存储管理中，内存分配以段为单位，每段被分配一个连续的内存区域，但各段在内存中不要求相邻。

类似分页存储管理系统，分段存储管理系统会为内存中的每个作业建立段表。段表包含的信息包括各段的段号、段的长度、段在内存中的起始地址、段的状态和存取权限等。系统也会设置一个硬件——段表基址寄存器，用来存放段表在内存中的起始地址。借助段表和硬件地址转换机构，分段存储管理系统实现逻辑地址到物理地址的转换，其具体过程与分页存储管理系统类似。

3. 段的共享和保护

分段存储管理有利于不同进程之间的代码或数据共享。为了共享某个数据段，只需在各个进程的段表中登记一个段表表项，使它们的基地址都指向同一个物理单元。对于共享代码段，还需要保证执行过程中该段的指令和数据不被修改。

对于共享段的保护，分段存储管理系统可以通过存取控制保护方法来实现，如通过设置读、写、执行、修改等控制类型来控制各类进程对信息的共享程度。

4. 分段存储管理系统和分页存储管理系统的比较

分段存储管理系统和分页存储管理系统有很多相似之处，如两者在内存中局部（段内或页内）连续、整体（段间或页间）不连续，都要通过地址转换机构和特殊的数据结构（段表或页表）将逻辑地址转换为物理地址。这两者的区别体现为以下两方面。

（1）段是信息的逻辑单位，每段在逻辑上是相对完整的一组信息，如一个函数、过程、数组等；段的长度因段而异，取决于用户编写程序的需要，分段在内存中的起始地址可以是任意地址；引入段的目的是满足用户进行模块化程序设计的需要，有利于信息共享和保护。

（2）页是信息的物理单位，与程序的逻辑结构无关；页的大小是由系统确定的，页在内存中的起始地址是页的大小的整数倍；引入页的目的是提高内存利用率。

7.5　段页式存储管理

分页存储管理能有效提高内存利用率，而分段存储管理能很好地满足用户的需要。将这两种管理技术结合起来，就能取长补短，形成段页式存储管理。

段页式存储管理的基本思想是，将内存分为若干大小相等的内存块；将作业或进程的地址空间分为段，系统为每段分配内存时使用分页存储管理。这样既可以保持分段存储管理系统便于用户进行程序设计、分段共享和保护的优点，又可以保持分页存储管理系统提供的减少内存碎片、提高内存利用率和基于虚拟存储技术的内存扩充等优点。

在段页式存储管理系统中，作业或进程的逻辑地址可以由 3 部分组成：段号、页号和页内位移。相应地，系统要为每个进程建立一个段表，并为每段建立一个页表，还要设置一个段地址寄存器以存放段表的起始地址。其中，一次逻辑地址到物理地址的转换过程如下。

（1）硬件地址转换机构将逻辑地址中的段号与段地址寄存器中的内容相加，得到访问段在段表中的段表表项地址。

（2）从段表表项中获得该段的页表起始地址，将其与逻辑地址中的页号相加，得到当前访问页的页表表项地址。

（3）从该页表表项中得到该页在内存中的块号，将其与逻辑地址中的页内位移相结合，得到所需的物理地址。

小　结

存储管理的基本目的是提高内存利用率和方便用户，对于多道程序设计系统，还要实现内存中多个作业或进程的共存。存储管理应完成内存分配、地址转换、内存保护和内存扩充4项任务。

内存分配可采用静态或动态的分配方式。地址转换既是为了方便用户编程，又是为了满足内存分配的需要，它同样有静态和动态两种地址重定位方法。内存保护的目的是为内存共享提供保证。为了增强系统的处理能力并方便用户，扩充内存是必要的。虚拟存储技术是实现内存扩充的主要手段，它通过软件方法把有限的物理内存与大容量的外存统一起来，构成一个容量远大于物理内存的虚拟存储器空间。

基本存储管理技术包括固定分区分配法、动态分区分配法和可重定位分区分配法。在这些方法中，可以通过紧缩技术来解决内存碎片问题，也可以通过对换技术来扩充内存。

分页存储管理技术的基本出发点是打破内存分配的连续性。它把作业的地址空间分成若干大小相等的页，另把内存空间分成与页同等大小的块，其存储分配以页为单位，一个作业的地址空间可以分布在互不连续的内存块中。这种存储分配的不连续性，加上页和块大小的一致性，使得内存碎片问题得到了有效解决。在分页存储管理中，通过页表和硬件地址转换机构来实现逻辑地址到物理地址的转换；为提升转换速度，可引入TLB。在分页存储管理中引入请求分页的思想就能实现虚拟存储器。也就是说，对于一个运行的进程，只把当前其运行所需的那部分页装入内存，当需要访问的页不在内存中时，由系统将其从外存调入内存。

分段存储管理系统允许用户按照作业的逻辑关系进行自然分段，段是独立的逻辑单位和存储分配单位，段的大小不固定，段内逻辑地址是二维地址。分段存储管理也具有存储分配的不连续性，其地址转换主要是通过段表来实现的。

虚拟存储技术具有虚拟扩充、部分装入、离散分配和多次对换等特点，它从逻辑上扩充了内存，使系统能运行容量比内存容量大的作业，也能增加内存中并存的作业数量。

段页式存储管理的基本思想是将分段存储管理和分页存储管理相结合，它既获得了分段在逻辑上的好处，又具有分页在管理存储空间上的优点，是一种理想的虚拟存储技术。

习题 7

7.1　试述存储管理的基本功能。

7.2　试述计算机系统中的存储器层。

7.3　什么是逻辑地址？什么是物理地址？什么是地址转换？

7.4　地址转换有哪些实现方法？

7.5　基本的存储管理技术有哪些？

7.6　什么是存储管理中的紧缩技术？在什么情况下需要使用这种技术？

7.7　什么是对换技术？它有什么作用？

7.8　什么是虚拟存储器？它的特点是什么？

7.9　试述分页存储管理的实现原理。

7.10　分页存储管理中的 TLB 是什么？它的作用是什么？

7.11　试述分段存储管理的实现原理。

7.12　比较分段存储管理与分页存储管理的主要区别。

第 8 章　设备管理

在计算机系统中，除 CPU 和内存之外的设备称为外部设备。外部设备通常包括输入/输出设备、外存设备和终端设备等。设备管理是操作系统中负责管理和控制这些外部设备，完成输入/输出等操作的功能模块。由于设备的种类繁多，速度、数据组织和传送单位等特性各异，操作方式各不相同，因此设备管理也是操作系统中最为繁杂的部分。

8.1　设备的分类与设备管理的功能

8.1.1　设备的分类

计算机系统中目前常用的设备有存储设备（硬盘、磁带和光驱）、数据传输设备（网卡、蓝牙设备等）和人机交互设备（显示器、键盘、鼠标、音频输入/输出设备）等。此外，还有各类专业设备，如驾驶模拟器、各类虚拟现实/增强现实智能眼镜等。

不同的设备一般通过不同的端口或总线连接到计算机系统中。图 8.1 所示为一个典型的计算机内部总线结构示意图。其中，高速外部设备互连（Peripheral Component Interconnect Express，PCIe）总线将 CPU 和存储器子系统连接到快速设备上；扩展总线用于连接相对较慢的设备，如键盘/鼠标、串行接口、USB（Universal Serial Bus，通用串行总线）接口等。计算机系统中的设备从不同的角度看有不同的分类。

（1）从设备的数据组织方式角度来分类，设备可以分为块设备和字符设备。块设备以一定大小的数据块为单位，进行数据的组织、管理和传送，如磁盘、磁带和 USB 盘等存储设备。块设备的特征是每个数据块都有自己的地址，能独立于其他数据块进行读/写操作。字符设备以字符（或字符流）为单位进行数据的组织、管理和传送，如显示器、打印机和键盘等。

（2）从设备的管理模式角度来分类，设备可以分为物理设备和逻辑设备。物理设备是指计算机系统中配置的实物设备。逻辑设备是由系统提供的在逻辑意义上存在的虚拟设备。

（3）从设备的资源属性角度来分类，设备可以分为独占设备、共享设备和虚拟设备。独占设备是同一时刻只能被一个作业或进程使用的设备，如打印机；共享设备是能同时被多个进程共享的设备，如磁盘和光盘等；虚拟设备是操作系统使用虚拟技术（如 SPOOLing 技术）通过独占设备改造而成的共享设备，如虚拟打印机等。

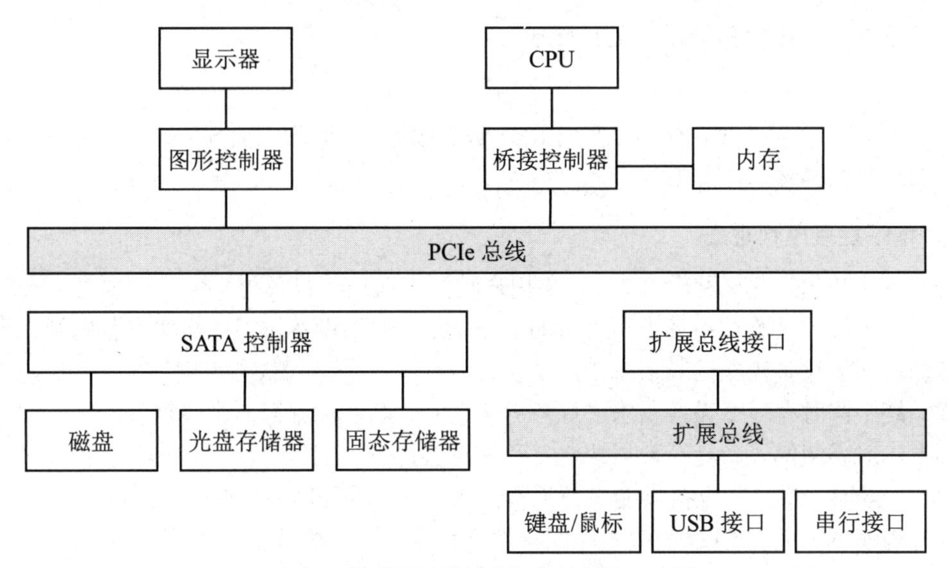

图 8.1　典型的计算机内部总线结构示意图

尽管计算机系统中的设备种类繁多，但是各设备一般都由两部分组成：由物理部件组成的设备硬件部分和面向用户或程序使用的设备软件部分。

8.1.2　设备管理的功能

为了满足系统和用户的要求，设备管理的功能主要包括以下几项。

1．设备的资源配置

设备的资源配置是指根据设备的不同特性，为设备配置其所需的各类系统资源，如 I/O 地址、I/O 端口、中断请求信号和 DMA 通道等，隐藏设备的底层实现细节。

2．设备的控制和驱动

根据设备的控制方式，完成设备控制器操作、中断处理、设备读/写操作，以及数据传送等任务；通过设备驱动程序完成对设备各项操作的直接控制，向计算机系统中的其他程序提供统一的操作接口。

3．设备和CPU的协调

通过设备和 CPU 之间、设备和设备之间的并行操作来提高 CPU 与设备的利用率；通过缓冲区的管理来实现设备与 CPU 的速度差异的协调；通过 SPOOLing 技术来实现虚拟设备，进一步提高 CPU 与设备的并行程度。

4．设备的分配和调度

根据设备的类型（独占、共享或虚拟）和系统中采用的分配算法，将设备分配给系统中的进程，对等待设备的进程进行调度。

8.2 设备数据传送控制方式

控制设备与 CPU（或内存）之间的数据传送是设备管理的主要任务之一，具体有以下 4 种常用的设备数据传送控制方式。

1. 程序直接控制方式

程序直接控制方式又称轮询方式，由用户程序直接控制设备与CPU之间的数据传送。用户程序对应进程通过测试指令查询设备的工作状态，如果设备空闲或数据准备就绪，就进行数据传送；如果设备操作忙或未就绪，就重复测试过程，进行状态查询。

当系统中同时有多个设备要求进行数据传送时，可以轮流查询这些设备的状态，并按照查询的顺序对就绪的设备进行数据传送。程序直接控制方式操作简单，但存在以下缺点。

（1）一方面，CPU 和设备只能串行工作；另一方面，CPU 的处理速度远高于设备的数据传送和处理速度，因此 CPU 的大量时间都用于查询等待，浪费了 CPU 的宝贵时间。

（2）设备就绪时，CPU 需要直接参与数据传送；而且，在同一时间内，CPU 只能与一个设备进行数据传送，即设备之间不能并行工作，因而系统资源利用率和数据传送效率都较低。

2. 中断方式

如果设备属于计算机中断系统的中断源之一，CPU 能检测到设备发出的中断请求并响应，则可以使用中断方式来实现外部设备与 CPU 之间的数据传送。以中断方式进行数据传送的操作步骤如下。

（1）进程发出启动设备的指令。进程一般通过对设备控制器的寄存器写入控制信息来启动设备，还应完成设备中断相关的设置操作，如使中断请求允许位生效等。随后进程执行其他操作（或放弃 CPU 进入阻塞态，等待设备操作完成）。

（2）设备按照控制信息的要求执行相应的输入/输出操作（设备数据缓冲区为空或已准备好数据），一旦操作完成，设备控制器就向 CPU 发出中断请求。

（3）CPU 收到中断请求信号之后，转向预先设计好的中断处理程序，进行设备缓冲寄存器内容的读/写操作，并返回进程处理中断前的执行状态（或唤醒进程为就绪态，等待被调度而继续执行）。

中断方式能够有效减少程序直接控制方式中的 CPU 等待时间，能够实现设备与设备之间的并行操作，也能够实现设备与CPU之间的并行操作，从而提高系统的资源利用率和工作效率。不过，在中断方式中，中断请求、中断响应和中断返回等都会有系统开销，设备与内存之间的数据传送也需要占用 CPU 时间。

3. DMA方式

DMA（Direct Memory Access）方式又称直接存储器存取方式，其基本思想是在设备与内存之间提供直接的数据交换通路，可以在无须CPU参与的情况下成块地传送数据。为了实现 DMA 方式，系统需要以下一些逻辑部件。

（1）内存地址寄存器：存放内存中用于交换数据的存储单元地址。DMA 传送之前，由

CPU 送入起始地址；DMA 传送过程中，每交换一次数据，DMA 控制器就自动修改内存地址寄存器的值，如自动加 1 或减 1，以指向下一个存储单元。

（2）数据计数器：记录传送数据的总量。每传送一个数据，其值就自动减 1，当其值为 0 时，表示数据传送结束，DMA 控制器向 CPU 发出中断请求。

（3）内存数据缓冲区：暂存每次传送的数据，以便 DMA 控制器获得系统总线控制权后完成缓冲区与内存之间的数据传送。

（4）命令/状态寄存器：存放 CPU 发来的命令字或控制信息，以及 DMA 控制器的状态信息。

（5）控制逻辑和中断机构：用于向 CPU 提出中断请求，保存 CPU 发来的命令字，管理 DMA 的传送过程。

以 DMA 方式进行数据传送的结构示意图如图 8.2 所示，一次 DMA 方式的数据传送过程如下。

（1）当进程要求传送数据时，首先，CPU 将 DMA 命令字（包括数据来源地址、数据目标地址、传送字节数等）发给 DMA 控制器，初始化 DMA 控制器，启动设备；然后，进程继续其他工作。

（2）当设备就绪（设备数据缓冲区为空或已准备好数据）时，设备向 DMA 控制器发出 DMA 请求，随后，DMA 控制器向 CPU 申请系统总线控制权，开始进行数据传送。

（3）数据传送完成后，DMA 控制器利用中断系统通知 CPU。CPU 运行中断处理程序，完成 DMA 结束工作，然后回到被中断的进程处继续执行。

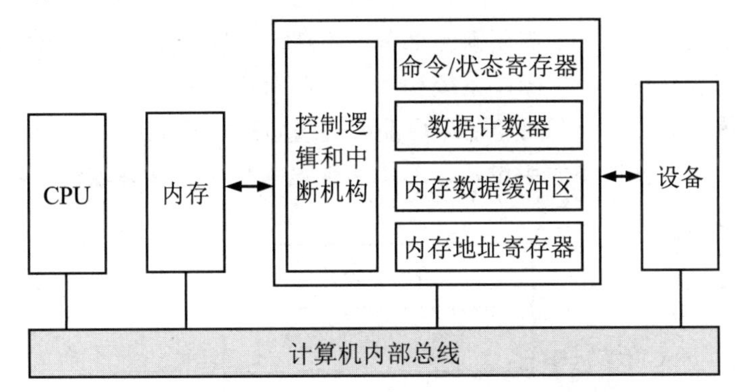

图 8.2　以 DMA 方式进行数据传送的结构示意图

DMA 方式减少了对于 CPU 的占用时间，它在数据传送过程中不需要 CPU 的参与，只是在传送启动或结束时，需要 CPU 进行初始化或中断处理，因而 DMA 控制器是现代计算机中的标准组件。然而，DMA 控制器的启动和结束还离不开 CPU，而且多个 DMA 控制器会引起系统总线控制权的竞争，增加控制过程的复杂性。

4．通道方式

通道又称 I/O 处理机，可以看作 DMA 方式的进一步扩展，能实现设备与内存之间的直接数据传送，而且能与 CPU 并行地工作。通道有自己的处理器和专用的指令，能独立完成 CPU 交付的数据传送工作。CPU 只需进行数据传送的委托即可，其后所有的数据传送操作都由通道自己进行，因而有效地减轻了CPU的负担。在具体实施时，CPU、通道、设备控制器和设备之间形成了三级控制，CPU可以控制若干通道，一个通道可以控制若干设备控制器，如图8.3所示。

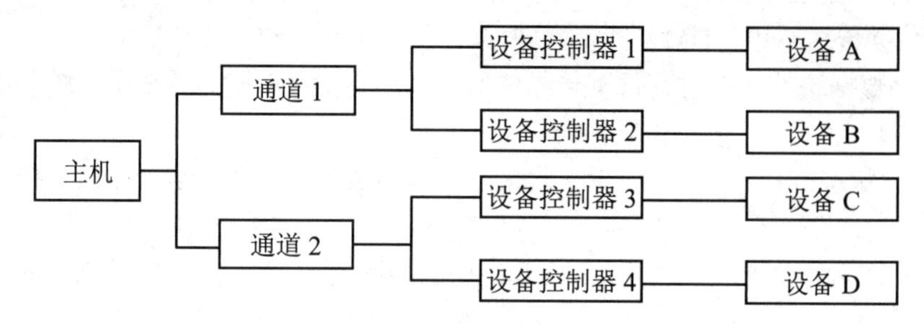

图 8.3　以通道方式进行数据传送的结构示意图

当进程需要进行数据传送时，启动指定通道上的对应设备，设备一旦启动成功，通道就开始控制设备进行操作。此时，CPU 可以与通道并行工作执行其他相关任务。只有在通道发出数据传送结束的中断请求后，CPU 才响应并处理相关结束事件。

通道技术解决了数据传送的独立性，进一步减少了设备与 CPU 之间的联系，能够实现设备、通道和 CPU 相互之间的并行操作，进一步提高了系统的整体效率。

8.3　设备软件的层次

对于计算机中的设备，除了需要硬件部分，还需要有软件部分来配合工作。设备软件既与设备硬件有密切的联系，又与操作系统和用户程序直接交互。因此，高效率和通用性是设备软件设计的总体目标，其一方面需要尽可能提高设备的工作效率，另一方面需要提供通用的、标准统一的方法来管理和使用设备。为了实现这些目标，设备软件一般采用如图 8.4 所示的层次结构。

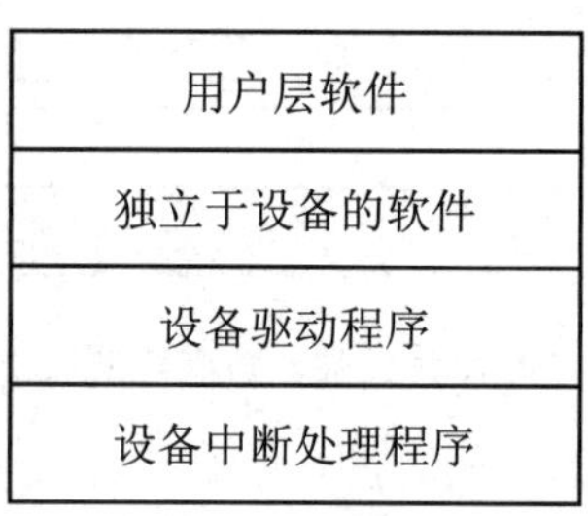

图 8.4　设备软件的层次结构

1. 设备中断处理程序

设备中断处理程序位于操作系统的底层，是与设备硬件密切相关的软件，负责完成设备产生中断后的相关处理工作。

当设备驱动程序请求设备进行输入或输出操作时，设备驱动程序通常进入阻塞态，直到设备完成操作并产生中断，系统转向设备中断处理程序。设备中断处理程序首先检查设备状态寄存器，判断产生中断的原因；然后根据设备操作的完成情况进行相应的处理，若设备中断处理程序正常结束，那么它会唤醒设备驱动程序，使其进入就绪态。

2. 设备驱动程序

设备驱动程序与设备硬件直接相关，它首先从独立于设备的软件处接收操作请求，然后通过特定的指令代码执行相应的操作。设备驱动程序是设备专用的，它一般通过对设备控制寄存器和设备状态寄存器的读或写指令把用户提交的逻辑操作请求转化为具体的物理操作。设备驱动程序一般由设备的制造商提供，并且针对不同的操作系统有不同的版本。

3. 独立于设备的软件

独立于设备的软件是设备软件中与设备无关的软件，它的基本功能是执行适用于所有设备的操作，为用户层软件提供一个使用设备的统一接口。独立于设备的软件提供了设备命名、设备保护、缓冲、错误报告、设备分配与释放和独立于设备的逻辑数据块等功能。

4. 用户层软件

虽然设备软件的大部分都包含在操作系统内部，但也有一部分是和用户应用程序链接在一起的，即用户层软件。用户层软件一般包含供用户调用的、与设备操作有关的库函数，也包括用于处理独占型设备的假脱机技术所对应的软件。

8.4　缓冲技术

中断、DMA 和通道技术的引入使得系统中的设备与 CPU（包括设备与设备之间）可以并行工作，但是各种设备与 CPU 之间的数据处理速度和数据处理方式的差异是客观存在的。缓冲技术是解决设备与 CPU 之间的数据处理速度和数据处理方式不匹配的有效措施，能进一步提高 CPU 与设备之间的并行化程度。

8.4.1　缓冲的引入

缓冲区是一个存储区域，用于暂时保存设备与 CPU（或设备与设备）之间传送的数据。引入缓冲技术的主要原因有以下几点。

1. 解决CPU与设备之间速度不匹配的问题

当进行数据传送的双方存在数据传送或处理速度不匹配矛盾时，设置缓冲区可以缓和此矛盾。在计算机系统中，由于 CPU 的数据处理速度远远高于外部设备的数据处理速度，因此，如果没有缓冲区，那么 CPU 在与这些设备进行数据传送时，需要频繁地等待。如果在 CPU 与设备之间设置一个缓冲区，那么当 CPU 输出数据时，它可以快速地将数据存放到缓冲区中，由设备慢慢地取走；当 CPU 输入数据时，设备将缓冲区填满数据后，CPU 一次性地取走数据。这样就可以减少 CPU 的等待时间，提高系统工作效率。

2. 降低中断响应频率，放宽对中断响应时间的要求

虽然中断技术可以提高 CPU 与设备之间的并行化程度，但是中断响应有必需的系统开

销和一定的响应时间。一方面，频繁的中断响应会带来系统开销的增加；另一方面，具有较高优先级的中断事件处理或较长的硬件指令的执行等因素会增加低优先级设备的中断请求响应时间，从而可能带来传送数据的丢失。

例如，当字符设备使用中断技术传送数据时，每字节数据的传送都要产生一次中断。如果设置一个 N 字节的缓冲区，那么可以等待缓冲区被填满后产生一次中断，这样就使中断的频率降低为 $1/N$；如果进一步使用多个缓冲区，就能有效地避免因为中断响应时间的不确定而可能带来的传送数据的丢失。

3．解决数据处理方式的差异矛盾

在进行数据传送时，发送方和接收方的数据处理单位不一致的矛盾也可以使用数据缓冲区予以解决。例如，当字符设备和块设备（以 512 字节的数据块为单位）进行数据传送时，通过设置一个 512 字节的缓冲区，可以让字符设备将数据写满缓冲区之后传送给块设备，反之亦然。

8.4.2 缓冲的分类

现代计算机系统都支持缓冲技术，根据使用目的和性能的不同要求，缓冲有不同的分类。

1．硬件缓冲器和软件缓冲区

根据实现方式的不同，缓冲技术可以分为硬件缓冲器和软件缓冲区两类。硬件缓冲器由专门的硬件寄存器实现，其数据传送速度高，容量小，但价格昂贵，一般用于高速缓冲或设备控制器中的数据缓冲。软件缓冲区是在内存中划出某个固定的区域，通过软件方式实现的缓冲器。相对于硬件缓冲器，软件缓冲区虽然数据传送速度低，但是实现成本较低，因而被大量地使用。

2．静态缓冲区和动态缓冲区

静态缓冲区是指在初始化缓冲区时，按固定容量在内存中划出缓冲区，在系统运行过程中，缓冲区的大小不再变化。动态缓冲区是指在需要使用缓冲区时，系统根据所需大小动态地在内存中划出缓冲区，当不再需要缓冲区时，系统释放缓冲区占用的内存空间。可见，动态缓冲区比静态缓冲区有利于提高系统内存利用率。

3．单缓冲、双缓冲和多缓冲

在操作系统中，根据缓冲区容量的多少，常将缓冲技术分为单缓冲、双缓冲和多缓冲。

（1）单缓冲。

单缓冲是最简单的缓冲技术，即系统中只设置一个缓冲区。在设备与 CPU 之间传送数据时，发送方先把数据写入缓冲区，然后接收方从缓冲区中取走数据。由于缓冲区是临界资源，当多个输入或输出设备要同时使用缓冲区时，它们只能互斥地使用缓冲区。因此，单缓冲技术能匹配设备与 CPU 之间的处理速度，但此时设备之间不能并行工作。

（2）双缓冲。

双缓冲是单缓冲技术的改进，它在系统中设置两个缓冲区。双缓冲技术可以带来两方面

的优势：一方面，有些进程在运行过程中常常需要同时从一个设备输入数据和向另一个设备输出结果，双缓冲可以让输入设备和输出设备各自使用一个缓冲区，实现多个设备与 CPU 之间的并行工作；另一方面，可以使用双缓冲区更好地匹配设备与CPU的数据处理速度，当一个缓冲区被填满时，可以把数据填到另一个缓冲区中，这样就可以放宽CPU对数据传送缓冲时间和中断响应时间的要求。

（3）多缓冲。

由于计算机系统中的设备较多，双缓冲区往往依然难以匹配设备与 CPU 的数据处理速度，也难以满足多设备的并行操作需求，因此现代操作系统一般使用多缓冲技术。多缓冲技术在系统中设置多个缓冲区，并且通常把输入缓冲区和输出缓冲区分别连接成环形使用，形成循环缓冲区。

例如，可在系统中设置 N 个缓冲区（顺序编号为 $0,1,2,\cdots,N-1$），在CPU与设备之间传送数据时，发送方把数据按顺序送入各个缓冲区，当第 $N-1$ 个缓冲区被填满后，继续使用第 0 个缓冲区，如此循环；接收方也按同样的顺序取走数据。可见，多缓冲技术能有效提高 CPU 与设备的利用率和两者之间的并行化程度。

4．专用缓冲区和缓冲池

（1）专用缓冲区。

专门为系统中的每个设备配置的缓冲区称为该设备的专用缓冲区。当系统中的设备较多时，设置专用缓冲区的优点是便于系统进行管理。但是，较多的专用缓冲区无疑会占用较大的内存空间，而且设备之间的并行化程度决定了这些专用缓冲区的利用率通常并不高。

（2）缓冲池。

为了减少内存开销，提高缓冲区的利用率，可以对系统中的专用缓冲区进行统一管理，形成既可用于输入又可用于输出的公共缓冲区，即缓冲池。

缓冲池由内存中若干大小相同的缓冲区组成，属于系统资源。当某个进程需要使用缓冲区时，其向系统提出申请，系统根据一定的策略从缓冲池中为它分配一个缓冲区；当进程使用完缓冲区后，该缓冲区将被释放，重新归入缓冲池。

8.5　虚拟设备——假脱机系统

系统中的独占型设备在同一时刻只能由单个作业或进程使用，其他需要使用该设备的作业必须等待，因而独占型设备往往成为影响系统性能的瓶颈。为了解决这个问题，并进一步提高系统设备的利用率，系统可以使用假脱机系统技术。

假脱机系统又称 SPOOLing 系统，其思路是利用高速共享设备（如磁盘）将一个物理设备模拟成多个虚拟设备，使得每个作业都感觉自己拥有一个物理设备。这种技术又被称为虚拟设备技术。

1．SPOOLing系统的组成

SPOOLing 系统利用多道程序设计技术，使得 CPU 在执行程序的同时，可以并发地执行外部设备联机操作。为了实现外部设备联机操作，SPOOLing 系统一般包括硬件部分和软件部分，通过这两部分之间的协调配合来共同实现虚拟设备技术，如图 8.5 所示。

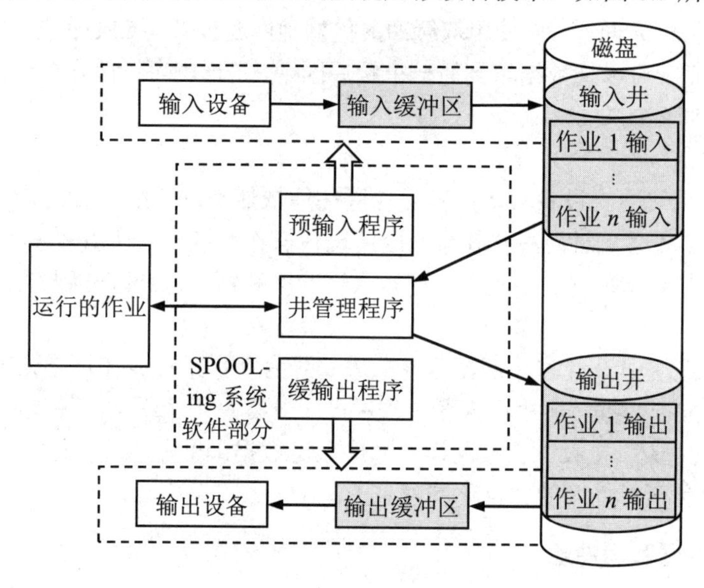

图 8.5　SPOOLing 系统的结构示意图

1）硬件部分

（1）输入井和输出井：在磁盘中设立的两个存储区域，输入井用于存放来自输入设备的信息，输出井用于保存需要送到输出设备上的信息。

（2）输入缓冲区和输出缓冲区：在内存中设立的两个缓冲区，输入缓冲区用于暂时保存输入设备准备送至输入井的信息，输出缓冲区用于暂时保存从输出井送至输出设备的信息，它们都是为了缓和 CPU 与磁盘之间的数据处理速度不匹配矛盾。

2）软件部分

（1）预输入程序：负责将用户作业要求的输入数据从输入设备上经输入缓冲区送入输入井。

（2）缓输出程序：负责将用户作业的输出结果在输出设备空闲时从输出井中经输出缓冲区送入输出设备。

（3）井管理程序：当用户作业进程需要输入信息时，井管理程序负责从输入井中将信息读入内存；当用户作业进程需要输出信息时，井管理程序负责从内存中将信息送入输出井。

2. SPOOLing系统的特点

SPOOLing 技术本质上使用了可以共享的磁盘作为缓冲区，使用多道程序技术实现 SPOOLing 系统软件和用户作业的并发执行，从而消除了 CPU 与设备之间的速度不匹配矛盾。SPOOLing 系统的特点体现为以下几方面。

（1）提高了数据输入和输出的速度。在 SPOOLing 系统中，CPU 对数据执行的输入或输出操作被转换为对磁盘中缓冲区（输入井和输出井）执行的操作；输入井中的数据是在输入设备就绪时预先输入的；输出井中的数据会在输出设备空闲时缓慢地输出。可见，SPOOLing

系统提高了数据输入和输出的速度，提高并平滑了设备的利用率，有效地缓和了 CPU 与设备之间的速度不匹配的矛盾。

（2）能将独占型设备改造成共享设备。例如，打印机是系统中常用的独占型输出设备，利用 SPOOLing 技术可以将它改造为可供多个用户共享的打印机，从而减少作业的等待时间，提高系统的吞吐量。

（3）实现了虚拟设备功能。借助 SPOOLing 技术，将某个独占型设备转换为多台逻辑上的独占型设备时就实现了虚拟设备。在宏观上，多个进程可以各自拥有自己的一个独占型设备，但是这些独占型设备只是逻辑上的虚拟设备；在微观上的任意时刻，系统依然通过物理独占型设备进行输入或输出操作。

8.6　设备分配

虽然系统中的外部设备的种类很多，但是这些设备资源的数量是有限的。设备管理的功能之一就是为并发的作业或进程分配其所需的外部设备。作业在需要使用设备时，必须向系统提出申请，由操作系统的设备分配程序按照一定的方式和算法把设备分配给作业。

1．设备管理的数据结构

操作系统在进行设备的分配和管理时，通常使用专用的数据结构来完成。系统为每类设备建立一个设备控制表（Device Control Table，DCT），用于记录该类设备中的每个物理设备，其包括的内容有物理设备号、逻辑设备号、占用设备的进程号、设备状态（忙/闲）、等待队列指针等。整个系统会设立一个系统设备表（System Device Table，SDT），其中的每栏对应一类设备，其包括的内容有设备类、总数量、空闲数量、DCT 指针（指向 DCT 的首地址）等。

在使用通道技术的系统中，系统需要对通道、设备控制器、每个设备进行控制和管理，此时需要的数据结构更多。除了 SDT 和 DCT，还需要通道控制表（CHannel Control Table，CHCT）、控制器控制表（COntroller Control Table，COCT），以分别记录每个通道或设备控制器的标识符、状态（忙/闲）和等待队列指针。此时，一个进程只有在获得通道、设备控制器和设备这 3 类资源的使用权后，才能进行相应的输入/输出操作。

2．设备分配的原则和方式

设备分配的原则是由设备的特性、用户作业的需求和系统中的资源配置情况共同决定的，其总体原则是既要充分提高设备利用率，又要避免不合理的分配方法造成死锁。

设备分配的方式可以分为静态分配和动态分配。静态分配方式是在作业执行之前，一次性地将它所需的全部设备资源（包括设备控制器和通道等）分配给它；这些设备资源被分配之后，就一直被该作业占用，直到作业被撤销后才由系统收回。静态分配方式实现简单，不会产生死锁，但设备的整体使用效率较低。

动态分配是在进程执行过程中进行设备分配的。当进程需要使用设备时，进程通过系统调用命令向系统提出请求，由系统按照一定的策略或算法为进程分配设备；设备一旦使用完毕，就会立即被释放。动态分配方式有利于提高设备利用率，但是，在具体实施时，应避免出现进程的死锁现象。

3．设备分配策略

在对设备进行动态分配时，常用的分配策略有两种：先请求先服务和优先级高者先服务。

（1）先请求先服务。

当有多个并发进程对系统中的某个设备提出分配请求时，系统按提出请求的先后顺序将这些进程排成一个设备请求队列，并总是把设备分配给队首进程。

（2）优先级高者先服务。

优先级高者先服务策略在形成设备请求队列时，把优先级高的进程排在前面，对于优先级相同的进程，按照先来先服务策略进行排队，同样总是把设备分配给队首进程。

小　结

设备管理的主要任务是分配和管理系统中的设备，完成 CPU 与设备之间的输入/输出操作。由于系统中的外部设备的种类繁多，特性和操作各不相同，因此设备管理是操作系统中最为繁杂的部分。

设备管理的功能主要包括设备的资源配置、设备的控制和驱动、设备和 CPU 的协调、设备的分配和调度。

设备与 CPU 之间有 4 种常用的数据传送控制方式：程序直接控制方式、中断方式、DMA 方式和通道方式。程序直接控制方式和中断方式适用于外部设备较少的场合。前者需要耗费大量的 CPU 时间来检测设备状态，设备与 CPU 只能串行工作；后者在一定程度上解决了上述问题，但中断依然有时间开销，CPU 需要参与数据传送，而且中断响应时间限制了系统中能并行操作设备的数量。DMA 方式和通道方式较好地解决了上述问题，它们实现了外部设备与内存之间的直接数据交换。只有在一段数据传送结束时，它们才通过中断技术请求 CPU 进行相应的处理，从而减轻了 CPU 的负担。它们的区别是 DMA 方式要求 CPU 执行设备驱动程序来启动设备，并给出传送数据的初始化命令字；而通道是一个独立的 I/O 系统，它在 CPU 发出启动命令之后，能够独立地完成数据传送工作。

设备软件可以分为 4 层：设备中断处理程序、设备驱动程序、独立于设备的软件和用户层软件。

缓冲技术是为了匹配设备和 CPU 之间的数据处理速度，进一步提高设备和 CPU 之间的并行化程度引入的措施。缓冲有硬缓冲和软缓冲、静态缓冲和动态缓冲等分类。常用的缓冲技术可以分为单缓冲、双缓冲、多缓冲和缓冲池。

SPOOLing 系统以可共享的磁盘作为缓冲区，并且使用多道程序技术，把一个物理设备虚拟化成多个虚拟设备，消除了CPU与设备之间的数据处理速度不匹配的矛盾，能将独占型设备改造成共享设备，实现虚拟设备的功能。

本章最后介绍了设备管理的数据结构和设备分配的原则、方式和策略。

习题 8

8.1　设备的分类有哪几种？

8.2　设备管理的主要功能是什么？

8.3　设备数据传送控制方式有哪几种？试比较它们各自的优/缺点。

8.4　设备软件可以分为哪几个层次？

8.5　为什么要引入缓冲？

8.6　常见的缓冲技术有哪些？

8.7　SPOOLing 技术是怎样实现的？

8.8　试述设备分配的原则、方式和策略。

第 9 章　文件管理

计算机中的所有应用程序本质上都是对数据的加工和处理。这些应用程序和数据通常以文件的形式存放在系统外存中，它们既能在需要时被调入内存使用，又能在系统中长期保存。在多道程序设计系统中，由于系统程序和用户程序共享外存空间，外存空间和文件信息的管理变得非常重要。因此，操作系统提供了文件管理模块，它采用文件系统对外存空间和文件信息进行统一管理，并提供了一套有效的方法用于文件的存取、共享和保护等。

9.1　文件与文件系统

9.1.1　文件的概念

1．文件的定义

文件是由文件名所标识的一组信息的集合。文件是一种信息存储和管理的抽象机制，提供了一种在外存中保存信息和使用信息的方法。

操作系统对计算机的管理包括硬件资源管理和软件资源管理。硬件资源管理包括 CPU 管理、存储管理和设备管理，主要负责硬件资源的有效利用和合理分配。软件资源管理包括对于各种系统程序、工具软件、库函数、用户程序和数据（包括照片、音频和视频）等的管理。而这些软件资源都是以文件的形式存放在系统外存中的。

2．文件的命名

系统按照文件名来管理和控制文件所包含的信息。进程在创建文件时，必须给文件命名。当进程终止时，该文件依然可以存在，而其他进程可以通过文件名对它进行访问。当然，一个文件也可以被创建进程或其他进程根据需要删除。

在不同的操作系统中，文件的具体命名规则各不相同，有着不同的格式和长度要求。不过，所有的现代操作系统都支持用 1～8 个字母或数字组成的字符串作为合法的文件名。许多文件系统支持多达 255 个字符的文件名。有些系统区分文件名的大小写，如 UNIX 或 Linux；而有些则不区分，如 Windows 和 MS-DOS。

许多操作系统支持用圆点分隔开的两部分一起作为文件名，如文件名“program.c”。其中，圆点后面的部分称为文件扩展名。文件扩展名常用于定义和区分文件的类型，反映了文件的内容和内部格式。在 MS-DOS 中，文件名由 1～8 个字符与 1～3 个字符可选扩展名组成。在 UNIX 系统中，文件扩展名的长度完全由用户决定，一个文件甚至可以包含两个或两个以上的扩展名，如“program.c.zip”，其中，“.c”表示一个C语言文件，“.zip”表示该文件用zip程序压缩过。

3. 文件的分类

在计算机系统中，根据其性质、用途和组织形式等不同，文件有不同的分类。

（1）按性质和用途分类，文件可以分为以下3类。

①系统文件：与操作系统有关的程序和数据，只允许用户通过系统调用来使用，不允许用户进行直接读取和修改。

②库文件：由标准过程、函数库和各种实用程序组成，允许用户调用，但不允许修改。

③用户文件：由用户根据需要编写的源程序、目标文件、可执行文件和数据等构成。用户将这些文件委托给系统保存，其使用权由用户决定。

（2）按存取权限分类，文件可以分为以下4类。

①可执行文件：允许被核准的用户执行，但是不允许读取和修改。

②只读文件：允许文件主和被核准的用户读取，但不允许修改。

③读写文件：允许文件主和被核准的用户读取或修改。

④不保护文件：可以被任何用户使用。

（3）按组织形式分类，文件可以分为以下3类。

①普通文件：组织格式为系统中所规定的一般格式的文件，包括系统文件、用户文件和库文件等。

②目录文件：由文件目录信息组成的文件，其内容不是应用程序和数据，而是用于检索其下属普通文件的目录信息。

③特殊文件：一些系统（如UNIX系统）中的输入/输出设备。在这些系统中，所有的设备都被看作特殊文件。它们的使用形式与普通文件相同，如目录检索和存取操作等，但是系统必须把对特殊文件的操作转为对相应设备的操作。

4. 文件的属性

另外，所有的操作系统还会保存与文件相关的其他信息，即文件属性，用于文件的管理控制和安全保护。文件的属性一般包括以下几个。

（1）文件的基本属性，包括文件名、扩展名、文件创建者和文件所有者等。

（2）文件的类型属性，可以从不同角度给出的文件类型，如普通文件、目录文件、系统文件，源文件、目标文件和可执行文件，ASCII码文件和二进制文件等。

（3）文件的保护属性，规定能够访问文件的用户，以及访问文件的方式（如可读、可写和可执行等）；有的系统还包含访问文件所需的口令。

（4）文件的管理属性，如文件的创建时间、最后存取时间和最后修改时间等。

（5）文件的控制属性，如记录长度、关键字长度、关键字位置、文件当前长度和文件最大长度等。

9.1.2 文件系统

1. 文件系统的概念

文件管理系统是操作系统中负责存取和管理文件的系统软件集合，简称文件系统。文件系统采用统一的方法管理系统文件和用户文件，实现存储、检索、更新、共享和保护等功能，并以“按名存取”的方式提供使用和操作文件的方法。

2. 文件系统的功能

一般来说，文件系统的功能主要包括以下几项。

（1）文件管理：提供一组可供系统调用的文件操作命令，包括文件的创建、删除、打开、关闭、读、写，以及设置文件读/写位置指针和截断等操作。

（2）文件目录的管理：为每个文件建立一个文件目录项，若干文件目录项构成一个目录文件；根据用户要求创建或删除目录文件，对指定文件进行检索、权限验证和更改工作目录等操作。

（3）文件存储空间的管理：对文件存储空间进行统一管理，实现文件存储空间的分配与回收，为文件的逻辑结构与它在外存上的物理地址建立映射关系。

（4）文件的共享和保护：提供文件共享功能，不同的用户或进程可以在系统控制下共享访问同一个文件；通过提供可靠的保护和保密措施，防止对文件的未授权访问或破坏，如设置口令、存取权限和文件加密等措施。此外，为了防止文件信息的意外损坏，还应提供文件转储和恢复的能力。

（5）为用户提供统一的使用接口：用户无须知道文件在外存中的物理位置，只要用文件名就可以对文件进行相应操作，实现“按名存取”。

9.2 文件的结构与存取方法

文件所包含的信息是由创建者定义的，但是文件必须有确定的结构，以用于其具体用途。例如，源文件和目标文件必须有它们各自的结构，从而符合读取它们的应用程序的期望要求。操作系统要求可执行文件必须具有特定的结构，只有这样，才能决定文件在内存中的加载位置，并获取第一条指令的地址。

在设计文件系统时，既要考虑文件的逻辑结构，又要考虑文件内信息的存取方法。除此之外，还应当考虑文件在外存中的存储方式，即文件的物理结构。

9.2.1 文件的逻辑结构

文件的逻辑结构是文件内数据的组织形式，反映了文件包含的逻辑记录（或数据元素）之间的逻辑关系。文件的逻辑结构是由用户观点定义的，独立于文件的物理特性（如文件在外存中的存储方式）。常见的文件的逻辑结构有两种形式：一种是无结构的字节流式文件，另一种是有结构的记录式文件，如图 9.1 所示。

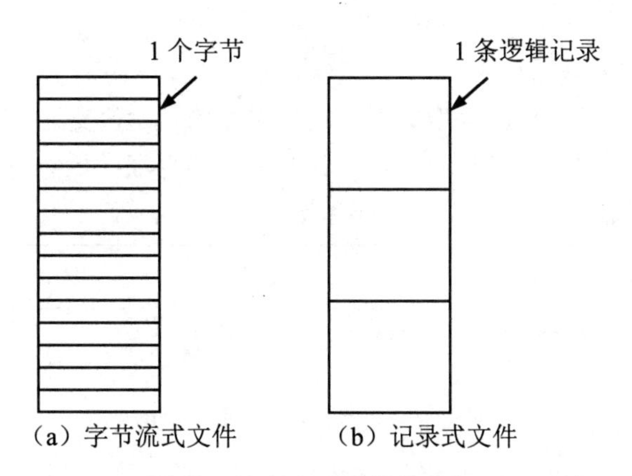

图9.1 文件的两种逻辑结构

1. 字节流式文件

字节流式文件是由无结构的字节序列组成的，如图9.1（a）所示。对操作系统而言，字节流式文件就是字节流的集合，文件内容的含义由用户程序负责解释。例如，源程序文件、库函数和目标文件等就是字节流式文件。字节流式文件的长度以字节为单位，在访问时利用读/写位置指针来指向下一个要访问的字节。

字节流式文件为操作系统带来了极高的灵活性，用户可以在文件中保存任何信息，并以任意方便的形式命名。因此，大多数现代操作系统，如Windows和UNIX（包括Linux）都采用这种文件逻辑结构。

2. 记录式文件

记录式文件是一种有结构的文件，它由若干逻辑记录的集合组成，如图9.1（b）所示。逻辑记录是文件中逻辑上独立的、具有特定意义的信息单位。逻辑记录的概念可以应用于很多场合。例如，可以应用于某学校的学生信息文件中，每个学生的学籍信息就是一条逻辑记录。

在记录式文件中，基本的读/写操作单位就是一条逻辑记录，在访问时，利用读/写位置指针来指向下一条要访问的逻辑记录。逻辑记录的长度可以是固定的也可以是不固定的。定长逻辑记录是指文件中所有逻辑记录的长度相同，而且每条逻辑记录中数据项的相对位置也是固定的；变长逻辑记录是指文件中逻辑记录的长度可以不相同（如各逻辑记录中包含不同的数据项或包含的数据项长度不一致），但每条逻辑记录的长度在处理前都能被确定。

在操作系统历史上，当穿孔卡片（80列）和行式打印机（132列宽）被广泛使用时，很多大型机操作系统支持80个字符和132个字符的记录式文件。程序以80个字符为单位读入数据，以132个字符为单位输出数据（后面52个字符为空格）。

9.2.2 文件的存取方法

在计算机系统中，文件用来存储各类信息。当用户或进程需要使用这些信息时，必须访问文件内的信息，并将其读到内存中进行处理。文件存取的目的是找到相应内容在文件中的逻辑地址。常用的文件的存取方法有3种：顺序存取、直接存取和索引存取。

1. 顺序存取

顺序存取是最简单的文件的存取方法，它从文件的起始位置，按照文件信息（字节或逻辑记录）的逻辑地址顺序依次进行存取操作。文件顺序存取的示意图如图 9.2 所示。

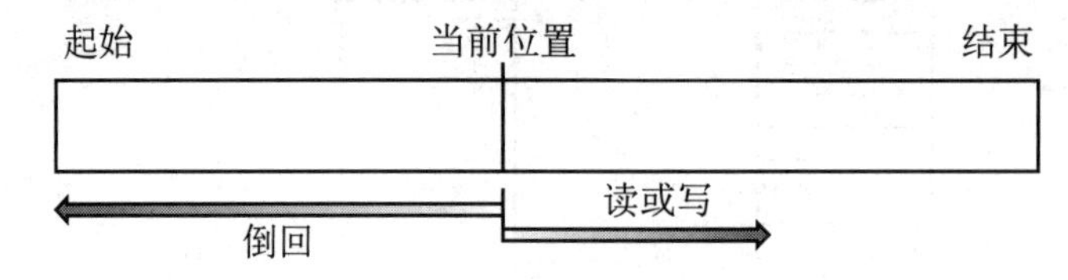

图 9.2 文件顺序存取的示意图

系统通常设置读、写两个位置指针，指向要读取或写入的文件信息位置。在进行读操作时，总是读出由位置指针指向的信息（若干字节或下一条逻辑记录）；在进行写操作时，总是将信息存入写指针指向的位置。每次存取操作后，系统都能根据读/写的字节数，自动地修改位置指针的值。编辑器和编译器常常采用这种文件存取方法。在顺序存取文件时，可以根据需要重新倒回文件的起始位置，也可以多次读取一个文件。当文件的存储介质是磁带时，顺序存取非常便于实现。

2. 直接存取

直接存取又称随机存取，允许用户以任意次序随机地存取文件中的信息（字节或逻辑记录）。在这种方法中，文件可以看作带有编号的逻辑记录或由信息块组成的序列，任意一个编号的信息都能被读取或写入。对于记录式文件，可以为每条逻辑记录指定关键字，通过关键字直接检索和存取文件信息。

直接存取方法适用于使用磁盘来存储文件的场合。数据库系统常常选择直接存取文件的方法来实现对大量信息的立即访问。在顺序存取和直接存取两种方法中，系统都可以通过特殊操作设置位置指针，从当前位置开始存取文件。

3. 索引存取

索引存取是通过创建文件索引来实现信息存取的方法。在这种方法中，文件中的信息按关键字排序，形成包含关键字和文件所在磁盘块（或逻辑地址）的索引文件。在进行信息存取时，根据用户提供的关键字，先检索获得信息所在的磁盘块，再查找获得所需的文件信息。索引存取方法可以看作直接存取方法的一种改进。

9.2.3 文件的物理结构

文件的物理结构又称文件的存储结构，是指一个文件在外存中的存放方法和组织形式。文件的物理结构不仅与外存的存储性能有关，还与文件所需的存取方法有关。常用的文件的物理结构有 3 种：顺序结构、链接结构和索引结构。

1. 顺序结构

将文件中的信息依次存放到外存地址连续的存储区域中，就形成文件的顺序结构。顺序结构又称连续结构，是一种文件信息的逻辑顺序和存储顺序完全一致的物理结构。存储在磁带上的文件只能使用顺序结构。

顺序结构的优点是实现简单，在顺序存取文件时速度较快。但是，对于以顺序结构存储的文件，在创建时需要预先确定文件的最大长度，以便为其分配存储空间；对于文件信息的插入和删除操作有一定难度，一般只允许在文件末端进行。

2. 链接结构

链接结构的特点是将文件信息存放在外存（一般为磁盘）不连续的物理块中，并且在物理块中设置链接指针（又称连接字），用于指向下一块文件信息存放的物理块位置。链接结构示意图如图 9.3 所示，其中，第一块文件信息的物理地址存放在文件控制块（系统为了管理和控制文件而设立的一个数据结构）中，最后一块文件信息中的连接字为 0，表示文件的结束。

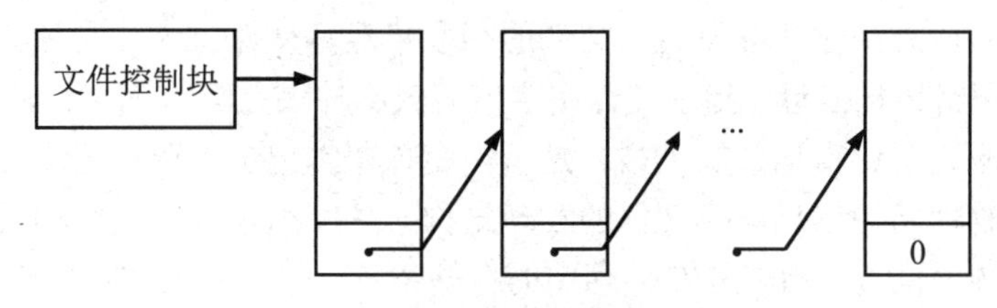

图 9.3 链接结构示意图

链接结构使用指针存储文件信息之间的逻辑关系，克服了顺序结构的不足（如不利于文件扩展，且空间利用率低等），在创建文件时，不需要预先确定文件的最大长度，而且文件信息的插入和删除操作比较方便。但是，链接结构也有自己的不足，其在存取文件信息时必须从文件的第一块文件信息开始，沿着链接指针依次查找，因而适用于文件的顺序存取，不适用于文件的直接存取。另外，附加的链接指针会增加外存空间的开销。

3. 索引结构

索引结构是实现文件信息非连续存储的另一种方式，而且克服了链接结构不利于文件直接存取的缺点。

在文件的索引结构中，系统为每个文件建立一张索引表，用于登记两项主要内容：文件信息的标识和文件信息对应的物理地址（磁盘块号）。对于字节流式文件，可以用文件信息的逻辑块号作为文件信息的标识；对于记录式文件，可以用逻辑记录中的某个数据项（称为关键字）作为该逻辑记录的标识。当文件的索引表很长时，可以将其保存为索引文件，还可以根据需要建立多级索引。

索引结构可以看作链接结构的一种扩展，它既能按索引进行文件的顺序存取，又能实现文件的直接存取。索引结构的缺点是索引表需要必要的空间开销，索引查找也需要一定的时间开销。

9.3 文件目录管理

在计算机的外存中，存在着大量的文件。为了实现对文件的“按名存取”——根据文件名进行查找，定位到文件并进行相应的读/写操作，也为了加快文件查找速度，便于文件共享，系统一般采用文件目录来管理所有文件。

9.3.1 文件控制块和文件目录

1. 文件控制块

从操作系统管理的角度来看，文件应由文件体和文件控制块两部分组成。文件体是文件本身包含的有效信息，即本章前面讨论的字节流式文件或记录式文件。文件控制块（File Control Block，FCB）是操作系统为了控制和管理系统中的文件，为每个文件建立的一个唯一的数据结构。FCB 通常包含以下文件属性信息。

（1）文件名，用于标识一个文件的符号名。

（2）文件控制信息，包括用户名、文件的存取权限、文件口令、文件类型等。

（3）文件的逻辑结构信息，指示文件是字节流式文件还是记录式文件，对前者应说明文件长度，对后者应说明逻辑记录的类型、是否为变长逻辑记录、逻辑记录的长度和数量等。

（4）文件的物理结构信息，指文件的物理结构（顺序结构、链式结构或索引结构）。

（5）文件的物理位置，指文件在外存中的存储位置，包括存放文件的设备名、文件在外存中的起始盘块号，以及文件在外存中的起始地址等，对于索引结构，还应指出文件索引所在的位置。

（6）文件的使用和管理信息，包括文件的创建日期、最近修改日期、最近访问日期，文件的保留期限，共享文件的进程数，文件的修改情况，文件的最大长度和当前长度等。

2. 文件目录

基于 FCB，系统可以很方便地实现对文件的“按名存取”。系统每创建一个文件，就要为它建立一个 FCB，用于记录该文件相关的属性信息；系统在存取此文件时，先找到其 FCB，然后找到文件信息对应的物理地址，完成存取操作。

为了加快存取操作时的文件查找速度，系统通常把若干 FCB 集中起来统一管理，这就形成了文件目录。文件目录可以理解为系统内文件的名址录，它登记了所有文件的文件名和文件在外存中的物理位置。文件目录包含的目录通常有两种：文件的 FCB 和子目录。此外，文件目录一般也作为一个文件来处理，称为目录文件。

9.3.2 文件目录的结构

通过建立、维护和检索文件目录，文件系统就可以有效地管理和控制系统中的文件。系统对文件目录的主要操作包括以下几项。

（1）搜索：在存取一个文件时，必须搜索文件目录，以找到该文件的目录项。

（2）创建文件：在创建一个文件时，必须将该文件的目录项添加到文件目录中。

（3）删除文件：在删除一个文件时，必须从文件目录中删除该文件的目录项。

（4）遍历目录：根据需要列出全部或部分目录项。

在设计文件目录的结构时，需要考虑上述操作需求，既能使目录便于查找、实现“按名存取”，又能有效防止文件名冲突，还能兼顾文件的共享性和安全性要求。常用的文件目录结构有单级目录结构、二级目录结构和多级目录结构。

1. 单级目录结构

单级目录结构是最简单的结构形式，它将存储设备中所有文件的 FCB 排列在一个逻辑上线性的目录表中。如图 9.4 所示，单级目录结构中的每个目录项对应一个 FCB。

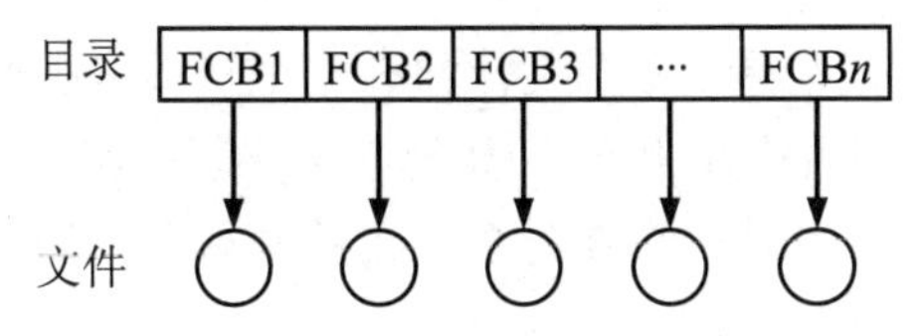

图 9.4　文件的单级目录结构

单级目录结构的优点是结构简单。系统利用单级目录就可以实现文件的管理和“按名存取”。然而，单级目录结构存在以下不足。

（1）查找速度慢。当文件数目很多时，文件目录中的目录项也随之增加，此时，检索一个目录项所需的时间开销较大，查找速度慢。

（2）不允许文件重名。在一个目录文件中，不允许两个不同的文件具有相同的文件名，这对于多用户操作环境并不合适。

2. 二级目录结构

为了克服单级目录结构存在的不足，将文件目录分为主文件目录（Master File Directory，MFD）和用户文件目录（User File Directory，UFD），就形成了二级目录结构。

如图 9.5 所示，在文件的二级目录结构中，每个 UFD 在 MFD 中都有一个对应的目录项，用于描述该 UFD 的用户名和所在物理位置；而每个 UFD 则包括该用户所有文件的 FCB。当用户要对一个文件进行存取操作时，首先从 MFD 中根据用户名找到对应的 UFD，然后在 UFD 中按文件名找到文件进行相应的操作。

二级目录结构较好地解决了不同用户文件的重名问题，提高了文件的查找速度。二级目录结构有效地实现了用户文件目录之间的隔离，这虽然提高了用户文件的安全性，但是不利于用户之间的文件共享。

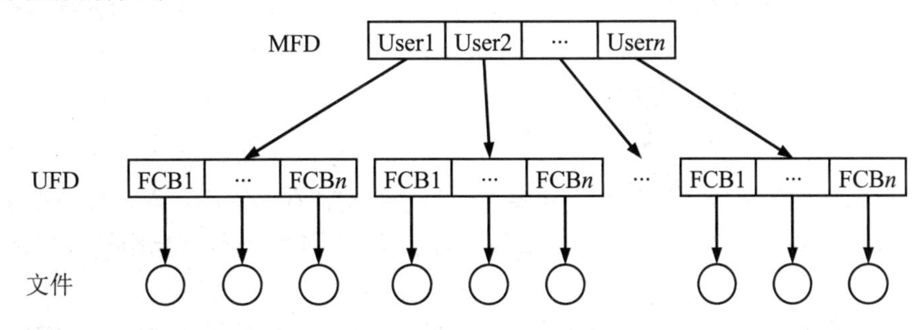

图 9.5　文件的二级目录结构

3. 多级目录结构

将二级目录结构中的层次关系进一步推广，允许用户创建子目录并相应地组织文件，就形成了文件的多级目录结构。如图 9.6 所示，多级目录结构又称树形目录结构，是现代操作系统最常用的文件结构。

在文件的多级目录结构中，任何一级目录都包括一组文件或子目录。子目录本质上也是一个按特殊方式处理的文件。在每个目录项中会有一个状态信息，表明该目录项对应的是一个文件还是一个子目录。

多级目录结构中有一个根目录，每个文件都有一个从根目录开始的唯一路径名。文件的绝对路径名是指从目录结构的根目录出发，直到该文件节点名，沿途各节点名（子目录名）顺序连接在一起形成的组合。当用户需要对某个文件进行存取操作时，一般用文件的绝对路径名来标识文件。

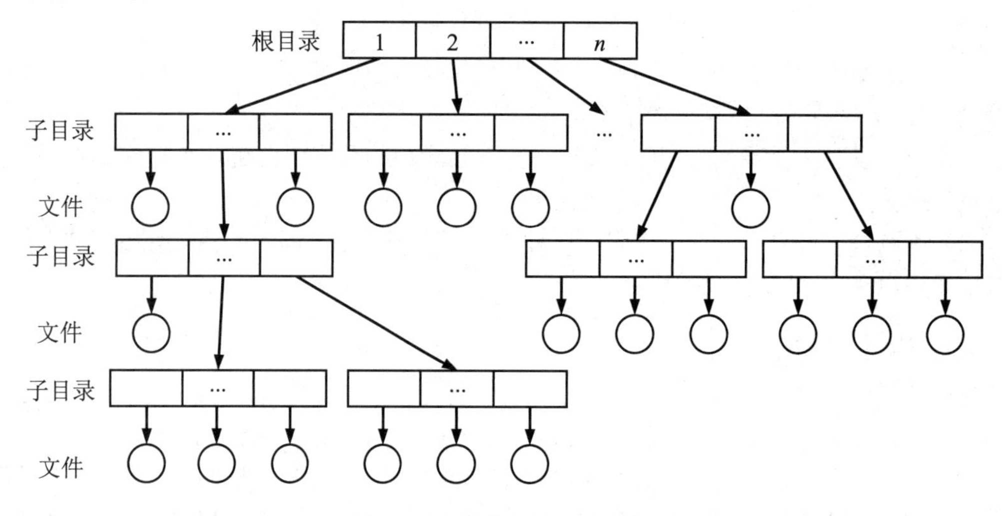

图 9.6　文件的多级目录结构

为了加快文件的查找速度，系统一般会引进“当前目录”，它是由用户指定的某一级目录。在存取文件时，就从当前目录开始搜索文件。相应地，从根目录开始的文件路径名为绝对路径名，从当前目录开始的文件路径名为相对路径名。

多级目录结构的优点是文件的查找速度快，层次结构更加清晰，不同用户的文件、不同性质或不同存取权限的文件可以构成不同的子树，能够有效地用于文件的管理和保护。

9.4　文件存储空间管理

以磁盘为代表的系统外存是系统和各用户共享的文件存储空间。用户作业在运行期间，经常需要建立文件、删除文件、扩充或缩短文件长度。因此，文件存储空间管理是文件系统的重要任务之一。

文件系统在磁盘中为一个文件分配存储空间时，可以采用两种策略：第一种策略是连续分配策略，即分配若干连续的磁盘存储空间；第二种策略是非连续分配策略，即将磁盘分成若干大小相同的块（扇区），并以块或簇（由若干连续的块组成）为单位，为文件动态地分配存储空间。在第二种策略中，文件同样被划分为若干与磁盘物理块大小相等的逻辑块。

在第一种策略中，当文件需要扩充时，可能需要在磁盘上移动文件。这种情况与内存的分配管理很相似，但把文件从磁盘的一个位置移动到另一个位置要慢很多。因此，几乎所有的文件系统都采用第二种策略。相应地，文件存储空间管理实际上就是对系统外存中空闲块的管理。常用的外存空闲块管理方法有 3 种：空闲文件目录、空闲块链和位示图。

1．空闲文件目录

空闲文件目录方法将外存中未分配的一个块或多个连续块看作一个空闲文件，并为所有的空闲文件建立一个空闲文件目录。其中，空闲文件目录的每个目录项对应一个空闲文件，它记录了空闲块的个数、第一个空闲块的块号和具体的空闲块块号等信息。

在为某个文件分配存储空间时，系统依次扫描空闲文件目录的目录项，如果找到合适的空闲文件，就完成分配并删除对应的目录项。如果一个目录项包含的空闲块的容量不能满足申请者的需求，就除分配该目录项外，还继续分配下一个目录项对应的空闲块（此策略不适应于连续存储结构的文件）。如果一个目录项包含的空闲块的容量能满足申请者的需求，就在分配完成后，根据剩余空闲块的信息修改此目录项。

当删除一个文件时，系统回收外存空间，建立一个新的“空白文件”。如果出现空闲块与已有“空白文件”邻接的情况，就执行合并操作并修改对应的目录项。

2．空闲块链

空闲块链方法将所有空闲块组织成一个链表结构。每个空闲块包含一个指针，指向下一个空闲块。系统只需保存指向第一个空闲块的指针即可。

当文件申请分配空间时，系统从空闲块链链头摘取文件所需的空闲块，修改系统保存的指针，使其指向分配后空闲块链的第一个空闲块。当删除文件时，系统将回收的空闲块逐个插入空闲块链中。

用空闲块链方法进行文件存储空间管理时，执行效率低，每申请一个空闲块，都需要读空闲块获得指针，频繁的指针操作也需要系统开销；但是该方法便于实现文件长度的动态扩充和缩短。

为了提高执行效率，可行的解决方法是将空闲块成组地链接起来，将一组空闲块的个数和各块的地址存放于前一组的第一个空闲块中，从而构建成组空闲块链。

3．位示图

位示图方法为文件存储空间建立一张位示图，用于记录整个存储空间中每个分块的分配情况。在位示图中，每个外存物理块都对应一个比特位，若该位为 1，则表示对应物理块已经被分配；反之，如果该位为 0，则表示对应物理块是空闲块。

利用位示图方法进行文件存储空间管理时，只需查找位示图，并对相应位进行置 1 或置 0 操作就能实现空闲块的分配和回收。此外，将位示图保存在内存中（可按一定频率存进磁盘以便恢复），结合系统的位操作指令可以进一步提高文件存储空间分配和管理的效率。不过，当文件存储空间进一步增大时，位示图方法所需的存储开销将不容忽略。例如，如果一个 2TB 的磁盘采用 4KB 大小的块，那么它的位示图需要占用 512MB 的存储空间。

9.5　文件的共享与安全管理

在计算机系统中，提供文件的共享手段，同时确保文件的安全性，也是文件系统的重要功能。文件的共享是指多个用户（或进程）共同使用某些文件。所谓文件的安全管理，就是指采取有效的保护方法，防止系统中的文件被破坏或非法使用，以及防止对文件进行未授权的操作。

9.5.1　文件的共享

文件的共享不仅是多个进程完成共同的任务所必需的，还能避免为多个用户各自建立同一文件的副本，从而节省系统的外存存储空间。文件共享常用的方法有 3 种：链接法、索引节点法和符号链接法。

1. 链接法

在严格的多级目录结构中，每个文件（或子目录）只允许有一个父目录，这种结构便于实现文件分类，但不利于文件的共享。当多个用户需要共享一个文件时，他们必须将文件的副本复制到各自的不同目录下，这不仅会造成磁盘空间的浪费，还有可能产生文件副本的数据不一致问题。

在文件的链接法中，仅在外存中有一处物理存储的文件允许有若干目录指向它，即同一个文件可以有多个父目录。这种其他目录与共享文件之间的联系称为一个链接。例如，在如图 9.7 所示的文件目录结构中，文件 S 有 3 个父目录 D3、D5 和 D6，目录 D6 有 2 个父目录 D3 和 D4。链接的存在使得原来的多级目录结构从树形变成了有向无环图，因此链接法也称有向无环图法。

使用链接法实现文件共享虽然简单，但也带来文件目录结构维护复杂的问题。如果通过在不同文件目录中存放共享文件的 FCB 来实现链接，那么其中一个用户对于共享文件的删除或扩充等操作，将无法更新到共享文件的所有 FCB 副本中。这就造成了数据不一致问题，也违背了文件共享的目的。

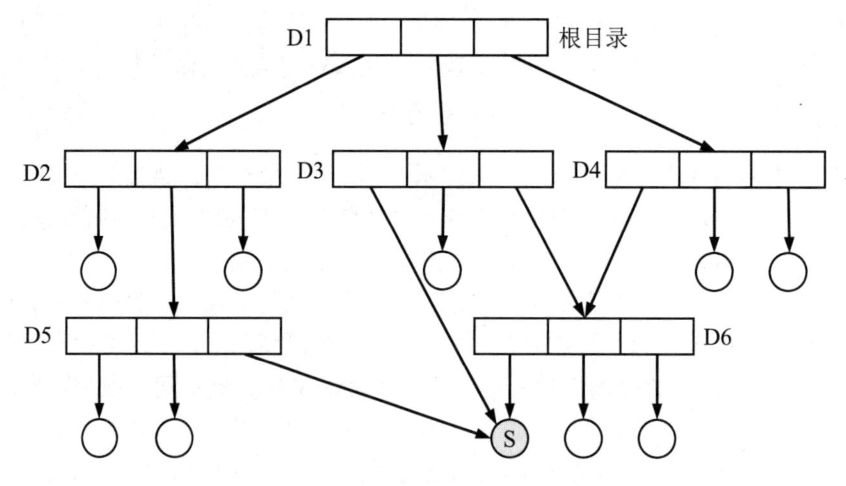

图 9.7　链接法文件共享示意图

2. 索引节点法

索引节点法可以解决链接法中可能出现的数据不一致问题。在索引节点法中，系统将 FCB 中的文件名和其他管理信息分开，并将其他管理信息存放在被称为索引节点的数据结构中。索引节点存放在磁盘的索引节点区，而文件目录中的目录项仅包括文件名和索引节点的位置。这是 UNIX 和 Linux 系统采用的方法。

采用索引节点后，共享文件的不同父目录中将不再直接包含共享文件的管理信息，它们都指向同一个索引节点。任何用户对于共享文件的删除或扩充等操作，都能体现在共享文件的索引节点中，即这些操作带来的改变对于其他用户是可见的。在索引节点中，一般还包含一个链接计数器，用于表示当前链接到共享文件上的用户目录的个数。

3. 符号链接法

符号链接法实现文件共享时，同样允许一个文件（或子目录）有多个父目录，但只有一个目录作为主父目录，其目录项包含共享文件的 FCB，其他几个父目录都是通过符号链接的方法与共享文件链接的。

所谓符号链接，就是指系统为共享文件的其他父目录分别建立一个类型为“链接”（LINK）的新文件，存入这些父目录的目录项中，并通过在这个新文件中只包含共享文件的路径名的方式来建立其他父目录与共享文件的链接。当其他用户需要访问共享文件时，先读取链接文件，当系统判断出文件为链接类型时，获取链接文件中共享文件的路径，完成对共享文件的访问。

在使用符号链接法实现文件共享时，只有共享文件主（主父目录）才直接保存文件的 FCB；其他共享用户只保存共享文件的路径名，这样也解决了链接法中可能出现的数据不一致问题。但是，在使用符号链接法实现文件共享时，不可避免地需要额外的系统开销，每次都需要先读取包含共享文件路径的文件，然后根据路径查找共享文件。

链接法、索引节点法和符号链接法都使用链接实现文件共享，这样，共享文件就会有两个或多个路径，使得在进行遍历文件系统的操作时，共享文件会被多次定位到。

9.5.2　文件的安全管理

文件系统在提供文件共享服务的同时，需要确保文件的安全性，以防止文件遭受物理损坏（文件的可靠性问题）和人为破坏、非法访问或未授权的操作（文件的保护问题）。文件的可靠性问题可以通过定期进行磁盘数据备份和恢复，或者采用磁盘冗余阵列（Redundant Arrays of Independent Disk，RAID）技术来解决。文件的保护可以采用存取控制矩阵、存取控制表、口令保护和加密保护等方法。

1. 存取控制矩阵

在存取控制矩阵方法中，系统通过建立一个二维的存取控制矩阵来规定每个用户对每个文件的存取操作权限。当用户进程请求存取某个文件时，系统将访问存取控制矩阵，验证用户此次存取所需权限是否与规定的权限一致。若出现越权情况，则系统拒绝此次存取操作。

存取控制矩阵方法实现简单，但是当系统中的文件和用户增多时，相应的存取控制矩阵需要占用较大的存储空间，因而该方法适用于小规模的计算机系统。

2．存取控制表

考虑到系统中文件共享时绝大多数文件都是文件创建者私有的，一般仅允许少数其他用户进行有限的共享。因此，存取控制表方法首先按文件使用权限将用户分为 3 类，即文件主、同组用户和其他用户；然后用存取控制表规定这 3 类用户的存取权限，并存入文件的 FCB 中。当用户需要对文件进行存取操作时，系统根据存取控制表中用户所属的类型，验证此次访问的权限是否合法。

存取控制表方法本质上是对存取控制矩阵方法的改进，其通过对用户的分组实现了对二维存取控制矩阵的压缩存储，有效地减小了存取控制表需要的存储空间。

3．口令保护

口令保护方法是实现文件保护的另一种策略。用户在建立一个文件时，首先设置一个口令并将其存入 FCB 中，然后将口令告知允许共享该文件的其他用户。当用户请求对共享文件进行存取操作时，用户需要提供相应的口令，只有口令正确才能进行存取操作。

口令保护方法简单易行，所需的存储空间和时间开销都比较小。它的不足是口令直接存于系统中，涉及口令的安全可靠性问题，也不便于区分文件的存取权限，因此通常将其与其他方法配合使用。

4．加密保护

在加密保护方法中，用户在创建文件时，对文件信息进行加密编码后存入外存，在读出时，对文件进行译码解密后使用。而且，文件的加密和解密工作可以由系统完成，用户仅需在存取文件时提供密钥即可。由于密钥不在系统中，由用户动态提供，因此可以有效防止文件信息被非法获取或破坏。

得益于密码技术的飞速发展，加密保护方法的保密性较强，存储空间开销很小，但是加密和解密工作需要较大的时间开销。

小　结

文件是由文件名所标识的一组信息的集合。计算机中的应用程序和数据等软件资源都是以文件的形式存放在系统外存中的。文件系统是操作系统中负责存取和管理文件的系统软件集合，它采用统一的方法管理系统文件和用户文件，实现存储、检索、更新、共享和保护等功能，并以“按名存取”的方式提供使用和操作文件的方法。文件系统的功能包括文件管理、文件目录的管理、文件存储空间的管理、文件的共享和保护、为用户提供统一的使用接口。

文件必须有确定的结构，以用于其具体用途。每个文件都有各自的逻辑结构、存取方法和物理结构。文件的逻辑结构是文件内数据的组织形式，反映了文件包含的逻辑记录之间的逻辑关系，具体有字节流式文件和记录式文件两种类型。文件的存取方法是指使用文件时对于文件内信息的访问方法，常用的有顺序存取、直接存取和索引存取 3 种方法。文件的物理结构又称文件的存储结构，是指一个文件在外存中的存放方法和组织形式，常见的文件物理结构包括顺序结构、链接结构和索引结构3种。

为了实现对文件的“按名存取”，也为了加快文件查找速度，便于文件共享，系统一般采用文件目录来管理所有文件。文件由文件体和FCB两部分组成。文件体是文件本身包含的有效信息，FCB是操作系统为了控制和管理系统中的文件而为每个文件建立的数据结构。系统通常把若干FCB集中起来统一管理，这就形成了文件目录。文件目录一般也作为一个文件来处理，称为目录文件。

为了满足对文件目录的操作，便于查找文件、实现“按名存取”，有效防止文件名冲突，并兼顾文件的共享性和安全性要求，文件目录必须具有一定的结构。常见的文件目录结构有单级目录结构、二级目录结构和多级目录结构。

文件系统需要对文件存储空间进行有效管理，在创建各类文件时为其分配空间，在删除文件时回收存储空间。文件存储空间常见的分配方法有连续分配法和非连续分块动态分配法。常用的文件存储空间管理方法有空闲文件目录、空闲块链和位示图3种。

文件的共享是指多个用户（或进程）共同使用某些文件。所谓文件的安全管理，就是指采取有效的保护方法，防止系统中的文件被破坏或非法使用，以及防止对文件进行未授权的操作。文件共享常用的方法有链接法、索引节点法和符号链接法。文件的保护常用的方法有存取控制矩阵、存取控制表、口令保护和加密保护等。

习题9

9.1　什么是文件？什么是文件系统？文件系统的功能有哪些？

9.2　文件一般根据什么分类？可以分为哪几类？

9.3　什么是文件的逻辑结构？它有哪几种形式？

9.4　文件的存取方法有哪几种？

9.5　什么是文件的物理结构？它有哪几种形式？

9.6　常用的文件目录结构有哪几种？各有哪些特点？

9.7　文件存储空间管理方法有哪些？

9.8　文件共享的方法有哪些？

9.9　文件的保护常用的方法有哪几种？

第 3 部分　软件工程

第 10 章　软件工程概述

随着计算机系统的迅速发展和应用范围的日益广泛，计算机软件的规模越来越大，其复杂程度也不断增加。在当今以计算机为核心的信息社会中，信息的获取、处理、交换和决策都需要大量高质量的计算机软件，现代社会对软件的品种、数量、功能、质量、成本等提出了更高的要求。然而，软件的规模越大，结构越复杂，人们的软件开发能力越显得力不从心。自 20 世纪 60 年代末期以来，人们开始重视对软件开发的过程、方法、工具和环境的研究，软件工程应运而生。

10.1　软件的概念

众所周知，计算机硬件的发展基本上遵循了摩尔定律，而软件的发展也十分惊人，20 世纪 60 年代以来，软件从规模、功能等方面得到了飞速的发展。虽说人们对软件并不陌生，但“软件即程序，软件开发即编程”的错误观点仍然存在。因此，给软件一个明确的定义就显得非常有必要。

10.1.1　软件的定义

软件是计算机系统中与硬件相互依存的另一部分，与硬件协同完成系统功能。美国著名软件工程专家 R.S.Pressman 将软件定义为，“软件是能够完成预定功能和性能的可执行的计算机程序与程序正常执行所需的数据，加上描述程序的操作和使用的文档。”简言之，“软件是程序、数据和文档的完整集合”。

程序是按照设计文档的功能和性能要求所编写的指令序列，是对计算机任务的处理对象和处理规则的描述；数据是程序操作的数据结构和所需的信息；文档是为了软件开发而形成的图文资料，包括各种报告、说明、手册，它的形成贯穿整个软件开发过程。

10.1.2　软件的特性

软件是用户和计算机硬件之间的接口，但是软件在开发、生产和维护等方面都具有与硬件完全不同的特性。

（1）软件是一种逻辑实体，具有抽象性。人们无法看到软件的形态，只能通过硬件了解它的功能及性能。

（2）软件开发生产不同于硬件制造。软件没有明显的制造过程，开发人员通过脑力劳动将软件开发出来后，其传播只需复制即可。

（3）软件维护不同于硬件维修。软件虽然不会像硬件那样磨损和老化，但在使用过程中也存在失效和退化问题，需要多次维护，最终也会因为不适应环境或需求变化而被废弃。

10.1.3 软件的分类

按照软件功能的不同，一般可将软件划分为系统软件、支撑软件和应用软件。

1. 系统软件

系统软件是与计算机硬件密切相关的比较底层的支持软件。这些软件的规模通常比较大，并且与硬件的结构和性能密切相关，如操作系统、设备驱动程序、网络通信软件、数据库管理系统等。它们的作用是保障计算机各个部件能够正常运行，使相关的软件和数据协调、高效地工作。系统软件是计算机系统必不可少的重要组成部分。

2. 支撑软件

支撑软件是辅助和支持开发人员开发与维护软件的工具性软件，通常包括软件开发环境、需求分析工具、设计工具、编码工具、测试工具、维护工具、管理工具、中间件、程序库等，用以提高软件的开发质量和生产率。

3. 应用软件

应用软件是为特定应用目的而开发、提供某些特定服务的软件。应用软件的规模各异，种类繁多。不同的应用领域有不同的应用软件，如各类事务处理软件、工程和科学计算软件、嵌入式软件、人工智能软件等。

10.2 软件工程的概念

由于微电子学技术的进步，计算机硬件的性能得到了很大的提高，质量也稳步提升。同时，随着计算机应用范围的逐步扩大，软件需求量迅速增加，其规模也日益增长。软件规模的增长带来了复杂性的提升，其结果是，计算机软件成本不断上升，质量也不尽如人意，软件开发的生产率也远远不能满足计算机应用的要求。软件已经成为限制计算机系统进一步发展的关键因素。

更为严重的是，计算机系统发展早期的一系列错误概念和做法已经严重地阻碍了计算机软件的开发，甚至有的大型软件根本无法维护，只能提前报废，造成大量人力、物力的浪费，从而导致软件危机。

10.2.1 软件危机

软件危机指的是在软件开发和维护过程中遇到的一系列严重问题。软件危机包含下述两方面的问题：如何开发软件，怎样满足对软件日益增长的需求；如何维护数量不断增多的已有软件。具体地说，软件危机的主要表现如下。

（1）缺乏经验与数据积累，对软件开发的成本和进度估计往往不准确。

（2）软件开发生产率提高的速度远远不能满足客观需要。

（3）软件产品的质量和可靠性得不到保证。

（4）开发出来的软件产品不符合用户的实际需要。

（5）软件的可维护性差。

（6）软件通常缺乏适当的文档资料。

（7）软件的价格昂贵，其成本在计算机系统总成本中所占的比例逐年攀升。

随着软件危机的出现，人们认识到，早期以“自由化”方法开发的带有“个人化”特征的程序因缺乏文档而根本不能维护，加剧了供需之间的矛盾。结构化程序设计的出现使许多业界人士认识到必须把软件生产从“个人化”方式改变为“工程化”方式，从而促使了软件工程的诞生。

10.2.2 软件工程的定义及研究内容

1. 软件工程的定义

软件工程这一术语是 1968 年北大西洋公约组织（NATO）在联邦德国（1990 年 10 月 3 日，两个德国实现统一）召开的一次国际会议上正式提出并使用的，其主要思路是将系统工程的原理应用到软件的开发和维护中。

软件工程是指导计算机软件开发和维护的一门学科，它以计算机科学和其他相关学科的理论为依据，采用工程的概念、原理、方法、技术，并使用正确的管理方法来指导软件生产的全过程。

软件工程的定义说明了以下 3 方面的问题。

（1）采用工程化方法和途径来开发与维护软件。

软件开发应是一个组织良好、管理严密、各类人员协同配合、共同完成工程项目的过程，应该推广使用实践中总结出来的成功的开发技术和方法，研究探索更有效的技术和方法，消除在计算机系统早期发展过程中形成的一些错误概念和做法。

（2）应该开发和使用更好的软件工具。

软件开发应该在适当的软件工具辅助下，把各个阶段使用的软件工具有机地集合成一个整体，支持软件开发的全过程。

（3）采取必要的管理措施。

软件产品是把思维、概念、算法、组织、流程、效率、质量等多方面问题融为一体的产品，它本身具有无形性，必须通过人员组织管理、项目计划管理、配置管理等来保证其被按时、高质量地完成。

总之，为了解决软件危机，既要有技术措施（包括方法和工具），又要有必要的组织管理措施。软件工程正是从管理和技术两方面研究如何更好地开发与维护计算机软件的一门学科。

2. 软件工程的研究内容

自软件工程出现以后，人们围绕着实现软件优质高产这个目标，从技术到管理，进行了大量的理论研究和实践上的努力，逐渐形成了软件工程学这一学科，它所包含的主要内容如图 10.1 所示。

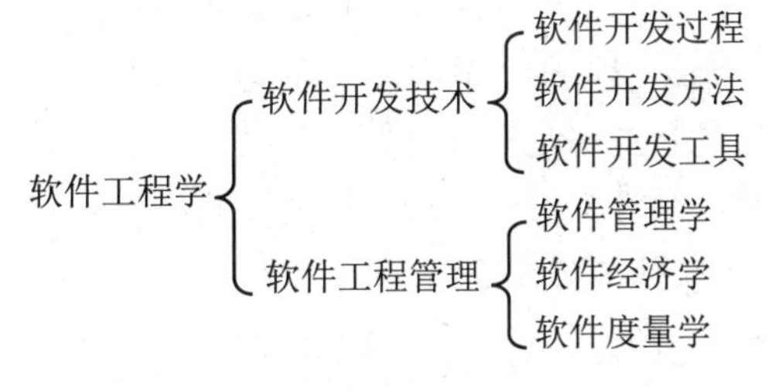

图 10.1 软件工程学所包含的主要内容

1）软件开发技术

（1）软件开发过程。

软件开发过程是指开发一个最终能满足需求且达到目标的软件产品所需的步骤。

软件开发过程主要包括分析、设计、实现、测试及维护等活动，每项活动又可分解成一些基本任务，保证软件的实现。

（2）软件开发方法。

软件开发方法从不同的观点出发，遵循某些不同的开发原则和具体方法，对软件开发步骤和各阶段的文档格式提出规范化的要求与标准，使软件生产实现“工程化”。

随着软件的发展，软件开发方法也发生了巨大的变化。图 10.2 展示了软件开发方法的主要变迁。

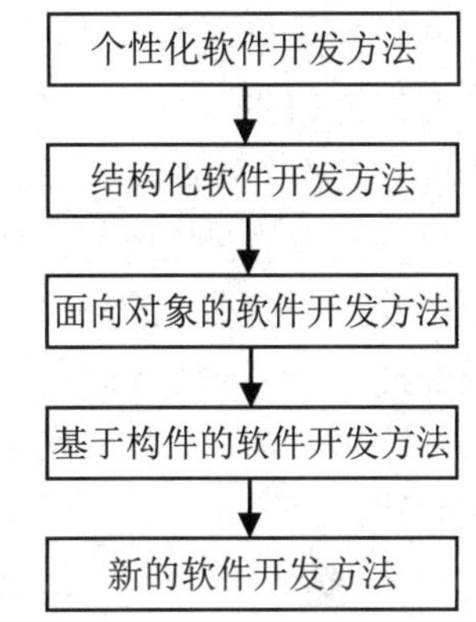

图 10.2 软件开发方法的主要变迁

早期的程序设计基本上属于个人活动性质，这种个性化软件开发并无统一的方法可循。

20 世纪 60 年代后期，结构化程序设计兴起，这种方法不仅可以改善程序的清晰度，还能提高软件的可靠性与生产率。随后，人们把结构化的思想扩展到分析阶段和设计阶段，于是形成了结构化分析与结构化设计等传统的结构化软件开发技术，对软件开发步骤和各阶段的文档格式提出了规范化的要求与标准，软件生产进入了有章可循的、向结构化和标准化迈进的“工程化”阶段。

20 世纪 80 年代以后，出现了 C++、Java 等面向对象的程序设计语言，促进了面向对象程序设计的广泛使用。于是，包含“面向对象需求分析、面向对象设计、面向对象编码”的面向对象的软件开发方法开始形成。面向对象的软件开发方法尽可能使软件开发过程以接近人类认识世界、解决问题的方式进行，是一个反复迭代的过程。

面向对象技术还促进了软件复用、构件技术的发展，形成了基于构件的软件开发方法。

进入 21 世纪以来，模块驱动的软件开发、面向服务的软件开发、面向数据的软件开发、敏捷软件开发等一些新的软件开发方法相继出现，它们的应用对提高软件的开发效率和总体质量具有重要意义。

（3）软件开发工具。

随着软件开发方法的发展，研究人员也研制出了许多“帮助开发软件的软件”，即软件工具。软件工具可以在软件开发的各个阶段起到支持作用。软件工具的研制和使用对提高软件生产率，以及促进软件生产的自动化都有重要的作用。

工具和方法是软件开发技术的两大支柱，它们密切相关。方法与工具相结合，再加上配套的软、硬件支持就形成了软件工程环境。

2）软件工程管理

为了能够按照进度和预算完成软件开发计划，实现预期的经济和社会效益，在软件开发过程中，必须进行软件工程管理。管理包含多方面的内容，如成本估算、进度安排、人员组织、质量保证等，同时涉及管理学、度量学和经济学等多门学科。

10.3 软件开发模型

一个软件从被定义开始，直到被废弃不用的生存过程称为软件生存周期。一般来说，软件生存周期可划分为 3 个时期：计划时期、开发时期和运行时期，每一时期又区分为若干更小的阶段。把整个软件生存周期划分为较小的阶段，给每个阶段赋予确定而有限的任务，就能够简化每一步的工作内容，使软件开发变得较易控制和管理。

要开发一个高质量的软件产品，首先要根据软件生存周期为各项开发活动的流程确定一个合理的框架，这一框架称为软件生存周期模型或软件开发模型。软件开发模型是软件工程思想的具体化，是在软件开发实践中总结出来的软件开发方法和步骤。

随着软件工程的发展，学者提出了多种不同的开发策略，形成了不同的软件开发模型。下面介绍几种常用的软件开发模型。

10.3.1 瀑布模型

瀑布模型是一种传统的软件开发模型。瀑布模型按照传统的生存周期方法学开发软件，从问题定义开始，逐一按软件生存周期各阶段进行，直到用户确认。各阶段的工作自顶向下，从抽象到具体，顺序进行，好似奔流的瀑布从高处流到低处。瀑布模型如图 10.3 所示。瀑布模型一般划分为计划、开发、运行 3 个时期，每一时期又区分为若干阶段。

1. 计划时期

计划时期的主要任务是调查和分析：调查用户需求，分析新系统的主要目标，分析开发该系统的可行性。

（1）问题定义：主要弄清用户需要计算机解决什么问题，由系统分析员根据其对问题的理解，提出系统目标与范围说明，请用户审查和确认。

（2）可行性研究：在问题定义的基础上对项目进行可行性调研和论证，确定项目是否能够或值得开发，若值得开发，则推荐一个在经济、技术和操作等方面可行的、高效的解决方案，并提交可行性研究报告。

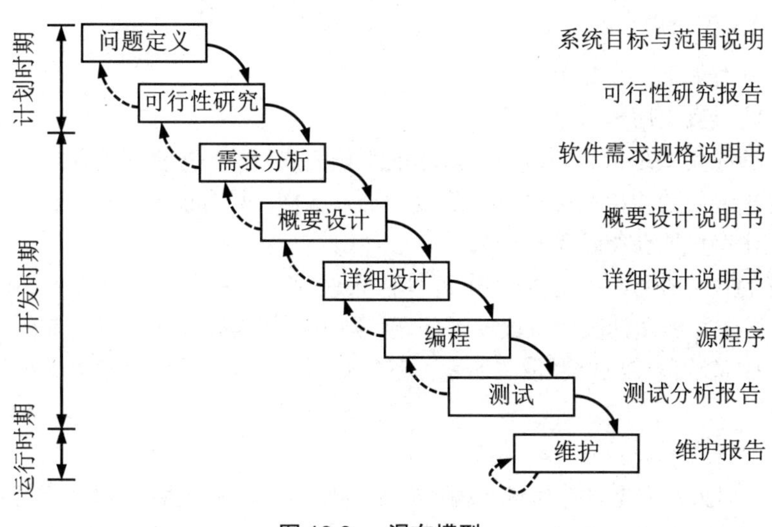

图 10.3 瀑布模型

2. 开发时期

开发时期要具体分析、设计和实现计划时期定义的软件。这一时期通常由如下 4 个阶段组成。

（1）需求分析：在上一阶段工作的基础上进行深入调研，确定目标系统究竟做什么，弄清用户对软件系统的全部需求，并提交软件需求规格说明书。

（2）软件设计：必须回答的关键问题是系统怎样做，这一阶段一般又分为概要设计和详细设计两部分。软件设计的目的是建立目标系统的总体结构、数据结构、用户界面及算法细节，并提交概要设计说明书和详细设计说明书。

（3）编程：主要任务是依据详细设计说明书，用选定的程序设计语言对模块算法进行编程，形成可执行的源程序。

（4）测试：主要任务是通过各类测试及调试来确保软件满足预定的功能和性能等要求，并提交测试分析报告。

3. 运行时期

经过前面各阶段的工作，若软件系统已满足用户要求，则可交付用户使用。软件进入运行时期，此时期的主要工作是进行软件维护。

软件维护的主要任务是通过各种必要的维护活动满足用户的需求，延长软件的使用寿命。每进行一次维护，都应该遵循规定的维护流程，并填写和更改有关文档。

综上可见，瀑布模型把软件生存周期划分成若干阶段，每个阶段的任务相对独立和单一，降低了整个软件开发工程的难度。在软件生存周期的每个阶段都采用科学的管理和良好的方法与技术，同时，在每个阶段结束之前，都从技术和管理角度进行严格的审查，只有在审查合格后才开始下一阶段的工作，这就使软件开发工作具有一定的可控性，从而保证软件质量，提高软件的可维护性。

4. 瀑布模型的特点

瀑布模型具有如下几个特点。

（1）阶段间具有顺序和依赖关系。

阶段间的顺序关系是指必须待前一阶段的工作完成以后，才能进行下一阶段的工作；依赖关系是指前一阶段的输出文档是下一阶段的输入文档，只有前一阶段给出正确的输出，下一阶段的工作才有可能获得正确的结果。

这样设置的优点在于各阶段的工作可以独立进行，在不同的阶段实施不同的管理和技术。但若在软件生存周期的某一阶段发现问题，则很可能需要追溯到它之前的某个或某些阶段，如图 10.3 中各阶段左侧虚线箭头所示，需要先修正前期错误，再按瀑布模型继续完成后续各阶段任务。

（2）推迟物理实现。

实践表明，对大、中型软件而言，编程开始得越早，完成开发工作所需的时间反而越长。瀑布模型在编程之前设置了需求分析、概要设计、详细设计各层次的逻辑分析设计阶段，只有到编程阶段才真正涉及软件的物理实现。这样将物理实现推迟到软件开发的后期进行大大降低了软件开发的风险。尽可能推迟程序的物理实现也是按瀑布模型开发软件的一条重要原则。

（3）质量保证。

在瀑布模型各阶段结束之前，采取两种必要的措施来保证软件的质量和可靠性。

①各阶段都必须完成规定的文档，如图 10.3 右侧所示。完整、正确、规范的文档不仅是软件开发时期各类人员之间相互沟通的媒介，还是软件维护的重要依据。

②各阶段结束前都要对本阶段的工作和文档进行评审，以便及时发现问题，改正错误。经验证明，越早期的错误，暴露的时间越晚，排除和改正错误所付出的代价就越大。因此，复审是软件质量的重要保证。

瀑布模型在相当长的时期内都是软件开发的主流模型，在降低软件开发的复杂度、消除非结构化软件、提高软件质量、促进软件生产工程化方面起着显著的作用。

与此同时，瀑布模型在大量的软件开发实践中也逐渐暴露出它的缺点。其中最为突出的缺点是该模型缺乏灵活性，特别是无法解决软件需求不明确或不准确的问题。究其原因，一是由于多数用户不熟悉计算机，二是由于系统分析员对用户的专业往往了解不深，需求分析不够全面、完整和准确，因此很难得到正确的分析结果。

而快速原型模型正是针对瀑布模型的缺点提出来的。

10.3.2 快速原型模型

快速原型模型的主要思想是在软件开发初期，以较小的代价先建立一个能够反映用户需求的原型，让用户对该原型进行确认和评价，对于不能满足用户需求的内容做进一步修改和改进。反复对原型进行评价、改进，直至系统完全符合用户需求，之后进入系统设计和系统实现阶段，最终建立满足用户需求的新系统。快速原型模型如图 10.4 所示。

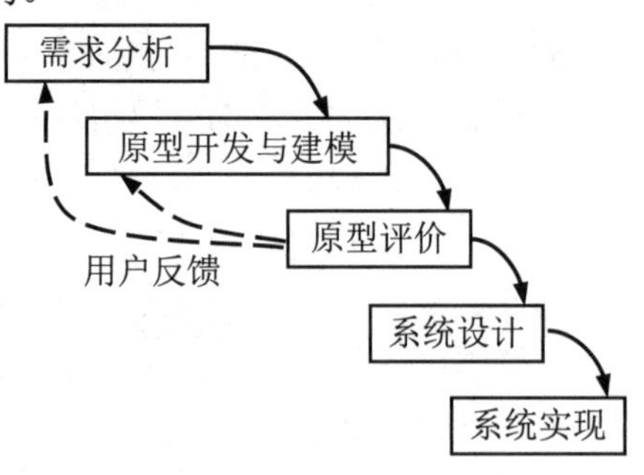

图 10.4 快速原型模型

10.3.3　螺旋模型

螺旋模型将瀑布模型和快速原型模型相结合，把开发活动和风险管理结合起来，致力于将风险减到最小并进行风险控制。

螺旋模型由制订计划、风险分析、工程实现和评审 4 个阶段构成，每个螺旋周期均包含了风险分析，如图 10.5 所示。

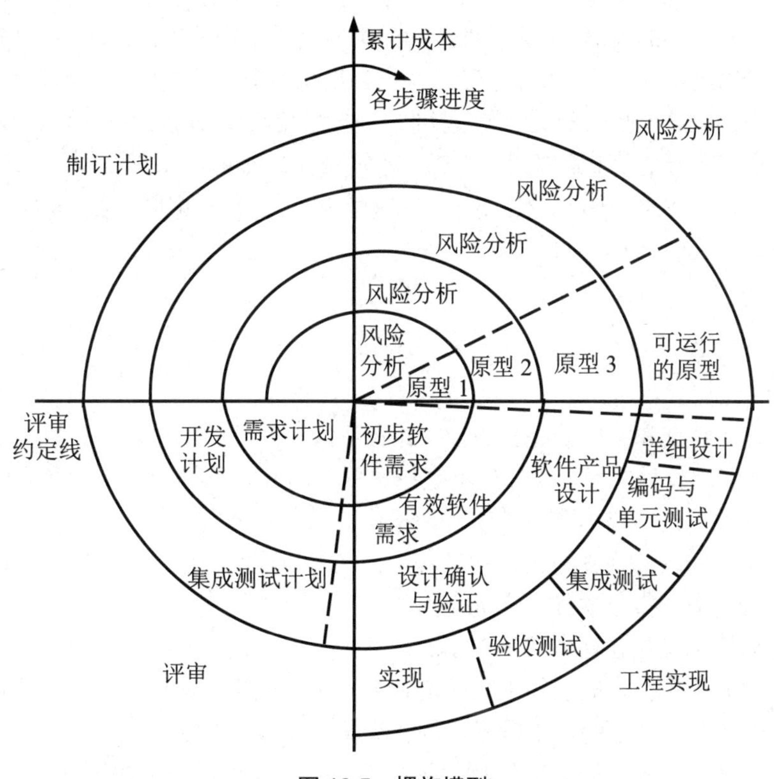

图 10.5　螺旋模型

各阶段的任务如下。

（1）制订计划：确定软件的目标、系统功能/性能和限制条件，选定实施方案。

（2）风险分析：识别与分析选定方案的风险并予以消除。

（3）工程实现：对软件项目进行开发。

（4）评审：主要由用户参加，对所开发的软件系统进行评价，并提出修改意见。

反复上述 4 个阶段的工作，最终得到用户所期望的系统。

螺旋模型是一种迭代模型，每迭代一次，螺旋线就在原来的基础上增加一圈。螺旋模型的特点是它保留了瀑布模型按阶段逐步进行开发和阶段末评审的优点，吸收了原型“演化”的思想，增加并重视新方案的风险分析与补救工作。

10.3.4　敏捷软件开发

敏捷软件开发方法于 20 世纪 90 年代后期发展起来。该方法的创始人将其思想整理为

“敏捷宣言”，概括为如下 4 条软件开发原则。

（1）个体与交互胜过过程和工具。

（2）可工作的软件胜过全面的文档。

（3）客户协作胜过合同谈判。

（4）响应变更胜过遵循计划。

敏捷软件开发方法认为软件是敏捷团队中所有人共同开发完成的，团队成员的个人技能和合作能力是项目成功的关键；认为软件成功的主要测量目标是软件正确工作的程度；敏捷软件开发方法将精力集中在与客户的合作上，客户应当在整个开发过程中紧密参与；敏捷软件开发方法强调敏捷团队是能响应变更的灵活团队，使用户能够在开发过程中增加或改变需求。

在敏捷软件开发中，有极限编程（XP）、水晶法（Crystal）、并列争球法（Scrum）、自适应软件开发（ASD）等典型的开发方法，致力于实现通过“尽可能早地、持续地交付有价值的软件”使客户满意这一总体目标。

小　结

软件是程序、数据和文档的完整集合，具有不同于硬件的特性，按功能主要分为系统软件、支撑软件和应用软件 3 类。软件危机是指在软件的开发和维护过程中遇到的一系列严重问题，为解决软件危机，提出了软件工程的概念。

软件工程是指在软件开发与维护的过程中，采用工程的概念原理、方法、技术并与正确的管理方法结合起来，指导软件生产的全过程。

软件生存周期是指从软件项目的提出、定义、开发、维护，直到最终被丢弃的整个过程。为了将复杂的问题简单化，把软件生存周期划分为 3 个时期：计划时期、开发时期和运行时期。其中的每一时期又区分为若干阶段，每个阶段都有自己的特定任务。计划时期划分为问题定义和可行性研究阶段；开发时期划分为需求分析、软件设计（概要设计和详细设计）、编码和测试阶段；运行时期主要是在运行中完成各类维护工作。

软件开发模型指出了具体的软件开发方法和步骤。软件开发模型的种类很多，本章主要介绍了瀑布模型、快速原型模型、螺旋模型和敏捷软件开发方法。

习题 10

10.1　简述软件的定义、特性及分类。

10.2　什么是软件危机？软件危机主要有哪些表现？

10.3　什么是软件工程？简述其主要研究内容。

10.4　什么是软件生存周期？把软件生存周期划分成阶段的目的是什么？

10.5　瀑布模型的各阶段是如何划分的？试述各阶段的基本任务。

10.6　瀑布模型的特点有哪些？其缺点是什么？

10.7　常用软件开发模型有哪些？

第 11 章　问题定义与可行性研究

计划时期是软件生存周期的第一个时期，它包括问题定义和可行性研究两个阶段。这一时期的主要任务是确定软件项目必须完成的总目标，论证其可行性，若可行，则给出软件的开发计划。

11.1　问题定义

问题定义是将一个软件构想酝酿形成一个具有明确目标主题的过程，是软件的起始阶段。问题定义阶段的基本任务是要确定软件需要解决的问题。

问题定义阶段所指的“问题”是指软件最基本的问题，如软件的总目标、用途、目标用户群体等。这一阶段采用的基本方法是由问题提出者介绍软件的基本构想，而系统分析员则尽可能从较高的角度抽象、概括出软件所要做的工作，不要拘泥于问题的实现细节。系统分析员可以通过对系统的实际用户和使用部门负责人进行访问调查，简明扼要地写出对问题的理解，并在使用部门负责人的会议上讨论其书面报告，澄清含混不清的地方，修正理解不正确的地方。问题定义结束时应提交系统目标和范围的说明文档，文档应简明扼要，主要内容包括软件项目名称、软件目的与目标、软件目标用户对象、软件规模等。

在软件开发工作开始阶段，应使系统分析员、软件开发员、最终用户和使用部门负责人对问题的性质、目标、规模取得完全一致的意见，这对确保今后开发工作的成功至关重要。

11.2　可行性研究

可行性研究阶段需要回答“所定义的问题有可行的解决方法吗？”这个问题。许多问题不可能在预定的系统规模之内解决。如果问题没有可行解，那么在这项工程上所花的时间、资源、人力、经费都是浪费。因此，在正式实施软件项目前，必须首先对其进行可行性研究。

11.2.1　可行性研究的目的、任务和步骤

1．可行性研究的目的和任务

可行性研究的目的是用最小的代价在尽可能短的时间内确定问题是否能够解决、是否值得解决。也就是说，可行性研究的目的不是解决问题，而是确定问题是否值得解决，研究在当前的具体条件下，开发新系统是否具备必要的资源和其他条件。可行性研究实质上

是一次大大压缩简化了的系统分析和设计过程，在较高层次上以较抽象的方式进行系统分析和设计。

在明确了问题定义之后，系统分析员应该首先给出系统的逻辑模型，然后从系统的逻辑模型出发，寻找可供选择的解法，研究每种解法的可行性。一般来说，可行性应从经济、技术、操作和社会等几方面进行研究，给出明确的结论供用户参考。

（1）经济可行性。

经济可行性是指对项目的经济合理性进行评价，主要进行成本-效益分析，估计项目的开发成本，估算开发成本是否会高于项目预期的全部利润，分析系统开发给其他产品或利润带来的影响。

（2）技术可行性。

技术可行性是指根据客户提出的目标系统功能、性能及实现系统的各项约束条件，从技术的角度研究系统实现的可行性。技术可行性研究主要包括以下几项内容。

- 风险分析：分析在给定的限制范围内能否设计出目标系统，实现必要的功能和性能。
- 资源分析：研究开发系统的人员是否存在问题，可用于建立系统的其他资源（如硬件、软件等）是否具备。
- 技术分析：分析相关技术的发展是否能支持目标系统的实现。

（3）操作可行性。

操作可行性是指评价目标系统运行后会引起的各方面变化（如对组织机构、管理模式、工作环境等产生的影响）在操作方式上是否符合用户的技术水平和习惯。

（4）社会可行性。

社会可行性主要讨论法律和使用等方面的可行性，诸如被开发软件的权利归属等问题。社会可行性涉及的范围比较广，包括合同、责任、侵权、用户组织的管理模式，以及规范和其他一些技术人员常常不了解的陷阱等。

当然，可行性研究最根本的任务是对以后的行动路线提出建议：若问题没有可行解，则系统分析员应该建议停止该项目的开发；若问题值得解，则系统分析员应推荐一个较优的解决方案，并制订初步的软件开发计划。

2．可行性研究的步骤

一般来说，可行性研究有如下典型步骤。

（1）复查系统规模和目标。

系统分析员应进一步复查，确认问题定义阶段确定的系统目标和规模，清晰地描述对目标系统的所有限制和约束，确保正在解决的问题确实是需要解决的问题。

（2）研究现有系统。

现有系统是信息的重要来源，要研究它的基本功能、存在的问题、运行费用等，同时研究用户对目标系统有什么新的功能要求，目标系统运行时能否减少使用费用等。

（3）建立目标系统的高层逻辑模型。

根据对现有系统的分析研究，明确目标系统的功能、处理流程及所受的约束，用建立逻辑模型的工具——数据流图和数据字典概括地描述高层数据处理与流动，并在此基础上用系统流程图表示出目标系统的物理模型。

（4）导出和评价可供选择的方案。

系统分析员建立了目标系统的高层逻辑模型之后，可从技术角度出发，提出实现高层逻辑模型的不同方案供用户比较、选择。

在选择方案时，用户可从技术、经济、操作和社会可行性等方面进行比较与分析，对各种方案进行评估，去掉行不通的方案，保留可行的方案。

（5）推荐可行方案。

系统分析员在对各种方案进行比较和分析的基础上推荐可行方案。在推荐方案的过程中，系统分析员应该说明项目开发的价值、该方案可行的原因和理由。项目是否值得开发的主要标准之一是从经济上看是否划算，因此要给出所推荐方案的成本-效益分析报告。

（6）编写可行性研究报告。

将上述可行性研究过程的结果分析进行汇总，完成可行性研究报告的编写，提请用户和使用部门负责人审查，决定是否进行项目开发、是否接受可行的推荐方案。

3. 可行性研究报告

可行性研究报告的主要内容包括引言、可行性研究的前提、对现有系统的分析、所建议的系统、可选择的其他系统方案、投资及效益分析、社会因素方面的可行性分析和结论。

可行性研究报告首先阐述报告的编写目的，系统的名称、用户等背景信息；说明对该开发项目进行可行性研究的前提，以及软件的功能、性能等基本要求；说明现有系统的基本处理流程和数据流程；说明推荐系统使用的基本方法和理论根据，给出其处理流程和数据流程；说明曾考虑过的每种可选择方案；说明推荐方案所需的费用及其能够带来的收益；说明社会因素方面可行性分析的结果；给出可立即进行、推迟进行或不能进行等结论。

如果项目可行，则需要给出下一步的软件开发计划。开发计划需要确定软件的范围并估算其所使用的资源、成本与进度。通过采用多种成本估算技术和进度安排准则，可以使估算当中的不确定性降到最低程度，同时给出一个可用的对未来情况的“预测”。

11.2.2　系统流程图

系统流程图是用来描述系统物理模型的一种传统工具。它以系统中的物理组件为单元来说明系统的基本构造，用图形符号，以黑盒形式描述组成系统的每个部件（如硬设备、程序、文件、数据库、表格、人工过程等），表达数据在系统各部件之间的流动情况，描述系统的基本工作流程，并由此说明系统对数据的加工步骤。注意：系统流程图并不描述对数据进行加工处理的控制过程。

系统流程图中的常用符号如表 11.1 所示。这些符号是可以从系统中分离出来的物理元素，如设备、程序模块、报表等。

表 11.1　系统流程图中的常用符号

符　号	名　称	说　明
□	处理	能改变数据值或数据位置的加工或部件，如程序、处理机、加工等

续表

符　　号	名　　称	说　　明
	人工操作	人工完成的处理，如会计在支票上签名
	输入/输出	表示输入或输出，是一个广义的不指明具体设备的符号
	人工输入	人工输入数据的脱机处理，如填写表格
	联机存储	表示任何种类的联机存储，包括磁盘、磁鼓、软盘和海量存储器件等
	磁盘	磁盘输入或输出，也可表示存储在磁盘中的文件或数据库
	文档	通常表示打印输出，也可表示一个打印文件
	显示	显示终端，可用于输入或输出，也可既输入又输出
	连接	指出转到图的另一部分或从图的另一部分转来，通常在同一页上
	换页连接	指出转到另一页图上或由另一页图转来
	数据流	用来连接其他符号，指明数据流动方向
	通信链路	通过远程通信线路或链路传送数据
	端点	信息的来源和终点

例 11.1　画出教材购销系统的系统流程图。

解：某学校计划开发一个教材购销系统，主要用于对计划供应的教材进行销售与补充采购管理。经分析，该系统主要具有以下功能。

（1）根据学校的教学计划向选课的学生及时供应其所需教材。

审查学生（个人或班级）购书单的有效性，对有效购书单发售教材；若属于计划供应但暂时缺货的教材，则进行缺书登记。

（2）根据缺书登记补充采购所缺的教材，通知学生补购。

将缺书登记表汇总为待购教材计划，待购教材到货后，及时通知学生补购。

图 11.1 所示为教材购销系统的系统流程图。

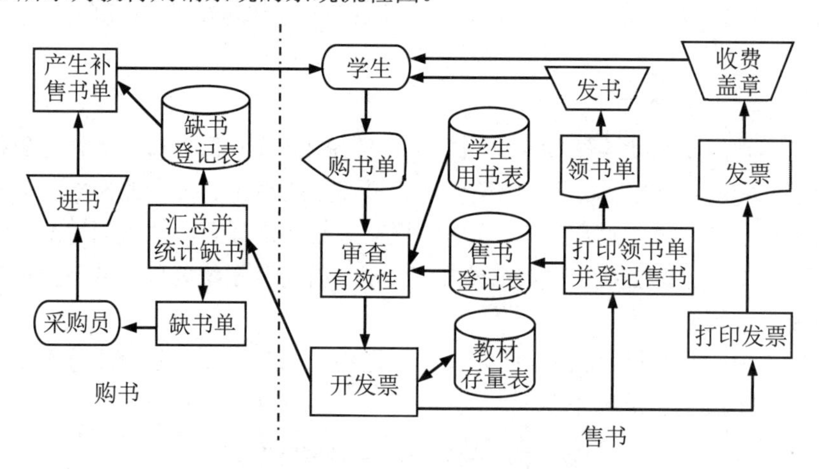

图 11.1　教材购销系统的系统流程图

小　结

在问题定义之后进行可行性研究。通过可行性研究可以知道问题有无可行解，进而避免人力、物力和财力上的浪费。可行性研究的目的是用最小的代价在尽可能短的时间内确定问题是否能够解决、是否值得解决。

可行性研究从技术、经济、操作、社会等几方面分析系统的可行性，并完成可行性研究报告的编写。

系统流程图用于构建系统物理模型，它描绘组成系统的主要物理元素，以及信息在这些元素间流动和处理的情况。

计划时期产生的软件文档主要有系统目标和范围说明、可行性研究报告，以及初步的项目开发计划，这些文档复审通过即标志着这一时期工作的结束。

习题 11

11.1　问题定义的内容有哪些？

11.2　什么是可行性研究？可行性研究的任务是什么？

11.3　可行性研究的步骤有哪些？

11.4　用系统流程图描述一家你所熟悉的医院门诊系统的物理模型。

11.5　用系统流程图描述你所在学校教学管理相关系统的物理模型。

第 12 章　需求分析和软件设计

需求分析是软件生存周期中重要的一步，通过需求分析把软件功能和性能的总体概念描述为具体的软件需求规格说明书，进而建立软件开发的基础。

需求分析阶段对目标系统的数据、功能和行为进行建模，在该阶段编写的软件需求规格说明书包括了对系统模型的描述，这是软件设计的基础。

软件设计的基本目的就是回答“系统应该如何实现？”这个问题。软件设计的任务就是把需求分析阶段产生的软件需求规格说明书转换为用适当手段表示的软件设计，并形成软件设计文档。

12.1　需求分析

12.1.1　需求分析概述

1．需求分析的任务

需求分析是软件开发时期的第一个阶段，它的基本任务是准确地回答“系统必须做什么？”这个问题，让用户和开发者共同明确将要开发的是一个什么样的系统。

需求分析主要完成两项任务：①通过对要解决的问题、用户的需求及其目标环境的研究、分析和综合，建立抽象的逻辑模型；②在完全弄清用户对软件系统的确切需求的基础上，用软件需求规格说明书把用户的需求表达出来。

需求分析在可行性研究的基础上进一步精化软件的作用范围，明确系统必须完成哪些功能，对目标系统提出完整、准确、清晰、具体的要求。

需求分析由软件分析员和专业领域工程师共同完成，通过深入调查用户的需求，分析现有的系统，确定目标系统的需求、信息流程和系统结构。

2．需求分析的步骤

需求分析一般分 4 步进行：需求获取、需求提炼、需求描述和需求验证。

（1）需求获取。

需求获取主要是指确定用户对目标软件系统的需求，包括功能需求、性能需求、运行需求、数据需求、将来可能提出的需求等。系统分析员需要与用户协商，澄清模糊需求，删除无法做到的需求，改正错误需求。

系统分析员为了获取正确的需求信息，可以使用一些需求获取方法和技术，如建立联合分析小组、进行用户访谈、进行问题分析与确认等。

（2）需求提炼：分析建模。

需求提炼的主要任务是建立系统的逻辑模型，在理解现有系统“怎样做”的基础上，抽取其“做什么”的本质。

具体做法是，从现有系统的信息流和信息结构出发，逐步细化软件功能，找出系统各元素之间的联系、接口特性和约束，分析它们是否满足功能要求，是否合理，剔除不合理的部分，增加需要的部分，最终形成目标系统的逻辑模型。系统的逻辑模型通常用数据流图、数据字典等工具来描述。

（3）需求描述：编写软件需求规格说明书。

需求分析阶段的最终成果是软件需求规格说明书。需求分析人员通过编写软件需求规格说明书建立对系统的一致性描述。软件需求规格说明书是软件分析、设计人员之间的信息交流途径和媒介。同时，软件需求规格说明书也是一种用户文档，作为交付给用户文档的一部分，可用于对系统最终结果的检查。

软件需求规格说明书主要包括项目背景、应用目标、作用范围、数据描述（包含数据流图、数据字典）、功能要求、性能需求、运行需求及其他要求等内容。

经过需求分析阶段的工作，系统分析员对目标系统有了更深入、更具体的认识，因此可以对系统的成本和进度做出更准确的估计，在此基础上可对开发计划进行修正。

（4）需求验证：复审、验证软件需求分析的正确性。

需求分析完成后，需要用需求分析工具或人工来复审、验证需求的正确性。需求分析复审有助于消除可能导致的软件开发成本上升或软件存在的隐患，降低软件开发风险。

3．结构化分析方法

结构化分析（Structured Analysis，SA）方法是面向数据流进行需求分析的方法，其基本思想是用抽象模型的概念，按照软件内部数据传递、变换的关系，自顶向下、逐层分解系统，直到找到满足功能要求的所有可实现的软件元素。

结构化分析方法的基本手段是分解和抽象。对于一个复杂的系统，结构化分析方法使用了自顶向下、逐层分解的方法，即先把分析对象抽象成一个系统，然后自顶向下、层层分解，使复杂的系统被分解成足够简单、能够被清楚地理解和表达的若干子系统。

在使用结构化分析方法进行系统需求分析时，首先分析现实环境，理解现有系统是怎样运行的，了解其组织结构、输入/输出数据、资源利用情况及日常事务处理流程，建立现有系统的物理模型；然后从现有系统的物理模型抽象出它的逻辑模型；最后通过分析目标系统与现有系统在逻辑上的差别，明确目标系统应该做什么，在现有系统的逻辑模型上建立目标系统的逻辑模型，并在分析的基础上对其进行完善和补充。

用结构化分析方法获得的软件文档资料主要包括数据流图、数据字典及一组基本加工（处理）逻辑说明。

结构化分析方法适用于大型数据处理系统，特别是管理信息系统的分析，通常与设计阶段的结构化设计方法结合使用。

12.1.2 数据流图

从根本上来说，任何软件系统都是对数据进行加工或变换的工具。数据流图是常用的一种描述数据从输入到输出经历的变换的图形工具。

1．数据流图的定义和作用

数据流图（Data Flow Diagram，DFD）是用来描述软件系统的逻辑模型的工具。通过数据流图描述信息在系统中流动和加工处理的情况。图 12.1 所示为一个高度抽象的软件系统逻辑模型。

输入 → 加工或变换 → 输出

图 12.1 高度抽象的软件系统逻辑模型

数据流图是逻辑系统的图形表示，是各类人员之间进行交流、沟通的工具。数据流图不但可以表达数据在系统内部的流向，还可以表达系统的逻辑功能和数据的逻辑变换，是进行结构化系统分析的主要工具。

注意：设计数据流图一般只需考虑系统必须完成的基本逻辑功能，在图中不使用具体的物理元素，不需要考虑如何具体地实现这些功能。

2．数据流图的基本符号

数据流图的基本元素有 4 种，为便于在计算机上输入和输出，也常使用对应的另一套符号，这两套符号完全等价，如图 12.2 所示。

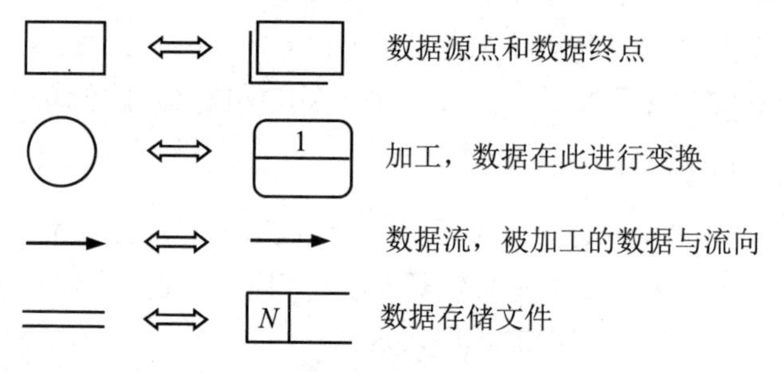

图 12.2 数据流图的基本符号

例 12.1 图 12.3 所示为某培训中心管理系统的数据流图。该培训中心处理日常业务的流程如下。

学员发来的邮件、电话、短信等信息经收集分类后，根据需求进行分类处理。若为报名，则将报名信息报送负责报名的职员；他们查阅课程文件，在没有满额的情况下接受报名请求，在学生和课程文件上登记，开出报名单交收费人员；收费人员收费后在账目文件上登记，并开出收费单交由财务人员开发票；财务人员经复审后出具正式发票给学员。若为付款，则进入收费流程。若为查询，则由负责查询的职员在查阅课程文件后给出答复。若为注销原来选择的课程，则由负责注销的职员在课程、学生、账目文件上做相应修改并经复审后出具注销凭证给学员。由图 12.3 可知，此系统可以分成收集、分类、报名、收费、查询、注销、开发票、复审 8 部分。该数据流图的每部分都比较简单，对软件开发人员和非软件领域工作的人员来说都不难理解，因此利用数据流图来描述系统更容易沟通。

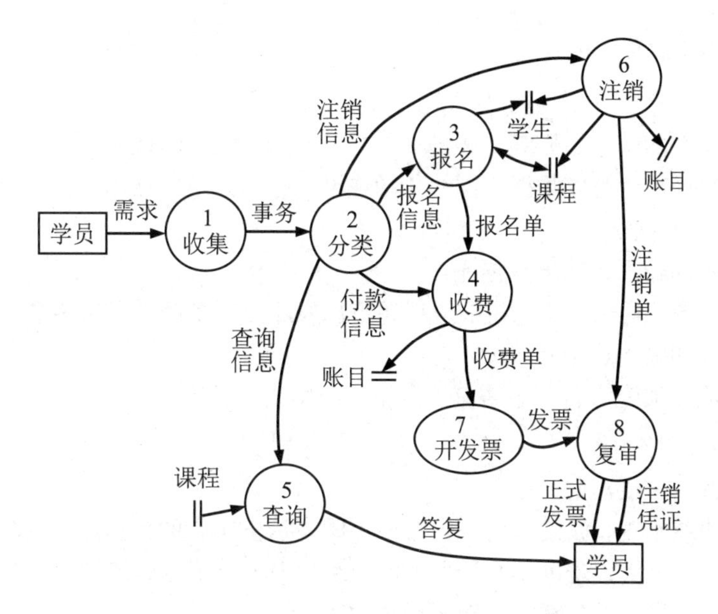

图 12.3 某培训中心管理系统的数据流图

3. 数据流图的基本成分

（1）数据源点和数据终点。

数据源点和数据终点是指系统以外的事物或人，表达了系统数据的外部来源或到达的终点，通常是系统外围环境中的实体，如人员、计算机外围设备或传感装置等，故也称外部实体，其并不需要以软件的形式进行设计和实现，如图 12.3 中的两处学员。

（2）加工。

加工表示对数据的处理功能。加工的名字通常是一个动词短语，简明扼要地表明加工完成的功能。在图 12.3 中，收集、分类、报名、查询等都是加工。

（3）数据存储文件。

数据存储文件是对数据存储的逻辑描述，在数据流图中起保存数据的作用。数据存储文件可以是数据库文件或任何其他形式的数据组织。文件要适当命名，反映文件的特征、用途等，便于理解和记忆，图 12.3 中的学生、课程、账目都是数据存储文件。

（4）数据流。

数据流是由一组信息元素组成的数据，指出了数据在系统中流动的方向。数据流来自数据源点、加工或数据存储文件等元素，可以指向数据终点、加工或数据存储文件等元素。多个数据流可以指向同一个加工，也可以从一个加工发出多个数据流。数据流将系统中的各个元素有机连接在一起，表达了系统的逻辑关系。注意：原则上，同一张数据流图中不能有同名的数据流。

数据流可由多个数据项构成。例如，图 12.3 中的数据流报名信息可由年龄、性别、联系方式、课程名等数据项组成。

4. 数据流图的画法

1）*单层数据流图*

画单层数据流图的基本原则是“先外后内”，一般按照如下步骤进行。

（1）从问题的描述中提取数据流图的4种成分，找出系统的数据源点、数据终点、主要加工，考虑数据流和文件。

（2）画出系统的输入、输出数据流。

（3）画数据流图的内部，从系统的数据源点出发，按照系统的逻辑需要，用一系列逻辑加工将系统的输入和输出连接起来。

（4）为数据流和加工命名，命名应注意反映出实质性内容。

2）*分层数据流图*

（1）数据流图的分层思想。

对一个复杂系统来说，如果只用一张数据流图表示出所有的数据流、数据存储文件和加工，则其会显得十分庞大，难以绘制，也难以理解。为了控制数据流图的复杂性，可采用分层的方法将一个数据流图分解成一组数据流图来表示。

数据流图分层的基本思想是“自顶向下逐步求精”，基本方法为，从系统的基本模型（把整个系统看作一个加工）开始，逐层对系统进行分解。每分解一次，系统的加工数量就增多一些，每个加工的功能也更具体一些，直到所有的加工都足够简单，不必再分解。通常把这种不需再分解的加工称为基本加工，把上述分解方法称为由顶向下、逐步细化，画分层数据流图的过程就是逐步求精的过程。

（2）画分层数据流图的步骤。

① 画顶层数据流图。

首先把整个系统看作一个加工画出数据流图，它的输入和输出实际上反映了本系统与外部环境的接口，该数据流图称为顶层数据流图，通常称为系统的基本模型，如图12.4所示。

图12.4 系统的基本模型

② 画第一层数据流图。

将系统按照功能要求划分为几个较大的加工（子系统），分别用加工处理框及相关的数据流表示，形成第一层数据流图，表示系统上层的主要功能。

③ 画下层各数据流图。

如果子系统仍然很复杂，则继续分解得到更细化的子系统。每次分解都是对上层数据流图中的加工做进一步的功能分解，得到各加工对应的下层数据流图。这样反复进行，直到加工功能足够单一。分解的最终结果形成一组分层细化的数据流图。

分层数据流图可十分清晰地表达整个数据加工系统的真实情况。对任何一层数据流图来说，称它的上一层数据流图为父图，称它的下一层数据流图为子图。图12.5所示为系统的分层数据流图。由图12.5可看出，一套分层的数据流图由顶层数据流图、底层数据流图和中间层数据流图组成。

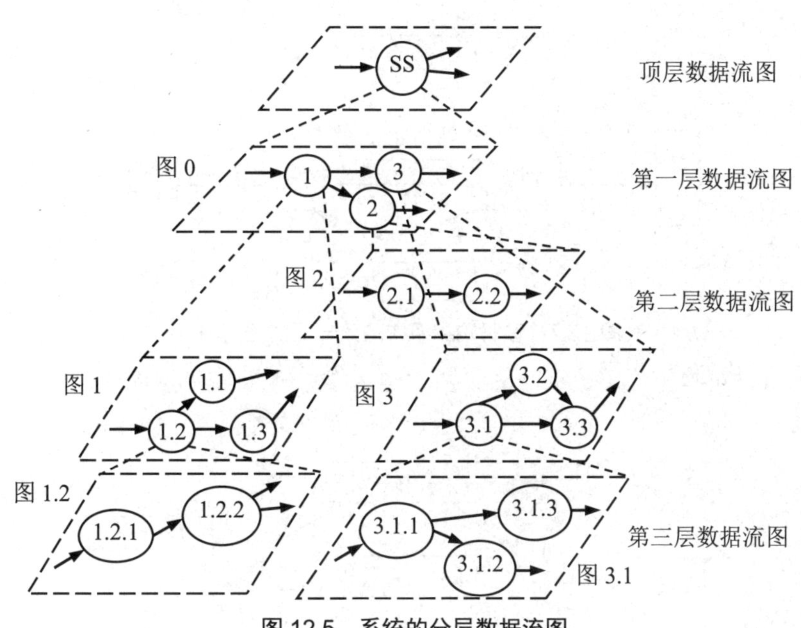

图 12.5　系统的分层数据流图

- 顶层数据流图：仅包含一个加工，代表被开发的系统，是一个高度抽象的软件系统逻辑模型。它的输入流是该系统的输入数据、输出流是该系统的输出数据。顶层数据流图的作用在于明确被开发系统的范围，以及它和周围环境的数据交换关系。
- 底层数据流图：由基本加工和对应的数据流构成。
- 中间层数据流图：是对其父图的细化。中间层的每个加工都可以继续细化，形成子图。中间层的多少视系统的复杂程度而定。

通过对分层的数据流图的描述，一个复杂的系统可以按层次逐级分解，一直分解到最简单、无须再分的基本加工。这样，对于一个系统可以由粗到细逐级分解，使用户、系统分析员，以及系统设计员对系统有一个从总貌到具体细节的了解，能逐层、清晰地描绘与理解一个复杂系统的逻辑。

例 12.2　画出例 11.1 中的教材购销系统的分层数据流图。

解：①画出顶层数据流图。

通常把整个系统当作一个大的加工，标明系统的输入与输出数据流，以及数据源点与数据终点。图 12.6 所示为教材购销系统的顶层数据流图。

图 12.6　教材购销系统的顶层数据流图

②画第一层数据流图。把系统分解为销售和采购两大加工，如图 12.7 所示。显然，学生应与销售子系统联系，采购员应与采购子系统联系。两个子系统之间也存在两种数据联系：一是缺书通知，由销售子系统把售罄教材信息传送给采购子系统；二是到书通知，由采购子系统将教材入库信息通知销售子系统。

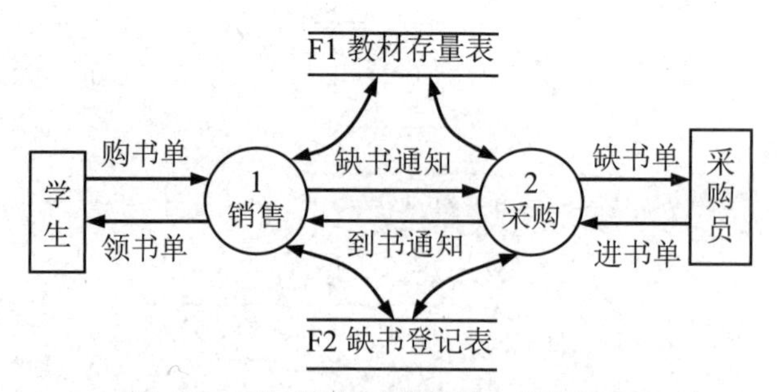

图 12.7　教材购销系统的第一层数据流图

③继续分解，可得第二层数据流图。图 12.8 由销售子系统扩展而成，图 12.9 由采购子系统扩展而成。

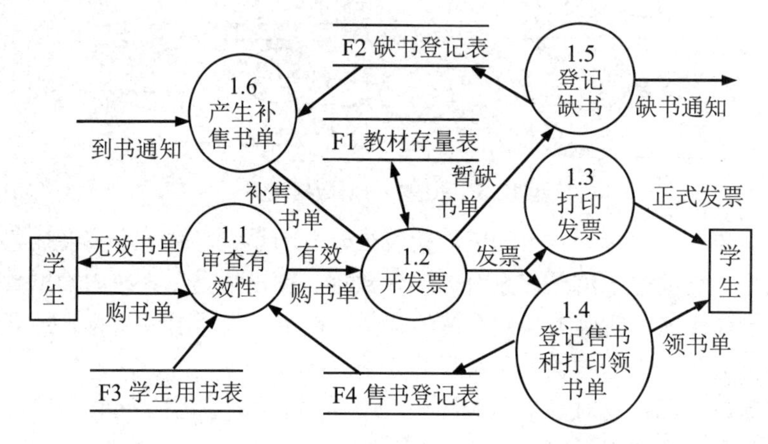

图 12.8　第二层数据流图——销售子系统

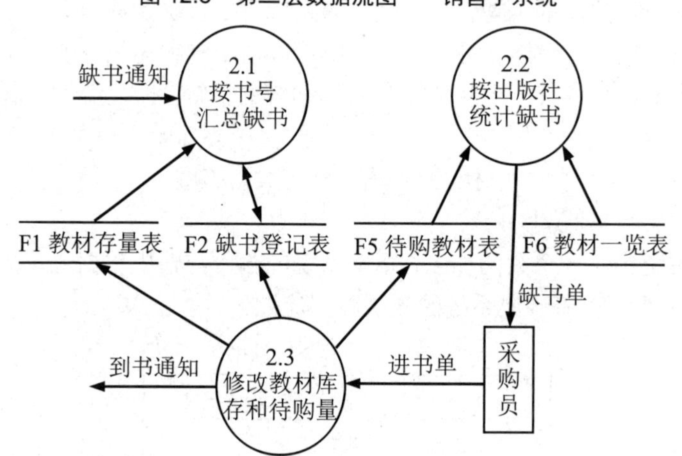

图 12.9　第二层数据流图——采购子系统

在图 12.8 中，销售子系统被分解为 6 个子加工，编号为 1.1～1.6。在审查有效性时，需要校核购书单的内容是否与学生用书表（F3）相符，还要通过售书登记表（F4）检查学生是否已购买过这些教材。若发现购书单中有学生不能购买或买重了的教材，则发出无效购书单，只将通过了审查的教材保留在有效购书单中。1.2 加工按有效购书单的内容查对教材存量表

（F1），把可供应的教材写入发票，数量不足或全缺的教材写入暂缺书单。前者在 F4 中登记后开出领书单，发给购书的学生，后者登记到缺书登记表（F2）中，等待接到到书通知后补售给学生。补售的手续及数据流程和第一次购书时相同。

注意：在上一层数据流图（图 12.7）中，采购是系统内部的一个加工，但在图 12.8 中，采购是处于销售之外的一个外部项。

采购子系统在图 12.9 中被分解为 3 个子加工（2.1～2.3）。根据销售子系统建立 F2，首先按书号汇总后进入待购教材表（F5），然后按出版社分别统计制成缺书单，送给采购员作为采购教材的依据。在按书号汇总缺书时，要再次核查 F1；在按出版社统计缺书时，还要参阅教材一览表（F6），由此可知缺书的出版单位信息。新书入库后，要及时修改 F1、F5 和 F2，同时把到书信息通知给销售子系统，使销售子系统能通知缺书学生补购。

图 12.6～图 12.9 所示的 4 张数据流图一起组成了教材购销系统的分层数据流图。

（3）画分层数据流图的注意事项。

① 父图和子图的平衡。

父图和子图的平衡是指在父图和子图之间的加工与数据要保持一致。特别需要注意输入、输出数据流的一致性，以及子图不要超出父图的处理内容和范围。

例如，图 12.10 是平衡的数据流图，而图 12.11 则是不平衡的数据流图。因为如图 12.11 所示的子图中没有一个输入数据流与父图中加工 2 的输入数据流 D 相对应，父图中也没有数据流与子图中的输出数据流 S 相对应。

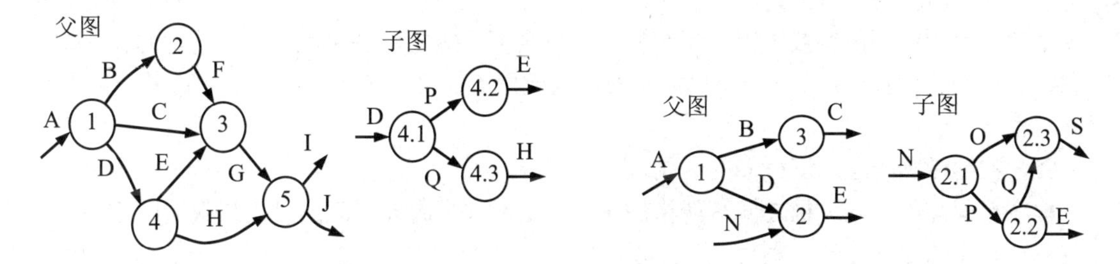

图 12.10　平衡的数据流图　　　　图 12.11　不平衡的数据流图

图 12.12 展示的是父图和子图平衡的一种特例。从表面上看，父图和子图的输入数据流从名称到数量均不相同，但如果父图中的“发票”这个数据流是由“学生信息”和“教材信息”两部分数据组成的，则也应认为图 12.12 是平衡的。

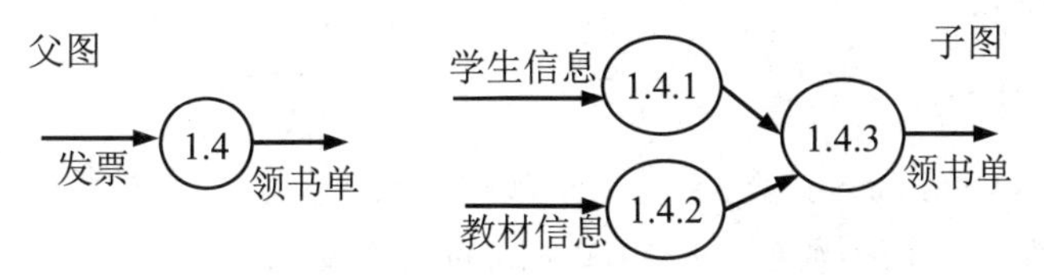

图 12.12　父图和子图平衡的一种特例

② 区分局部文件和局部外部项。

在父图中没有出现的文件与外部项称为局部文件和局部外部项。随着数据流图的分解，在下一层数据流图中允许出现局部文件和局部外部项。一般来说，除底层数据流图需要画出全部文件外，各中间层数据流图仅显示处于加工之间的接口文件，其余文件均不必画出。

③ 注意分解速度。

分解是一个逐步细化的过程，理想的分解应是将一个问题分解成复杂程度相当的几部分。分解时需要注意分解速度，通常在上层可分解得快一些，下层应慢一些，因为越接近底层，功能越具体，分解太快会增加用户理解的难度。同一数据流图中的各个加工分解的步子应大致均匀，保持同步扩展。每个加工每次可分解为 2～4 个子加工，最多不要超过 7 个。

④ 适当的命名。

数据流图中各成分的名字要能唯一地标识该元素，有具体的含义，能反映该元素的整体性内容，而不只是它的部分内容。

⑤ 遵守编号规则。

为了便于管理，需要给所有的数据流图和加工编号，其编号在整个系统中应具有唯一性。编号规则是，子图的编号即父图中相应加工的编号，子图中加工的编号由子图号、小数点、局部号构成。顶层数据流图不必编号；第一层数据流图的编号为图 0，其中加工的编号为 1、2……；第二层数据流图的编号为图 1、图 2……，该层中每个子图的加工的编号为 1.1、1.2……，2.1、2.2……；第三层数据流图的编号为图 1.1、图 1.2……，图 2.1、图 2.2……，该层中每个子图的加工的编号为 1.1.1、1.1.2……，2.1.1、2.1.2……，依次类推。关于编号的例子如图 12.5 所示。

5. 数据流图与其他图形工具的区别

（1）数据流图与系统流程图的区别。

系统流程图中不仅有数据流，还有物流、资金流。数据流图将物流与资金流排除在外，或者将它们抽象为数据流的形式。数据流图仅以数据流的形态来反映一个组织中整个业务管理的过程。

（2）数据流图与程序流程图的区别。

程序流程图中的处理框之间有严格的时间上的顺序，而数据流图只反映数据的流向、加工逻辑和必要的数据存储，不反映加工逻辑的先后时间顺序。

（3）数据流图与软件结构图的区别。

软件结构图反映模块之间的控制关系和调用关系，而数据流图则不反映控制关系、调用关系、控制流，只画数据流。

12.1.3 数据字典

1. 数据字典的定义

数据字典（Data Dictionary，DD）是关于数据信息的集合，它对数据流图中的各个元素做完整的定义与说明，与数据流图一起构成系统的逻辑模型。

2. 数据字典的内容

数据字典中有 4 种基本条目：数据流、数据存储文件、数据项、基本加工。表 12.1 列出了基本条目描述中定义数据结构时采用的符号。

表 12.1　基本条目描述中定义数据结构时采用的符号

符　　号	含　　义	举　　例
=	被定义为	—
+	与	x=a+b 表示 x 由 a 和 b 组成
[···,···] 或 [···|···]	或	x=[a,b]或 x=[a|b] 表示 x 由 a 或 b 组成
{···}或 m{···}n	重复	x={a}表示 x 由 0 个或多个 a 组成；x=2{a}6 表示 x 中的 a 至少出现 2 次、至多出现 6 次
(···)	可选	x=(a)表示圆括号中的 a 为可选项，也可以没有

（1）数据流条目。

数据流是数据在系统内传输的路径，在定义时通常包含数据流的名称、简述、组成、来源、去向、流通量、峰值等内容。图 12.13 所示为图 12.8 中的数据流“发票”的字典条目。

数据流名：发票

别　　名：购书发票

组　　成：学号＋姓名＋{书号＋单价＋数量＋总价}＋书费合计

备　　注：

图 12.13　图 12.8 中的数据流“发票”的字典条目

（2）数据存储文件条目。

数据存储文件（有时简称文件）是保存数据的地方，其定义的主要内容包括文件名、简述、文件的组成（说明它所包含的数据项与数据结构）、文件的组织（描述文件的组织方式，如排序方式等）。

图 12.14 所示为教材购销系统中的数据存储文件“各班学生用书表”的字典条目。

文件名：各班学生用书表

简　述：记载一个班在一学年中需要用的教材

组　成：{系编号＋专业和班编号＋年级＋{书号}}

组　织：按系、专业和班编号从小到大排列

图 12.14　教材购销系统中的数据存储文件“各班学生用书表”的字典条目

（3）数据项条目。

数据项是数据的最小组成单位，其定义的主要内容包括名称、类型、长度、取值范围等。无论是独立的还是包含在数据流或数据存储文件中的数据项，一般都应在字典中设置相应的条目。对于不会引起二义性的数据项，可不单独编写数据项条目。

图 12.15 所示为数据存储文件“各班学生用书表”中的数据项“年级”的字典条目。

数据项名：年级

类型：字符型

取值及含义：[F|M|J|S]

F——freshman，一年级；M——sophomore，二年级；

J——junior，三年级；S——senior，四年级

备　　注：F|M|J|S 可分别用 1、2、3、4 代替

图 12.15　数据存储文件“各班学生用书表”中的数据项“年级”的字典条目

（4）基本加工条目。

基本加工是指数据流图中不可再分解的加工。基本加工条目的定义主要包括基本加工名称、编号、输入数据流、输出数据流、加工逻辑。加工逻辑阐明把输入数据流转换为输出数据流的策略，是加工说明的主体。在需求分析阶段，策略仅需指出基本加工要“做什么”，而不是“怎么做”。

3. 加工逻辑描述工具

对于某些复杂的加工逻辑，可借助一些加工逻辑描述工具来清楚地表达。常用的加工逻辑描述工具有结构化语言、判定表、判定树等。

（1）结构化语言。

自然语言加上结构化的形式即结构化语言。它是一种介于自然语言与结构化程序设计语言之间的语言，采用结构化程序设计语言中的顺序、选择、循环等控制结构作为加工说明的外部框架，采用自然语言描述加工逻辑的内部处理。

（2）判定表。

判定表采用表格化的形式列出加工说明中描述的各种条件和动作。判定表能够简洁而无歧义地描述处理规则。若某个加工的执行需要依赖多个逻辑条件取值的组合，则使用判定表来描述比较合适。

（3）判定树。

判定树是判定表的变种，其树状分枝表示多种不同的条件，它能清晰地表达复杂的条件组合与对应的操作之间的关系。判定树逻辑含义清楚，易于理解和使用，比判定表更加直观，用它来描述具有多个条件的加工更容易被用户接受。

例 12.3 根据学生的考试成绩决定“升留级”加工逻辑的判断条件有两个：考试总分是否大于或等于 620 分和单科成绩是否为满分或不及格。分别用结构化语言、判定表和判定树表示此加工逻辑。

解：（1）用结构化语言描述该加工逻辑，如图 12.16 所示。

```
IF 考试总分≥620   THEN
    IF 单科成绩有满分 THEN
       发升级通知书
    ELSEIF 单科成绩有不及格
       发升级通知书和重修单科通知书
    ENDIF
ELSE   考试总分<620
    IF 单科成绩有满分 THEN
       发免修单科通知书和留级通知书
    ELSEIF 单科成绩有不及格
       发留级通知书
    ENDIF
ENDIF
```

图 12.16 用结构化语言描述“升留级”加工逻辑

（2）用判定表描述该加工逻辑，如表 12.2 所示。

表 12.2　“升留级”加工逻辑判定表

条　　件	条 件 取 值			
考试总分	≥ 620	≥ 620	< 620	< 620
单科成绩	有满分	有不及格	有满分	有不及格
发升级通知书	Y	Y	N	N
发免修单科通知书	N	N	Y	N
发留级通知书	N	N	Y	Y
发重修单科通知书	N	Y	N	N

（3）用判定树描述该加工逻辑，如图 12.17 所示。

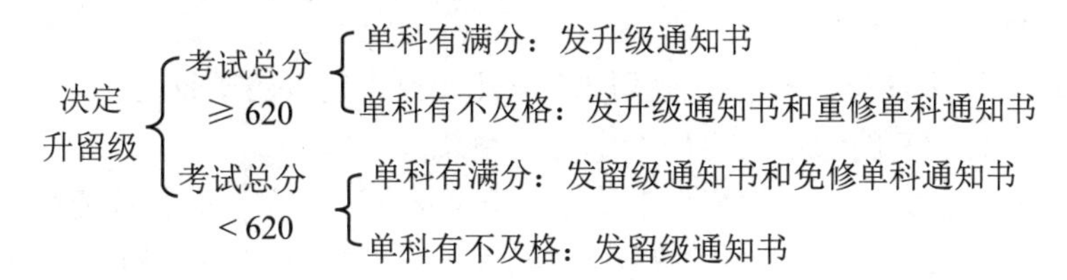

图 12.17　“升留级”加工逻辑判定树

结构化语言、判定表和判定树这 3 种工具各有其优/缺点。在表达一个加工时，一般都可交替使用，互为补充。

（1）对于一个不复杂的判断逻辑（条件组合和行动只有 10 个左右），使用判定树来描述较好一些。

（2）对于一个复杂的判断逻辑（条件较多，相应的行动也比较多），使用判定表来描述较好一些。

（3）若一个加工逻辑既包含了一般的顺序动作，又包含了判断或循环逻辑，则应采用结构化语言或结构化语言结合判定表来描述。

12.2　软件设计

前面提到，通常将软件设计分为概要设计和详细设计两个阶段。概要设计的基本目的是确定软件系统的总体结构，详细设计对概要设计的结果进行进一步细化，给出目标系统的精确描述。

本节探讨可以应用于所有软件设计的基本概念和原则，重点介绍结构化设计方法的思想、步骤及相关的图形工具。

12.2.1　概要设计

概要设计又称总体设计或初步设计，主要确定实现目标系统的总体思想和设计框架，将软件需求转化为数据结构和软件的系统结构，包括结构设计和接口设计，并编写概要设计文档。

概要设计主要有以下几方面内容。

1. 制定规范

具有一定规模的软件项目总是需要通过团队形式实施开发，因此，需要为团队制定在设计时应该共同遵守的规范。

在进行概要设计时，需要制定的规范或标准通常包括管理规则、设计文档的编制标准、信息编码形式、接口规约、命名规则、设计目标、设计原则等。

2. 系统构架设计

系统构架设计就是根据系统的需求框架，确定系统的基本结构，以获得有关系统创建的总体方案，其主要设计内容如下。

（1）根据系统业务需求，将系统分解成若干具有独立任务的子系统。

（2）分析子系统之间的通信与协作，定义子系统外部接口。

（3）分析系统的应用特点、技术特点及项目资金情况，根据系统整体逻辑构造与应用需要，确定系统的软/硬件环境、网络环境及数据环境等，定义系统物理构架。

系统构架设计完成后，一个大的软件项目就可按每个具有独立工作特征的子系统分解成许多小的软件子项目。

3. 软件结构设计

软件结构设计是对组成系统的各个子系统的结构设计，其主要内容如下。

（1）确定构成子系统的模块。

（2）根据软件需求定义每个模块的功能。

（3）接口设计，包括模块接口设计、模块与其他外部实体的接口设计及用户界面设计。

（4）确定模块之间的调用与返回关系。

（5）评估软件结构质量，并进行结构优化。

4. 数据设计

数据是软件系统的重要组成部分，设计阶段需要对系统需要存储的数据及其结构进行设计。数据设计主要包括以下内容。

（1）数据结构设计：在设计时，建议尽量使用简单的数据结构，注意数据之间的关系，加强数据设计的可复用性和可理解性。

（2）数据存储文件设计：根据数据的使用要求、处理方式、存储量、使用频率等因素确定文件的类别、组织方式、记录格式、容量等。

（3）数据库设计：依据数据库规范化理论进行数据库的模式、子模式、完整性和安全性设计与优化。

此外，概要设计还包括安全性设计、故障处理设计、可维护性设计等。

概要设计阶段需要编写的文档包括概要设计说明书、数据库设计说明书、用户操作手册。此外，还应该制订出有关测试的初步计划。

概要设计说明书是概要设计阶段必须产生的基本文档，其主要内容包括系统目标、系统构架、软件结构、数据结构、接口、运行控制、出错处理、安全机制等。

概要设计任务完成之后，应当组织对概要设计的复审。复审内容主要包括需求确认、接口确认、模块确认，以及对风险性、实用性、可维护性及质量的审核。

12.2.2　软件设计的原则

经过多年的发展，研究人员总结出了一些基本的软件设计原则，这些原则经过时间的考验，成为软件设计人员完成软件设计的基础。

1. 模块化

模块是一个拥有明确定义的输入、输出和特性的程序实体，它包括输入、输出、逻辑处理功能和内部信息及其运行计划，是可单独命名且可通过名字访问的过程函数、子程序或宏调用。

模块化就是把软件划分成若干模块，每个模块具有一个特定的子功能，所有模块集成一个整体，完成系统指定的功能，满足问题的要求。

模块化的目的是降低软件的复杂性。对软件进行适当的分解，将复杂问题分解成可以管理的小问题所花的时间会比处理整个复杂问题所花的时间少，这种“分而治之”的策略不但可以降低软件的复杂性，而且可以减少开发工作量，从而降低软件开发成本。

尽管模块分解可以简化问题，但模块分解得并不是越小越好。研究表明，当模块数目增加时，每个模块的规模将减小，开发单个模块需要的成本确实降低了，但设计模块间接口所需的成本将提升，如图 12.18 所示。每个软件都相应地有一个最适当的模块数目 M，使得系统的开发成本最低。虽然目前还不能精确地决定 M 的数值，但是在考虑模块化时，总成本（软件总成本）曲线确实具有指导意义。

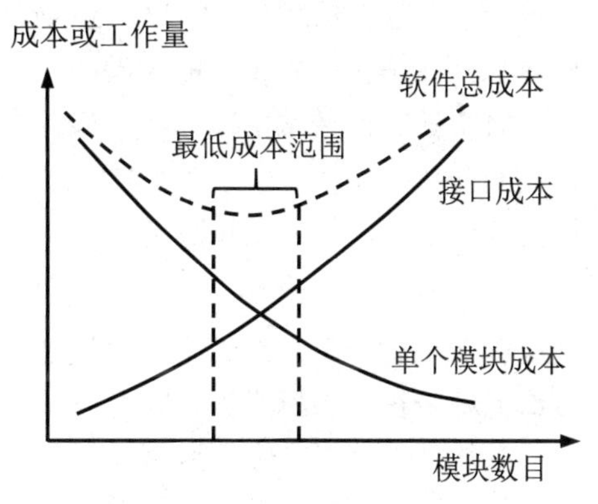

图 12.18　模块化与软件成本

2. 抽象与逐步求精

人们在实践中认识到现实世界中的事物、状态或过程之间总存在着某些共性，把这些共性集中和概括起来，暂时忽略它们之间的差异即抽象。抽象就是抽出事物的本质特性而暂缓考虑其细节。

逐步求精是一种先总体、后局部的思维原则，是一种逐层分解、分而治之的方法。在面对一个大问题时，它采用自顶向下、逐步细化的方法，将一个大问题逐层分解为许多小问题，并把每个小问题分解成若干更小的问题，经过多次逐层分解，直至每个底层问题都足够简单后进行逐一解决。

在软件设计中，软件结构每层中的模块都表示了对软件抽象层次的一次精化。层次结构的上一层是下一层的抽象、下一层是上一层的求精。软件结构顶层的模块控制系统的主要功能且影响全局，软件结构底层的模块完成对数据的具体处理。这种自顶向下、由抽象到具体的分配控制方式简化了软件设计和实现，提高了软件的可理解性、可测试性和可维护性。

3. 信息隐蔽与局部化

信息隐蔽原理指出，每个模块的实现细节对其他模块而言都是隐蔽的，即模块中所包括的信息不允许其他不需要这些信息的模块访问，独立的模块之间仅仅交换那些为了完成系统功能而必须交换的信息。

局部化是指把一些关系密切的软件元素在物理位置上放得彼此靠近，如在模块中使用局部数据元素。显然，局部化有助于实现信息隐蔽，与信息隐蔽密切相关。

若绝大多数数据和过程对软件的其他部分而言是隐蔽的，则带来的好处就是在需要修改软件时，由于疏忽而引入的错误就不大可能传播到软件的其他部分。

4. 模块独立性

模块独立性是指软件系统中的每个模块只完成软件要求的相对独立的子功能，其与软件系统中其他模块的接口是简单的。

具有较高模块独立性的系统在开发阶段更容易实现分工合作，提高开发效率；在测试与维护阶段，当需要修改软件时，因为错误传播范围小，所以也可以减少修改的工作量。因此，模块独立性是一个好设计的关键。

模块独立性通常由耦合和内聚两个定性标准来度量。耦合衡量不同模块之间的联系，又称块间联系；内聚衡量一个模块内部各个元素之间的联系，又称块内联系。模块独立性越高，块内联系越强，块间联系越弱。

1）耦合

耦合是对一个软件结构内模块之间彼此相互依赖程度的度量。耦合的强弱取决于模块间接口的复杂程度、调用方式及通过接口的信息。

在软件设计中，应该尽可能采用松散耦合的系统。这样，在系统中研究、测试或维护任何一个模块都不需要对系统的其他模块有过多的了解。同时，由于模块间的联系简单，发生错误传播的可能性也更小。因此，模块间的耦合程度对系统的可理解性、可测试性、可靠性和可维护性有很大的影响。

根据模块间耦合的强弱，耦合可划分为 7 种类型，如图 12.19 所示。

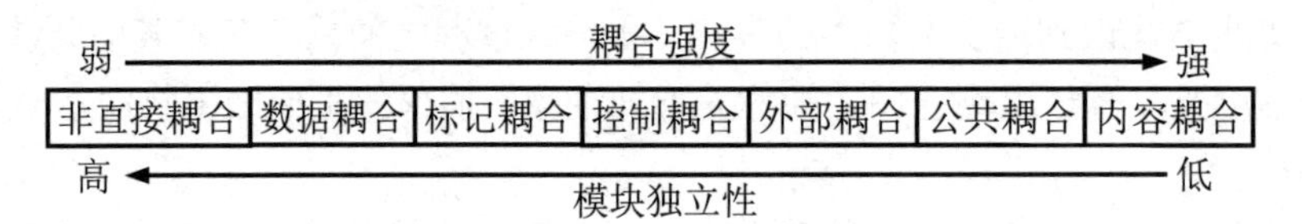

图 12.19 模块间的耦合

（1）非直接耦合。

非直接耦合是指两个模块之间没有直接联系，它们之间的联系完全通过主模块的控制和调用来实现。这种耦合最弱，即模块独立性最高。但是，在一个软件系统中，不可能所有模块之间都没有任何联系。

（2）数据耦合。

如果两个模块之间传递的是数据项，则这两个模块之间是数据耦合。数据耦合较弱。系统中应确保存在这种耦合，因为只有在某些模块的输出数据作为另一些模块的输入数据时，系统才能实现其预设的功能。一般来说，一个系统可只包含数据耦合。

（3）标记耦合。

若一个模块在调用另一个模块时传递了整个数据结构，则这两个模块之间具有标记耦合。模块之间共享了数据结构，可能会使本来无关的模块变得有关，这可能会导致在进行软件修改时，那些不该被修改的数据也会被不小心改掉，增强了模块间的耦合。

（4）控制耦合。

若两个模块之间传递的是一个控制信号（如开关、标志、名字等），接收信号的模块根据信号值进行动作调整，则称这两个模块之间为控制耦合。控制耦合属于中等程度的耦合。对被控模块的任何修改都会影响控制模块。这意味着控制模块必须了解被控模块内部的逻辑关系，故控制耦合在一定程度上会降低模块独立性。

（5）外部耦合。

如果两个模块都访问同一个全局简单变量而不是同一个全局数据结构，而且，两个模块不是通过参数表传递该全局变量的信息的，则这两个模块之间具有外部耦合。

（6）公共耦合。

如果多个模块都访问同一个公共数据环境，则称它们之间为公共耦合。公共数据环境可以是全局数据结构、共享的通信区、内存的公共覆盖区、任何存储介质上的文件等。公共耦合会使得软件的可靠性和可维护性较差。

（7）内容耦合。

如果出现下列情况之一，那么两个模块之间就发生了内容耦合。

- 一个模块直接访问另一个模块的内部数据。
- 一个模块不通过正常入口转到另一个模块的内部。
- 两个模块有一部分程序代码重叠（如汇编程序）。
- 一个模块有多个入口。

内容耦合是最强的耦合，相应的模块独立性最低，应该坚决避免使用内容耦合。

软件设计的目标是减弱模块间的耦合强度，设计时应该采取的原则是“尽量用数据耦合，少用控制耦合，限制公共耦合的范围，完全不用内容耦合”。

2）内聚

内聚是对一个模块内部各个元素之间彼此的结合紧密程度的度量，是信息隐蔽和局部化概念的自然扩展。内聚一般分为 7 种类型，如图 12.20 所示。

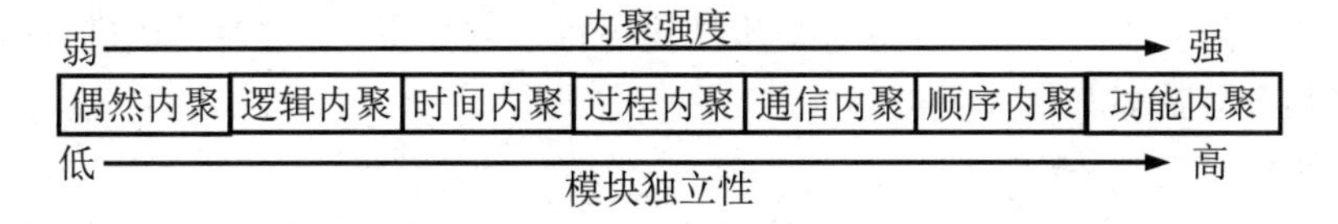

图 12.20　模块的内聚

（1）偶然内聚。

如果一个模块完成一组任务，这些任务彼此互不相关，即使有关系，关系也是很松散的，则该模块是偶然内聚模块。偶然内聚是内聚强度最弱的内聚。

（2）逻辑内聚。

如果一个模块完成的任务在逻辑上属于相同或相似的一类，则该模块为逻辑内聚模块。这类模块把几种相关功能组合在一起，调用时根据传送给模块的判定参数来确定执行某一功能，增强了模块间的耦合强度。

（3）时间内聚。

如果一个模块包含的任务必须在同一段时间内执行，则该模块为时间内聚模块，如初始化模块。

（4）过程内聚。

如果一个模块内部的处理成分是相关的，而且必须以特定次序执行，则该模块为过程内聚模块。

（5）通信内聚。

如果模块中的所有元素都使用相同的输入数据和（或）产生相同的输出数据，它们靠公用数据联系在一起，则该模块为通信内聚模块。

（6）顺序内聚。

如果一个模块的各部分都与同一项功能密切相关，而且一个成分的输出作为另一个成分的输入，各成分必须按顺序执行，则该模块为顺序内聚模块。

（7）功能内聚。

若一个模块中的各部分都是完成某一具体功能必不可少的组成部分，这些部分相互协调工作，紧密联系，不可分割，则称之为功能内聚。具有功能内聚的模块易于理解和维护，可复用性好。在设计时应该尽可能保证模块具有功能内聚。

内聚与耦合是相互关联的，在划分模块时，要尽量增强模块的内聚强度，减弱模块间的耦合强度，并且增强内聚强度比减弱耦合强度更重要，因此，应该把更多的注意力集中在增强模块的内聚强度上。

5．软件模块结构的设计原则

软件概要设计的目标是产生一个模块化的软件结构，明确模块间的控制关系，以及定义界面、说明程序的数据、进一步调整软件结构和数据结构。人们在长期实践中总结出了一些优化软件结构设计的启发式原则。这些原则可以帮助软件开发人员改进软件设计，提高软件质量。下面介绍几条软件模块结构的设计原则。

（1）提高模块独立性。

设计出软件的初步结构以后，应对初步结构进行审查分析，通过对模块进行分解或合并，增强其内聚强度、减弱其耦合强度。

（2）模块规模应该适中。

模块规模过小、模块数目过多将使系统接口复杂，而过大的模块则会增加理解和开发的难度。研究表明，一个模块的规模不应过大，最好能限制在一页纸内（通常不超过 60 行语句），以提高模块的可理解性。

（3）保持适当的扇入和扇出。

模块的扇入数是指直接调用它的上级模块数目，扇入数越大，共享该模块的上级模块越多，模块的复用率越高。扇出数是指一个模块直接控制的下级模块数目，扇出数过大意味着模块太过复杂，需要控制和协调的下级模块过多，通常扇出数以 3～4 为宜。

优秀的软件结构通常顶层扇出数比较大，中层扇出数较小，底层是扇入数较大的共享模块，形成瓮形结构。

（4）模块的作用域应该在控制域之内。

模块的控制域是指模块本身，以及所有直接或间接从属于它的模块的集合。模块的作用域是指受该模块内一个判定条件影响的所有模块的集合。

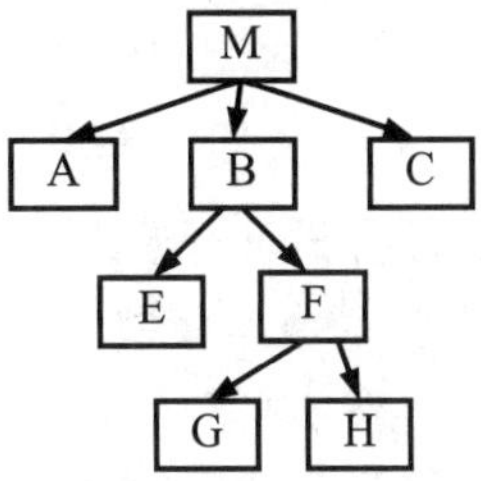

在图 12.21 中，模块 B 的控制域是模块 B、E、F、G、H 的集合。若模块 B 中的判定条件只影响模块 E，那么这个结构是符合这条规则的。但是，若模块 B 中的判定条件还同时影响模块 C 中的处理过程，则这样的结构不仅使软件难以理解，还将使模块间出现控制耦合。

M
A B C
E F
G H

图 12.21　模块的作用域和控制域

可以采用两种方法使作用域成为控制域的子集：①判定点上移，如把判定条件从模块 B 移到模块 M 中；②把在作用域内但不在控制域内的模块移到控制域内，如把模块 C 移为模块 B 的直属下级模块。

（5）降低模块接口的复杂程度。

复杂的模块接口是导致软件错误的一个主要因素。模块接口设计应尽可能使信息传递简单且与模块功能一致。

（6）设计单入口单出口的模块。

单入口单出口的模块能有效避免模块间出现内容耦合。从系统顶部进入模块并从底部退出可提高软件的可理解性和可维护性。

（7）模块的功能可以预测。

模块的功能应该能够预测，只要输入的数据相同，就应该产生相同的输出。在设计时，通常让一个模块只完成一项单独的子功能，但也要注意防止模块功能过分局限。

12.2.3　结构化设计方法

结构化设计（Structure Design，SD）方法是一种传统的面向数据流的软件设计方法，其基本思想是模块化，致力于给出设计软件模块结构的一个系统化途径。

结构化设计方法的中心任务是把用数据流图表示的系统分析模型方便地转换为软件结构的设计模型。它所提供的方法和原则主要为了确定软件的体系结构与接口。它还提供了软件结构图（Structure Chart，SC）这种专门的描述工具来描述软件的总体结构。

1．软件结构图

在软件结构图中，用矩形框表示模块，矩形框之间的箭头（或直线）（调用线）表示模块间的调用关系，在调用线旁通常还用带注释的箭头表示模块调用过程中传送的信息。

如图 12.22（a）所示，模块 A 调用模块 B 和 C，在调用模块 B 时，模块 A 向它传送数据 X 与 Y，模块 B 向模块 A 返回数据 Z。在调用模块 C 时，模块 A 向模块 C 传送数据 Z。在图 12.22（b）中，用菱形符号表示选择调用。在图 12.22（c）中，用叠加在调用线始端的环形箭头表示循环调用。

软件结构图不仅能够表示软件结构，还能够表示模块接口间信息的传送关系，是一种较好的软件开发人员与维护人员之间通信的工具。

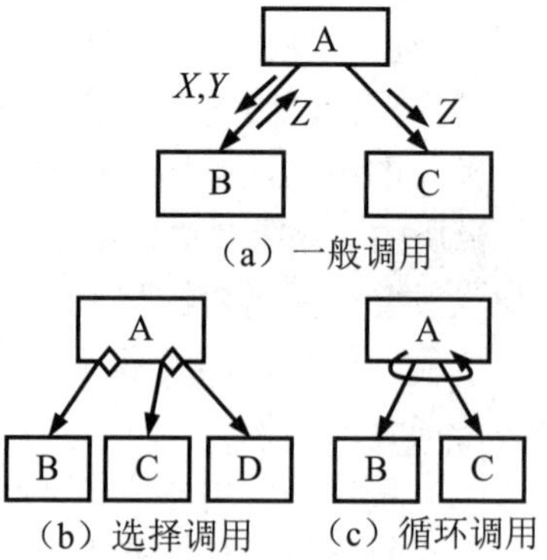

（a）一般调用

（b）选择调用　　（c）循环调用

图 12.22　软件结构图示例

2．数据流图的类型与结构化设计方法的步骤

1）数据流图的类型

在软件设计开始之前，首先要分清数据流图所显示的系统特征。在数据流图所代表的结构化分析（SA）模型中，所有系统均可归为两种典型的形式，即变换型结构和事务型结构。

（1）变换型结构。

变换型结构系统的数据流图基本上呈线性结构，通常由 3 部分组成：传入路径、变换中心和传出路径，如图 12.23 所示。流经这 3 部分的数据流分别称为传入流、变换流和传出流。变换中心也称中心加工，其任务是通过加工或处理把系统的传入流变换为系统的传出流。所谓传入流，就是指距离物理输入端（输入始端）最远，但仍可以看作系统输入的数据流。而传出流则是指距离物理输出端（输出末端）最远，但仍可看作系统输出的数据流。

（2）事务型结构。

事务型结构系统的数据流图一般呈辐射状，通常由至少一条接收路径、一个事务中心与若干动作路径组成，如图 12.24 所示。当外部信息沿着接收路径进入系统后，经过事务中心（或处理）获得某个特定值，就能据此启动某条动作路径。在数据处理系统中，事务型结构是很常见的结构。

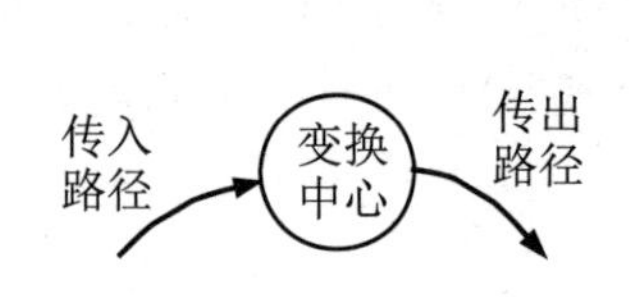

图 12.23　变换型结构系统基本模型

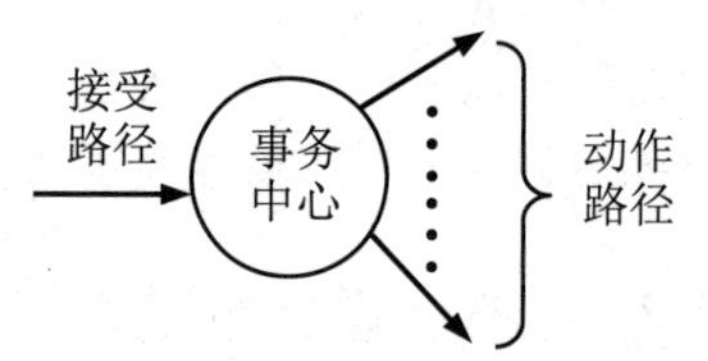

图 12.24　事务型结构系统基本模型

在大型系统的数据流图中，变换型和事务型两类结构往往同时存在。如图 12.25 所示，系统的总体结构是事务型结构，但是在它的某（几）条动作路径中，很可能出现变换型结构。在另一些情况下，在整体为变换型结构的系统中，其中的某些部分又可能具有事务型结构的特征。

2）结构化设计方法的步骤

为了有效地实现从数据流图到软件结构图的映射，结构化设计方法规定了下列几个步骤。

（1）复审数据流图，必要时可再次对其进行修改或细化。

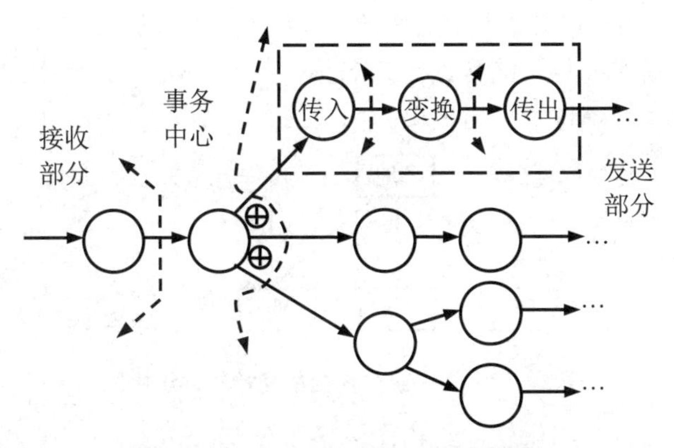

图 12.25　同时存在两类结构的系统

（2）鉴别数据流图所表示的软件系统的结构特征，确定它所代表的软件结构属于变换型结构还是事务型结构。

（3）按照结构化设计方法提出的两种映射方法——变换映射与事务映射把数据流图转换为初始软件结构图。

（4）按照优化设计的指导原则改进初始软件结构图，获得最终软件结构图。

（5）给出详细的接口描述和全局数据结构。

（6）复查优化后的设计。

3．变换映射

变换映射又称变换分析，是指从变换型数据流图导出初始软件结构图的映射规则，主要步骤如下。

（1）对数据流图进行分析和划分。

确定传入流和传出流的边界，区分传入路径、传出路径和变换中心 3 部分，在数据流图上标明它们的分界线。如图 12.26 所示，假设该图已经过细化与修改。其中，d、e 是逻辑输入数据流，g、h 是逻辑输出数据流，介于它们之间的 D、E、F 属于中心加工。这 3 部分的边界已用虚线在图 12.26 中标出。

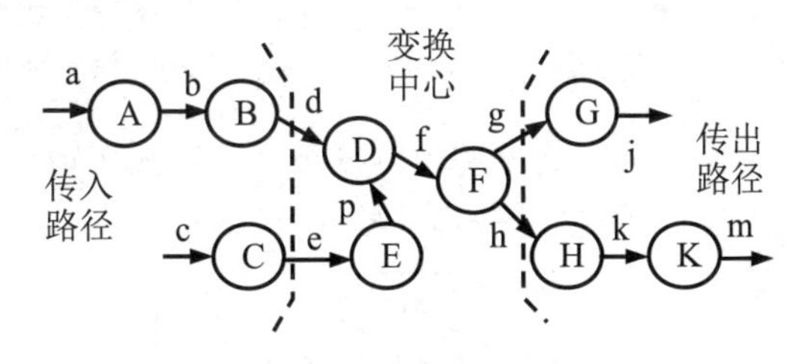

图 12.26　划分数据流边界

（2）完成第一级分解，建立初始软件结构图框架。

初始软件结构图框架通常包括最上面的两层模块——顶层和第一层。任何系统的顶层都只含一个用于控制的主模块，第一层一般包括传入、传出和中心变换 3 个模块，分别代表系统的 3 个相应分支，但也可能只有传入和传出 2 个模块，需要根据数据流图的实际划分情况而定。

图 12.27 显示了在第一级分解后，从如图 12.26 所示的数据流图导出的初始软件结构图，在调用线旁标注了在模块间传送的数据流的名称。其中，M_C 为顶层主控模块，M_A 为传入模块，M_T 为中心变换模块，M_E 为传出模块。

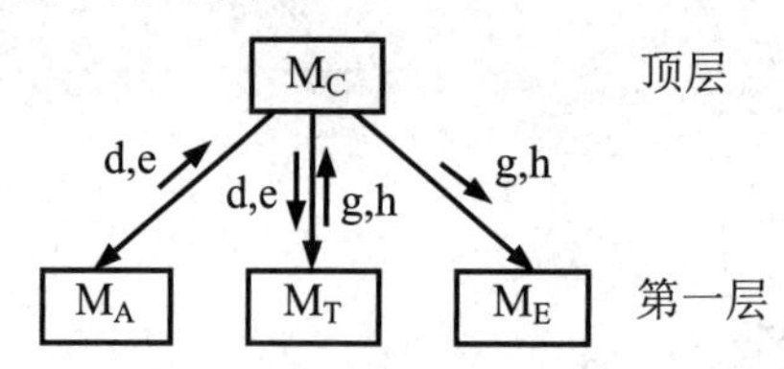

图 12.27　第一级分解后的初始软件结构图

（3）完成第二级分解，细化软件结构图的各个分支。

对上一步所得的结果继续进行自顶向下的分解，直至画出每个分支所需的全部模块，称之为第二级分解或分支分解，得到系统的初始软件结构图。

仍以图 12.26 和图 12.27 为例，首先考察传入分支的模块分解。数据流在传入过程中也可能经历数据的变换。因此，传入模块通常设计两个从属模块：一为接收输入模块，一为变换模块。传入分支的分解如图 12.28 所示。其中，Read a 即接收输入模块，a to b 即变换模块。

类似地，传出模块一般也设计两个从属模块：一个从上层调用模块接收数据进行变换，一个输出。传出分支的分解如图 12.29 所示。

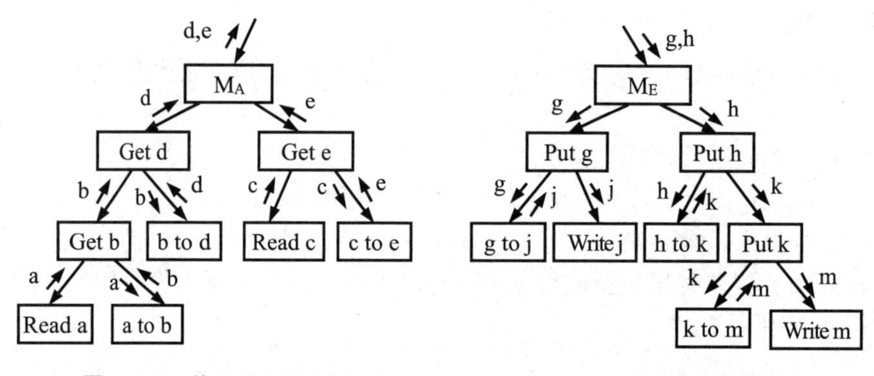

图 12.28　传入分支的分解　　　　图 12.29　传出分支的分解

变换中心分支的情况繁简各异，其分解也较复杂。在建立初始软件结构图时，仍可以采取一对一映射的简单转换方法，如图 12.30 所示。

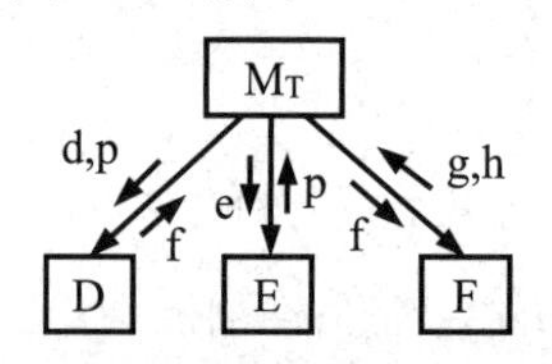

图 12.30　变换中心分支的分解

将各分支的分解图合并在一起，就可以得到图 12.26 所对应的初始软件结构图，如图 12.31 所示。

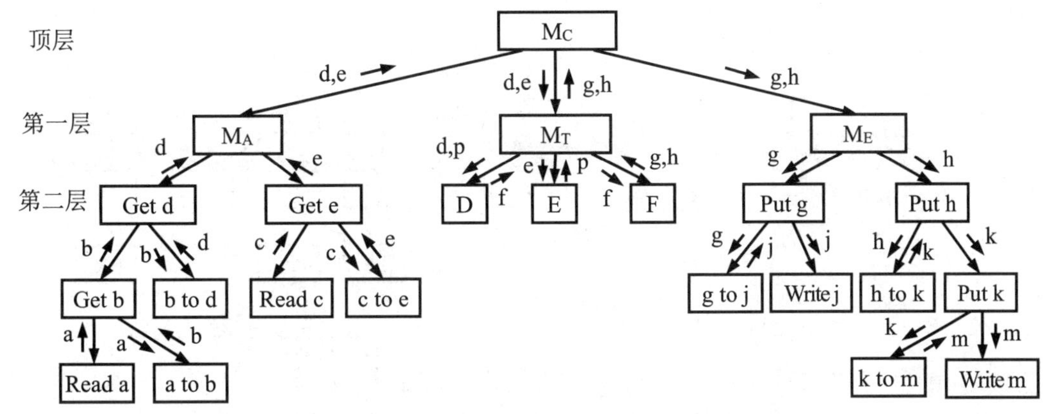

图 12.31　图 12.26 所对应的初始软件结构图

需要说明的是，在使用结构化设计方法提供的映射规则进行分支分解时，并不一定要生搬硬套，还需要根据实际情况转换或添设模块。

4．事务映射

事务映射又称事务分析，对事务型数据流图，需要用事务映射方法进行设计。

与变换映射相似，事务映射也可以分为 3 个步骤。

（1）在数据流图上确定事务中心、接收部分（包括接收路径）和发送部分（包括全部动作路径）。

（2）画出软件结构图上层框架，把数据流图的 3 部分分别映射为事务控制模块、接收模块和动作发送模块。

（3）分解和细化接收分支与发送分支，完成初始软件结构图。

例 12.4　用事务映射方法导出如图 12.25 所示的数据流图的初始软件结构图。

实现的具体步骤如下。

第一步：划分数据流边界。事务中心通常位于数据流图中多条动作路径的起点，从这里引出受中心控制的所有动作路径。而向事务中心提供启动信息的路径则是系统的接收路径。动作路径通常不止一条，且每条动作路径均具有自己的结构特征（变换型结构或另一个事务型结构）。本例在经过划分后，其边界可能如图 12.25 中的虚线所示。

第二步：设计最高两层模块。通常包括顶层的事务控制模块和第一层的接收/发送模块。图 12.32 显示了这类软件结构图最高两层的典型结构。

第三步：设计下层模块。接收分支一般具有变换特性，可以按变换映射对它进行分解。这里重点介绍发送分支的分解。图 12.33 显示了发送分支分解的典型结构，含有 P、T、A、D 共 4 层。P 层是处理层，相当于图 12.32 中的发送模块。T 层为事务层，每条动作路径都可映射为一个事务模块。在事务层以下，可以分解出一个操作层（A 层），以及一个或多个细节层（D 层）。由于同一个系统中的诸多操作层事务往往含有一些相同的操作，各操作又可能具有一部分相同的细节，因此这两层模块常常可以被多个上级模块调用。

一般来说，对每条动作路径的分解仍应按照该路径本身的结构特征，分别采用变换映射或事务映射进行分解。

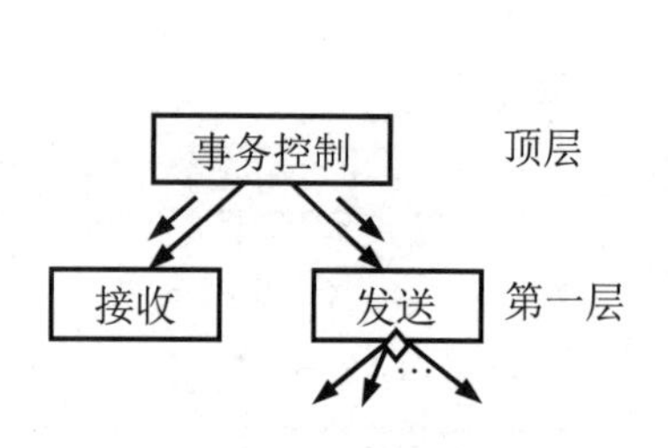

图 12.32 事务型软件结构图的最高两层结构

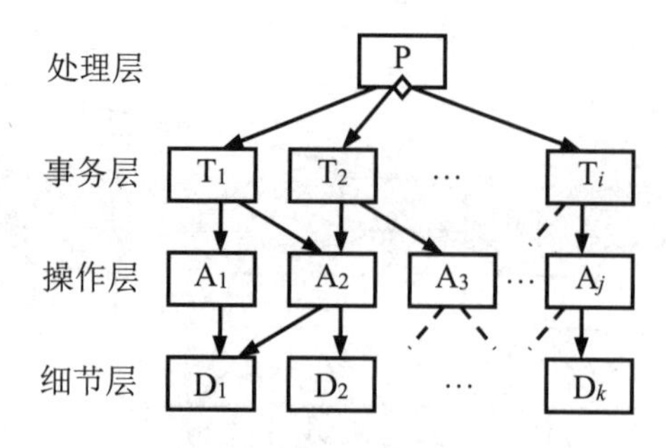

图 12.33 发送分支分解的典型结构

一般来说，如果数据流不具有显著的事务特点，则最好采用变换映射方法；反之，如果数据流具有明显的事务中心，则应该采用事务映射方法。但是，机械地遵循变换映射或事务映射的映射规则，就很可能会得到一些不必要的控制模块，应该把它们合并。相反，如果一个系统过于复杂，则应该将其分解成两个或多个控制模块，或者增加中间层次的控制模块。

一个大型系统常常是变换型和事务型结构的混合结构，为了导出其初始软件结构图，必须同时采用变换映射和事务映射两种方法。图 12.34 所示的数据流图即混合型结构。从总体上来说，这是一个变换型结构。但是在系统的传入路径中，又包含了一个事务型结构。图 12.35 是由图 12.34 导出的初始软件结构图。

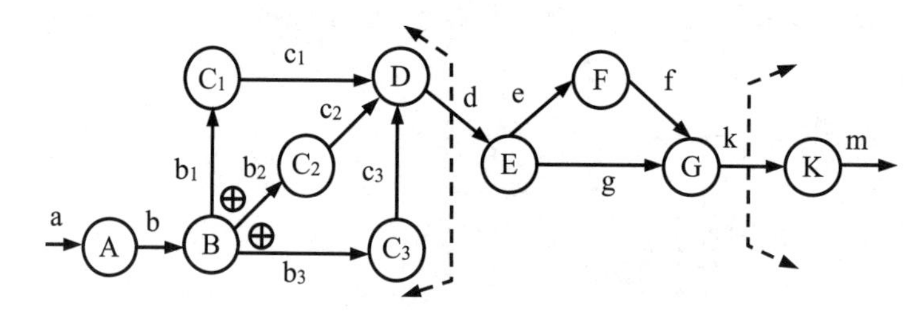

图 12.34 混合型数据流图

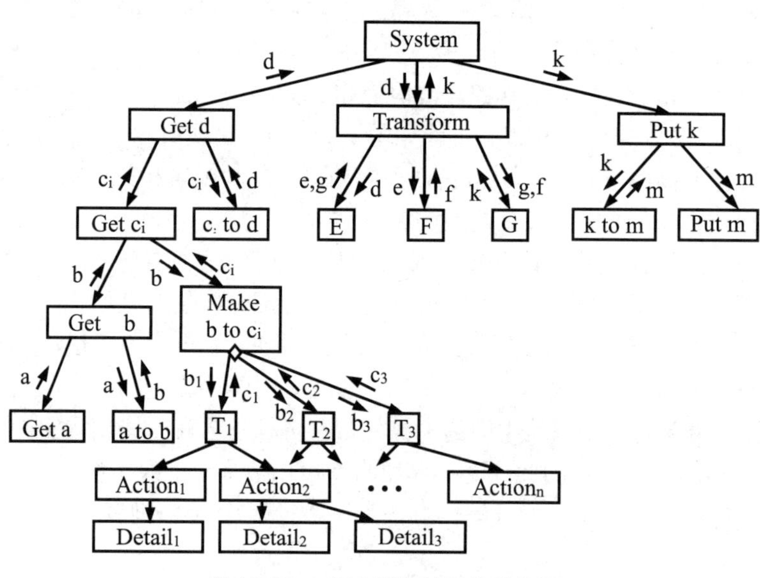

图 12.35 混合型初始软件结构图

5. 设计优化

在建立了初始软件结构图以后，还要考虑根据前面介绍的软件设计指导原则对它进行进一步的优化改进。软件设计人员应致力于开发能够满足所有功能和性能要求且按照设计原理和启发式设计规则衡量值得接收的软件。在设计的早期阶段，尽量对软件结构进行精化，力求做到在有效的模块化的前提下使用最少的模块，以及在能够满足信息要求的前提下使用最简单的数据结构。整个优化改进过程可以一直进行，直到不能再做有效的优化改进。在这个过程中，必须利用设计度量标准对结构图进行复审，力求不断提高软件结构质量。

12.2.4 详细设计概述

详细设计又称过程设计或构件级设计，它在概要设计的基础上，为系统中的每个模块给出足够详细的过程性描述。

1. 详细设计的任务

详细设计阶段的主要任务是编写软件的详细设计说明书。具体任务如下。

（1）为每个模块确定实现的算法，选择某种适当的工具描述算法，写出模块的详细过程性描述，以便在编程阶段直接将它翻译为用程序设计语言编写的源程序。

（2）确定每个模块使用的数据结构。

（3）确定模块接口的细节，包括对系统外部的接口和用户界面，与系统内部其他模块的接口，以及模块输入数据、输出数据及局部数据的全部细节。

（4）为每个模块设计一组测试用例，以便在编程阶段对模块代码进行预定的测试。

（5）整理上述结果，编写详细设计说明书，通过复审后形成正式文档，作为下一阶段的工作依据。

2. 详细设计的原则

在详细设计阶段，采用自顶向下、逐步求精的方法可以把一个模块的功能逐步分解细化为一系列具体的处理步骤或某种高级语言的语句。结构化程序设计的原理和逐步细化的实现方法是完成模块详细设计的基础。

详细设计一般应遵循如下原则。

（1）模块逻辑描述正确、可靠、清晰易读。

（2）采用结构化设计方法，可用单入口单出口的顺序、选择和循环 3 种基本控制结构或它们的组合来改善控制结构，降低程序的复杂程度，提高程序的可读性、可测试性和可维护性。

（3）选择恰当的描述工具来描述模块算法。

3. 详细设计的描述工具

详细设计的描述工具主要有图形工具、表格工具及语言工具。下面介绍几种常用的描述工具。

1）程序流程图

程序流程图是独立于任何一种程序设计语言的图形描述工具，它能比较直观和清晰地描述过程的控制流程，易于学习掌握。

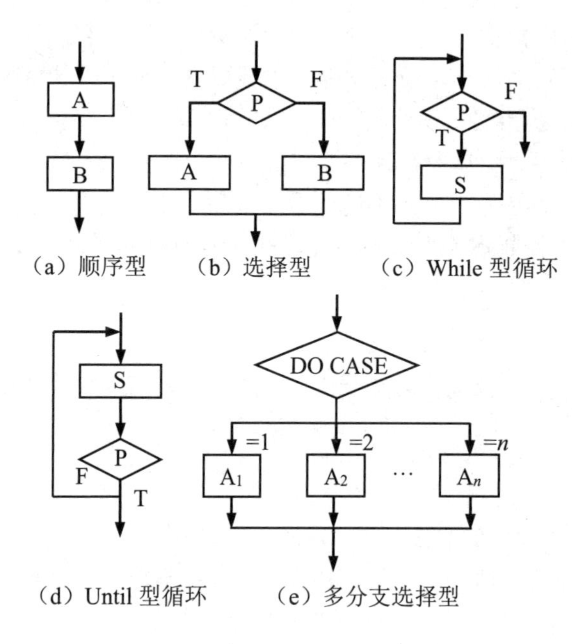

（a）顺序型　（b）选择型　（c）While 型循环

（d）Until 型循环　（e）多分支选择型

图 12.36　程序流程图的 5 种控制结构

程序流程图描述结构化程序，必须限制在其中使用如下 5 种控制结构，如图 12.36 所示。

（1）顺序型：由几个连续的处理步骤依次排列构成，如图 12.36（a）所示。

（2）选择型：由某个逻辑判断式的取值决定选择执行两个处理步骤中的一个，如图 12.36（b）所示。

（3）While 型循环：为先判定型循环，在循环控制条件成立时，重复执行特定的处理步骤，如图 12.36（c）所示。

（4）Until 型循环：为后判定型循环，重复执行某些特定的处理步骤，直到循环控制条件成立，如图 12.36（d）所示。

（5）多分支型选择：列举多种处理情况，根据控制变量的取值选择执行其一，如图 12.36（e）所示。

2）N-S 图

随着结构化程序设计方法的普及，程序流程图在描述程序逻辑时的随意性与灵活性反而变成了它的缺点。1973 年，Nassi 和 Shneiderman 提出用方框图来代替传统的程序流程图，这种图形描述方式称为 N-S 图（N-S Chart），又称盒图。

在 N-S 图中，规定了如图 12.37 所示的 5 种控制结构。

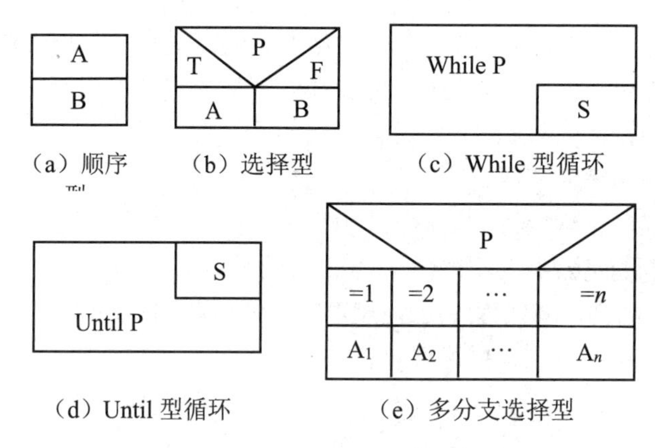

（a）顺序型　（b）选择型　（c）While 型循环

（d）Until 型循环　（e）多分支选择型

图 12.37　N-S 图的 5 种控制结构

（1）顺序型：如图 12.37（a）所示，按顺序先执行 A，再执行 B。

（2）选择型：如图 12.37（b）所示，如果条件 P 成立，则执行 T 下的内容 A，否则执行 F 下的内容 B。

（3）While 型循环：如图 12.37（c）所示，先判断循环条件 P 的值，再执行循环体 S。

（4）Until 型循环：如图 12.37（d）所示，先执行循环体 S，再判断循环条件 P 的值。

（5）多分支型选择：如图 12.37（e）所示，根据控制条件 P 的取值，相应地执行其值下的各项内容。

N-S 图表达清晰、准确，控制转移不能任意进行，必须遵循结构化程序设计原则，容易确定局部数据和全局数据的作用域，容易表现嵌套关系和模块的层次结构。但是，当程序内嵌套的层数增多时，内层的方框越画越小，不仅会增加画图的难度，还会使图形的清晰度受到影响。

3）问题分析图

问题分析图（Problem Analysis Diagram，PAD）是一种用结构化程序设计思想表现程序逻辑结构的图形工具，设置了 5 种基本控制结构，如图 12.38 所示，并允许它们递归使用。

（1）顺序型：如图 12.38（a）所示，按顺序先执行 A，再执行 B。

（2）选择型：如图 12.38（b）所示，当条件 P 为真时，执行 A；当条件 P 为假时，执行 B。如果这种选择型结构只有 A 没有 B，则表示该选择型结构中只有 THEN 后面有可执行语句，没有 ELSE 部分。

（3）While 型循环和 Until 型循环：如图 12.38（c）所示，P 是循环条件，S 是循环体。循环条件的右端为双纵线，表示该矩形域是循环条件。

（4）多分支选择型：如图 12.38（d）所示，当控制条件 P 的值等于 1 时，执行 A_1；当控制条件 P 的值等于 2 时，执行 A_2，依次类推。

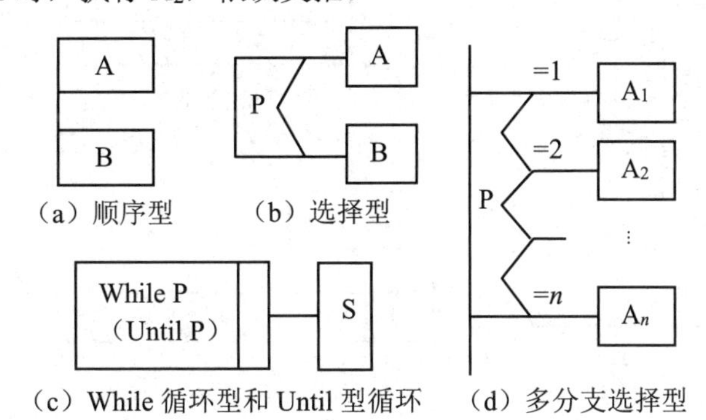

图 12.38　问题分析图的 5 种基本控制结构

问题分析图的清晰度和结构化程度高，支持自顶向下、逐步求精的方法，可读性强，每增加一个层次，就向右扩展一条纵线。程序中的层数就是问题分析图中的纵线数。利用软件工具可以将问题分析图转换成高级语言程序，提高了软件的可靠性和生产率。

4）过程设计语言（PDL）

PDL 是所有非正文形式的过程设计语言的统称，是一种混杂式语言。

图 12.39（a）、（b）分别显示了用 PDL 描述选择结构和循环结构的方法。其中，循环结构又可分为 DO-While、DO-Until 和 DO-For 这 3 种情况，如图 12.39（c）所示表示。

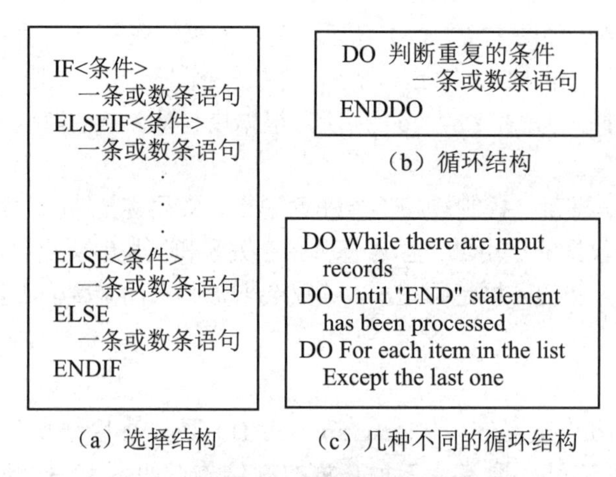

图 12.39 用 PDL 描述的基本控制结构

PDL 具有关键字外部语法，采用固定语法定义控制结构，并支持结构化构件、数据说明机制和模块化；内部语法采用自然语言描述具体处理部分，可以说明简单和复杂的数据结构。同时，PDL 具有模块定义与调研机制，可进行各种接口描述。

图 12.40（a）～（d）分别用程序流程图、N-S 图、PAD、PDL[简化的 PDL 如图 12.40（e）所示]描述了求一组数中最大值算法的实现过程。

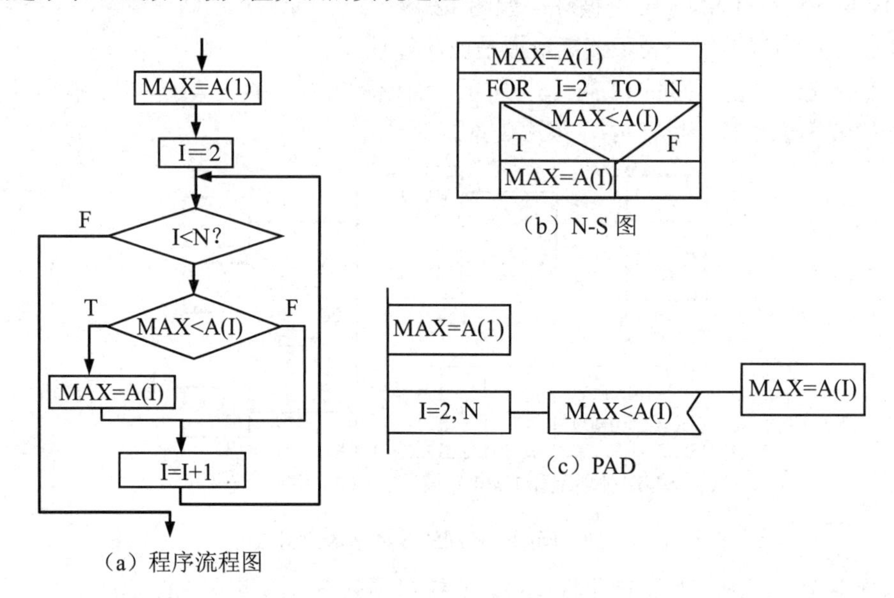

图 12.40 求最大值的算法描述

```
Enter a vector
Set Maximum to the value of
   the first element in the vector
DO for each element
   from the second one to the last
IF value of the element is greater than
   the Maximum value
   Set Maximum to value of the element
ENDIF
ENDDO
Print the Maximum value
```

（d）PDL

```
Input array A
MAX=A(1)
DO for I=2 to N
   IF MAX<A(I)
      Set MAX=A(I)
   ENDIF
ENDDO
Print MAX
```

（e）简化的 PDL

图 12.40　求最大值的算法描述（续）

小　结

需求分析是软件生存周期中的一个重要阶段。它最根本的任务是对要解决的问题、用户的需求及其目标环境的研究、分析和综合，建立抽象级的分析模型；准确、完整地体现用户要求的功能、性能及其他需求，并规范地通过软件需求规格说明书表达出来。

结构化分析方法中使用的工具主要包括数据流图、数据字典、结构化语言、判定表、判定树。数据流图和数据字典一起构成软件系统的逻辑模型。通过数据流图描绘信息在系统中流动和加工处理的情况。数据字典是关于数据信息的集合，主要描述数据流、数据存储、数据项及基本加工逻辑。结构化语言、判定表和判定树是描述加工逻辑的工具。

结构化分析方法采用自顶向下、逐步分解的指导思想，将数据流图中的每项逻辑功能逐级分解成更详细的逻辑功能，直到每项逻辑功能（加工处理）不可再分，最终形成一组分层细化的数据流图。在数据流图分层细化的过程中，要注意父图和子图的平衡、分解速度等事项。

概要设计主要根据软件需求说明书建立系统的总体结构，将系统分解成若干功能独立、规模适当的模块，规定各模块间的关系，并定义各模块的接口等。

评价模块独立性的标准是模块的耦合强度和内聚强度。在软件设计中，应该追求强内聚、弱耦合的系统。

结构化设计方法是以数据流图为基础构造模块结构的方法，其映射方法主要有变换映射和事务映射，最终生成软件结构图。

详细设计的关键任务是确定如何具体实现所要求的目标系统。除保证程序的可靠性之外，程序的可读性好、易理解、易测试和易修改、易维护也是详细设计的重要目标。

程序流程图、N-S 图、PAD、PDL 等都是详细设计的描述工具。

习题 12

12.1 需求分析的任务是什么？怎样理解分析阶段的任务是决定“做什么”，而不是“怎样做”？

12.2 需求分析要经过哪些步骤？

12.3 什么是结构化分析方法？它的“结构化”体现在哪里？

12.4 数据流图的作用是什么？它有哪些基本成分？

12.5 为什么数据流图要分层？画分层数据流图要遵循哪些原则？

12.6 数据字典的作用是什么？它有哪些基本条目？加工逻辑的描述工具有哪些？

12.7 按照结构化分析方法分析你所在学校的图书管理系统，画出该系统的数据流图，并描述其数据字典。

12.8 按照结构化分析方法分析你所在学校的教学管理相关系统，画出该系统的数据流图，并描述其数据字典。

12.9 简述概要设计的主要内容。

12.10 试述把软件分解成模块的目的。

12.11 什么是模块独立性？用什么来度量？

12.12 什么叫耦合？耦合有几种类型？哪种类型的耦合最好？哪种类型的耦合最不好？

12.13 什么叫内聚？内聚分为几种？哪种类型的内聚最好？哪种类型的内聚最不好？

12.14 什么叫模块的作用域与控制域？它们之间的关系对软件结构有什么影响？

12.15 结构化设计方法的基本思想是什么？它如何与结构化分析方法相衔接？

12.16 简述数据流图的变换型结构和事务型结构的特点。

12.17 简述从数据流图到软件结构图的映射方法。

12.18 应用结构化设计方法完成习题 12.7 对应系统的数据流图的初始软件结构图。

12.19 应用结构化设计方法完成习题 12.8 对应系统的数据流图的初始软件结构图。

12.20 简述详细设计的主要任务。

12.21 常用的详细设计的描述工具有哪些？它们各有什么优/缺点？

12.22 某事务系统具有下列功能。

（1）读入用户命令，并检查其有效性。

（2）按照命令的编号（1～4）进行分类处理。

（3）1 号命令计算产品工时，能根据用户给出的各种产品数量，计算出各工种的需要工时和缺额工时；2 号命令计算材料消耗，根据产品的材料定额和用户给出的生产数量，计算各种材料的需求量；3 号命令编制材料订货计划；4 号命令计算产品成本。

试用结构化分析和设计方法画出该系统的数据流图并据此导出系统的软件结构图。对动作分支中的1号与 2 号命令要详细描述和设计，3 号与 4 号命令允许从略（可仅用示意图表示）。

12.23 试将下列用 PDL 描述的某个模块的过程性描述改用程序流程图、N-S 图、PAD 来描述：

```
…
    execute process a
```

```
REPEAT UNTIL condition X8
  execute process b
  IF condition X1
     THEN BEGIN
       execute process f
       IF condition X6
          THEN
            REPEAT UNTIL condition X7
              execute process i
            ENDREP
          ELSE BEGIN
            execute process g
            execute process h
          END
       ENDIF
     ELSE CASE OF Xi
       WHEN condition X2 SELECT
        DO WHILE condition X5
         execute process C
        ENDDO
       WHEN condition X3 SELECT process d
       WHEN condition X4 SELECT process e
     ENDCASE
  ENDIF
ENDREP
execute process j
END
```

第 13 章　软件的编程与测试

在完成软件详细设计之后，进入软件的实现阶段，即软件的编程与测试阶段。

编程阶段的主要任务是根据详细设计阶段产生的详细设计说明书编写用某种程序设计语言表达的源程序。源程序不仅要语法正确，还要有较好的可读性、可靠性和可测试性。程序设计语言的特性及编程风格都将深刻地影响软件的质量及可维护性。

测试阶段是软件开发时期的最后一个阶段，其目的是发现软件错误。此阶段占用的时间、花费的人力和成本占软件开发的比重很大，直接影响软件的质量，是保证软件可靠性的主要方法之一。

13.1　软件编程

自计算机出现以来，先后出现了多种程序设计语言，本节主要介绍程序设计语言的类型、选择和编程风格。

13.1.1　程序设计语言

程序设计语言是编程人员编程的最基本工具，它的特性直接影响编程人员思考和解决问题的方式，并影响程序的可读性和可理解性。

1. 程序设计语言的类型

从软件工程的角度来看，程序设计语言的发展大致可分为以下 4 代。

第一代：机器语言，是由二进制代码组成的指令集合，是在计算机上可直接执行的语言。

第二代：汇编语言，它将机器指令用简单的助记符表示，比机器语言直观，但仍然是面向计算机硬件的直接操作，如寄存器、内存、栈、端口、中断等所有低级操作。

这两代语言均为面向机器的低级语言，它们与特定的机器有关，功效高，但使用复杂、烦琐、费时、易出差错。

第三代：高级语言，是更贴近自然语言的语言，有更规范的结构控制形式和丰富的库函数，如 Fortran、BASIC、C、COBOL、Pascal 等。随后兴起的以面向对象为特色的编程语言更是从结构上改变了软件的设计方法，成为编程语言发展史上意义重大的革命，如 C++、Java 等。

第四代：程序语言（Fourth-Generation-Language，4GL），不再是面向机器和程序结构的语言，而是面向问题描述的更自然的语言，通常兼有过程性和非过程性双重特性，如关系数据库语言 SQL、人工智能编程语言 Prolog 等。但 4GL 往往仅限制在特定的范围内且需要获得相关计算机辅助软件工程工具的支持。

另外，在软件开发中，快速原型与最终的软件产品往往会采用不同的程序设计语言。具有良好界面设计的语言是快速原型设计的首选语言，它们能在短时间内以直观的方式展现用户的需求，准确描述用户所需的人机界面和数据的格式要求，如 Visual Basic、Power Builder、Java、JavaScript、C++等都已成为快速原型设计的可选工具和语言。

2．程序设计语言的选择

选择适宜的程序设计语言能使编码容易、测试量少、阅读和维护更容易。在选择程序设计语言时，可以考虑以下几方面。

（1）目标系统的应用领域。各种编程语言都有自己的适用领域，需要充分利用语言的优势，结合应用领域的特点，选出最合适的语言。

（2）系统用户的要求。若目标系统由用户维护，则他们通常会要求使用他们所熟悉的语言。

（3）编程和维护成本。主要考虑编程人员的技能、语言的获取和使用成本等。

（4）软件可移植性要求。若目标系统的生存周期较长，则应选择标准化程度高、可移植性好的语言。

13.1.2　编程风格

编程风格又称程序设计风格，是指编程的一些基本原则。良好而一致的编程风格能在一定程度上弥补语言的缺陷，便于编程人员相互合作通信，减少由不协调引起的问题。

1．源程序文档化

为了提高程序的可维护性，源代码主要从以下几方面实现文档化。

（1）符号名的命名。

符号名又称标识符，包括模块名、变量名、常量名、子程序名、数据区名、缓冲区名等。符号名的命名应当规范，能反映它所代表的实际意义，易于理解。

（2）程序的注释。

注释是编程人员与其他程序读者进行沟通的重要手段。注释通常分为序言性注释和功能性注释。

序言性注释通常位于每个程序模块的开头部分，给出程序的整体说明，包括模块功能、主要算法、接口说明、数据描述等，对于理解程序具有引导作用。

功能性注释嵌在源程序中，通常用于描述语句或程序段完成的功能。

（3）标准的书写格式。

应用统一、标准的格式书写源程序有助于改善源程序的可读性。例如，用分层缩进的写法显示嵌套结构层次；在注释段周围加上边框；在注释段与程序段之间、不同程序段之间插入空行；在书写表达式时，适当使用空格或圆括号作为隔离符等。

2. 数据说明标准化

为使程序中的数据说明便于理解和维护，应注意数据说明次序规范、固定，如按常量、简单变量类型、数组、公用数据块、文件的顺序说明，复杂数据结构应利用注释说明。

3. 语句结构简单化

构造的语句要简单、直接，不要为了提高效率而使语句更为复杂。例如，使用标准的控制结构，尽可能使用库函数，编写程序首先考虑可读性等。

4. 输入/输出规范化

输入/输出的方式和格式应当尽量做到对用户友好，方便用户使用。在设计和编程时，都应遵循下列原则。

（1）对所有输入数据进行检验。

（2）检查输入项的各种重要组合的合理性。

（3）保持简单的输入格式，允许使用自由格式输入，允许使用默认值。

（4）使用输入数据结束标志，不要由用户指定输入数据数目。

（5）明确提示交互输入的请求，指明可用选择项的种类和取值范围。

（6）当编程语言对输入格式有严格要求时，需要保持输入格式与输入语句的一致性。

（7）给所有输出加注解，并设计合理的输出报表格式。

5. 程序效率

程序效率是指程序的运行时间和程序占用的存储空间。编程是最后提高程序效率的重要阶段，而影响程序效率的主要因素有算法、存储器效率、输入/输出设计等。

13.2 软件测试

软件测试在软件生存周期中横跨两个阶段。通常在编写完每个模块后，就对它进行测试（称为单元测试）。若模块的编写者和测试者是同一个人，则编程和单元测试在同一个阶段。在这个阶段结束后，对软件系统还应该进行综合测试，这是软件生存周期中的另一个独立的阶段，通常由专门的测试人员承担这项工作。

13.2.1 软件测试概述

1. 软件测试的定义、目的和任务

在 *The Art of Software Testing* 一书中，G.J.Myers 认为软件测试是为了发现错误而执行程序的过程，一个好的测试用例能发现至今未发现的错误，一次成功的测试是发现了至今未发现的错误。

由此，测试的定义可归纳为“测试是为了发现程序中的错误而执行程序的过程”。为了发现程序中的错误，测试人员应力求设计出最能暴露错误的测试方案。

测试的目的是在软件投入运行前，尽可能多地发现软件中潜在的错误和缺陷，其基本任

务是通过在计算机上执行程序来暴露程序中潜在的错误。

注意：测试并不能证明程序是正确的。即使经过了最严格的测试，软件系统仍然可能有潜在的错误。测试只能找出程序中的错误，而不能证明程序中没有错误。

2．软件测试的基本原则

为发现软件中的各种错误，测试时可参考如下基本原则。

（1）在开始测试时，不应默认软件中不会有错误。

（2）测试用例应由测试输入数据和对应的预期输出结果这两部分组成。

（3）测试工作不应由编写程序的个人或小组来承担。

（4）要对合理的和不合理的输入数据都进行测试。

（5）除检查软件功能是否完备外，还应检查软件功能是否多余。

（6）应该完整地保留所有的测试文件。

（7）一个模块或多个模块中有错误的概率与已发现错误的个数成正比。

3．软件测试的特性

软件测试具有以下特性。

（1）挑剔性。只有抱着为证明程序有错的目的进行测试，才能把程序中潜在的大部分错误找出来。

（2）复杂性。设计测试用例是一项需要细致和高度技巧的工作，稍有不慎就会顾此失彼，发生不应有的疏漏。

（3）不彻底性。程序测试只能证明错误存在，但不能证明错误不存在。穷举测试在实践上行不通，这就注定了一切实际测试都是不彻底的。

（4）经济性。为了降低测试成本，在选择测试用例时，应以尽可能少的测试用例发现尽可能多的程序错误。

4．软件测试文档

测试阶段的文档主要包括测试计划和测试分析报告。

测试计划主要包括项目背景、测试任务概述、测试方案、测试项目说明及评价等内容。

测试分析报告主要包括项目背景、测试计划执行情况、软件需求测试结论及评价等内容。

13.2.2　软件测试方法

从是否需要执行被测软件的角度可将软件测试方法分为静态测试和动态测试。软件测试方法的分类如图 13.1 所示。

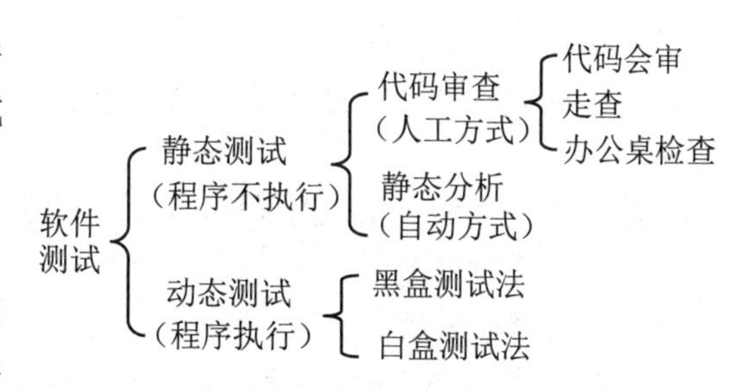

图 13.1　软件测试方法的分类

1．静态测试

静态测试是不需要执行被测程序，无须测试用例的测试。静态测试包括代码审查和静态分析。

代码审查由有经验的程序设计人员根据软件详细设计说明书阅读程序来发现软件错误和缺陷，主要检查代码和设计的一致性、可读性、代码逻辑表达的正确性和完整性、代码结构的合理性等。这种方法不需要专门的测试工具和设备，但具有一定的局限性。

静态分析主要对程序进行控制流分析、数据流分析、接口分析和表达式分析等，一般由计算机辅助完成。

2. 动态测试

动态测试是在设定的测试数据上执行被测程序的过程，包括黑盒测试法和白盒测试法。

1）黑盒测试法

黑盒测试法是一类从软件需求出发，根据软件需求规格说明书设计测试用例，并按照测试用例的要求执行被测程序的测试方法，也称功能测试。它不关心程序内部的实现过程，侧重程序的执行结果，将被测程序看作不可见的黑盒子，因此称黑盒测试。黑盒测试着重验证软件功能和性能的正确性，其典型测试技术包括等价分类法、边界值分析法、错误猜测法、因果图分析法等。

（1）等价分类法。

所谓等价分类，就是把输入数据的可能值划分为若干等价类，使每类中的任何一个测试用例都能代表同一等价类中的其他测试用例，即用少量有代表性的例子来代替大量内容相似的测试，借以实现测试的经济性。

用等价分类法设计测试用例的步骤如下。

第一步：根据输入数据或输入条件划分等价类，将输入数据划分为有效等价类和无效等价类两大类。有效等价类表示合理的输入数据，无效等价类表示其他不合理的输入数据。

划分等价类的启发式规则如下。

①如果输入条件规定了取值范围，则可以定义一个有效等价类和两个无效等价类。例如，要求输入学生成绩的范围是 0～100，此时，有效等价类是“0≤成绩≤100”，无效等价类是“成绩<0”和“成绩>100”。

②如果输入条件规定了数据值的集合，则可以确定一个有效等价类（集合内的数值）和一个无效等价类（集合外的数值）。

③如果规定了输入数据的一组值，且程序对不同的输入值做不同的处理，则每个允许的输入值都是一个有效等价类，任意一个不允许的输入值都为无效等价类。

④如果输入条件说明了一个必须遵守的规则，则可以划分一个有效等价类（遵守规则）和若干无效等价类（从不同角度违反规则）。

若已划分的等价类的数据在程序中的处理方式不同，则应将等价类进一步划分为更小的等价类。

第二步：给每个等价类编号，设计一个测试用例，使它覆盖尽可能多的尚未被覆盖的有效等价类，而对每个无效等价类至少设计一个测试用例，直到所有等价类均被覆盖。

（2）边界值分析法。

实践表明，在程序设计中，编程人员往往容易忽视软件需求规格说明书中输入域或输出域的边界。例如，在数组容量、下标、循环次数，以及输入数据与输出数据的边界值附近，程序出错的概率往往较大。因此，在设计测试用例时，可考虑在边界附近专门设计测试用例。

在使用边界值分析法设计测试用例时，首先需要确定边界情况，常常选择输入等价类和输出等价类的边界，将刚好等于、稍小于和稍大于等价类边界值的数据作为测试数据，而不是选取每个等价类内的典型值或任意值作为测试数据。

注意：

①等价分类法的测试数据可在各个等价类允许的值域内任意选取，而边界值分析法的测试数据必须在边界值附近选取。例如，若输入数据 x 的取值范围为 0～1（包括 0 和 1），则在用等价分类法选取测试数据时，x 可取值为-1、0.5、2；而在用边界值分析法选取测试数据时，x 可取值为 0.001、0、1、1.001 等。

②边界值分析法不仅关注输入等价类，还需要考虑输出等价类。

（3）错误猜测法。

错误猜测法依靠测试人员的经验和直觉猜测被测程序在哪些地方容易出错，针对可能的薄弱环节来设计测试用例，如单元测试中常见的错误、以前产品测试中曾经发现的错误、空值等。一般都先用前两种方法设计测试用例，然后用错误猜测法补充一些例子作为辅助的手段。

（4）因果图分析法。

因果图是一种描述输出结果与其相关的输入条件之间关系的逻辑图。当被测程序具有多种输入条件，而程序的输出又依赖输入条件的各种组合时，用因果图可直观地表明输入条件和输出动作之间的因果关系，生成一张判定表，根据判定表设计测试用例。

2）白盒测试法

白盒测试法是一种按照程序内部逻辑结构设计测试用例，发现程序错误的方法。采用这种测试方法，测试人员需要了解被测程序的内部结构，故又称之为结构测试。

在白盒测试中，若把注意力放在程序流程图的各个判定框上，使用不同的逻辑覆盖标准来表达对程序进行测试的详尽程度，则称之为逻辑覆盖测试。

逻辑覆盖测试可由弱到强分为如下 5 种覆盖标准。

（1）语句覆盖。

设计若干测试用例，运行被测程序，使程序中的每个可执行语句至少执行一次。

（2）判定覆盖。

设计若干测试用例，运行被测程序，使程序中的每个判定表达式的取真分支和取假分支至少执行一次，即判定真假值均被覆盖。

（3）条件覆盖。

设计若干测试用例，运行被测程序，使每个判定表达式中的每个条件都取到各种可能的结果。

（4）判定/条件覆盖。

设计若干测试用例，运行被测程序，不仅使判定表达式中的每个条件都取到各种可能的结果，还使每个判定表达式也都取到各种可能的结果。

（5）条件组合覆盖。

设计若干测试用例，运行被测程序，使判定表达式中的每个条件的所有可能组合都至少

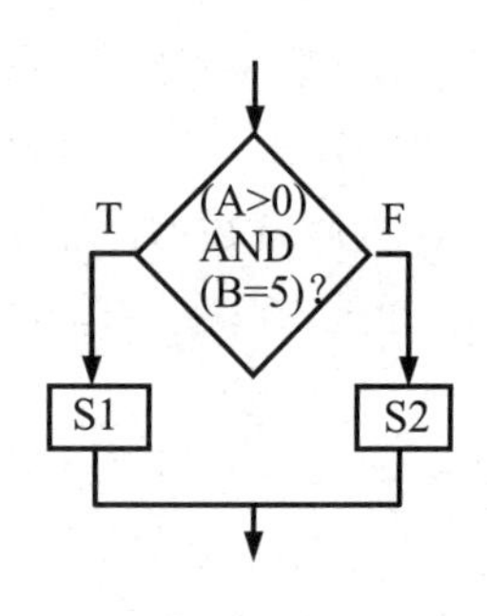

图 13.2　程序流程图

出现一次。

例 13.1　图 13.2 显示了某程序的逻辑结构。试用判定覆盖、条件覆盖、条件组合覆盖为它设计足够的测试用例。

解：判定覆盖与条件覆盖的差别在于前者把判定表达式看作一个整体，而后者则着眼于其中一个条件，当一个判定表达式只含有一个条件时，判定覆盖也就是条件覆盖。但如果一个判定表达式含有一个以上的条件（复合条件），那么采用判定覆盖有可能使判定中有些条件得到测试，而另一些条件被忽略，从而掩盖程序的错误。条件覆盖要求对每个条件都进行单独的检查，一般来说，它的查错能力比判定覆盖强。在此例中，条件覆盖要求所选的测试用例能使 A>0、A≤0、B=5 和 B≠5 这 4 种情况至少各出现一次，而判定覆盖则只要求(A>0)AND(B=5)为“真”出现一次、为“假”出现一次。

条件组合覆盖在 5 种覆盖标准中，其发现错误的能力最强。它与条件覆盖的区别是，它不是简单地要求每个条件都出现“真”与“假”两种结果，而是要求这些条件的所有可能组合都至少出现一次。

表 13.1 列出了满足这 3 种覆盖标准的测试用例。由表 13.1 可知，前两种覆盖标准各需要至少 2 个测试用例，条件组合覆盖需要至少 4 个测试用例。假如在编程时将判定表达式误写为“A>0ORB=5”，若采用判定覆盖或条件覆盖，用表 13.1 中的①A=1，B=5 和②A=0，B=2 两个测试用例，则得到的测试结果将与期望结果相同，即不能发现把“AND”写成“OR”的错误。但如果将表 13.1 中的条件组合覆盖的 4 个测试用例全部用上，则其中②、③两个测试用例的测试结果将与期望结果相反，从而为发现错误提供线索。

表 13.1　不同覆盖标准所需的测试用例

覆 盖 标 准	需要满足的条件	测 试 数 据	期 望 结 果
判定覆盖	①A＞0，B=5 ②{A＞0，B≠5 A≤0，B＝5 A≤0，B≠5}	①A＝1，B=5 ②{A＝1，B＝2 A＝0，B＝5 A＝0，B＝2}	执行 S1 执行 S2
条件覆盖	以下 4 种情况各出现一次： A＞0，B=5 A≤0，B≠5	①A＞0，B=5 ②A＝0，B=2	执行 S1 执行 S2
条件组合覆盖	①A＞0，B=5 ②A＞0，B≠5 ③A≤0，B=5 ④A≤0，B≠5	①A=1，B=5 ②A=1，B=2 ③A=0，B=5 ④A=0，B=2	执行 S1 执行 S2 执行 S2 执行 S2

13.2.3　软件测试过程

大型软件系统的测试基本由 4 个步骤组成，即单元测试、集成测试、确认测试和系统测试，如图 13.3 所示。

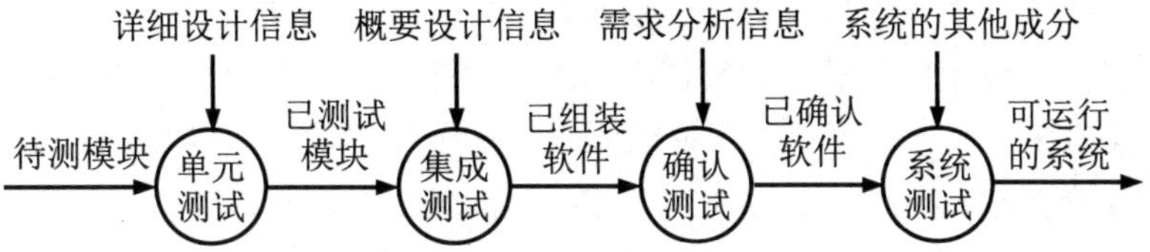

图 13.3　软件测试过程

1. 单元测试

单元一般指程序中的一个模块或子程序，是程序中最小的独立编译单位。单元测试（也称模块测试）是一系列软件测试的第一步，通常在编程阶段进行。

1）单元测试的内容

单元测试的依据是详细设计说明书，单元测试应对模块内所有重要的控制路径设计测试用例，以便发现模块内部的错误。单元测试多采用白盒测试法，系统内多个模块可以并行地进行测试。单元测试主要从以下 5 方面对模块进行测试。

（1）模块接口测试。

对通过模块接口的数据流进行测试，主要检查参数的数目、次序、属性、单位是否一致，是否存在与当前入口点无关的参数引用，是否修改了只读型参数，是否把某些约束作为参数传递，各模块对全程变量的定义是否一致。

（2）局部数据结构测试。

模块的局部数据结构是常见的一个出错来源，应该设计测试用例来发现下列错误：不正确的或不一致的数据说明，初始化有错或没有赋初值，不正确的变量名，不一致的数据类型，下溢出、上溢出或引用错。除局部数据结构外，全局数据对模块的影响也应查清。

（3）重要的执行路径测试。

对模块中重要的执行路径进行测试，重点是各种逻辑情况的判定、循环条件的内部和边界的测试，从程序的执行流程上发现错误。

（4）出错处理通路测试。

程序中要设置适当的出错处理通路，保证程序出现错误时能够由程序进行干预，而不是由系统进行干预。检查程序中的出错处理会面对的情况主要有：对运行发生的错误描述让人难以理解；所报告的错误与实际遇到的错误不一致；出错后，还没有进行出错处理就先由系统进行干预；异常处理不正确；描述错误的信息不够，不足以确定出错的原因等。

（5）边界条件测试。

软件常常在边界上出错，在为数据结构、控制流向及数据值设计测试用例时，把测试安排在略小于、等于及略大于它们的最大值或最小值处是很可能发现错误的。

用户对这 5 方面的错误会非常敏感，因此，如何设计测试用例，使得模块测试能够高效率地发现其中的错误，就成为软件测试过程中非常重要的问题。

2）驱动模块和桩模块

在一个程序中，每个模块都可能调用其他模块或被别的模块调用，因此在进行单元测试时，会为被测模块设计一些测试模块，作为它的上级模块或下级模块的替身。替身模块是被代替模块的简化模拟，主要模拟与被测模块直接相关部分的功能。

驱动模块代替上级模块，相当于被测模块的主程序，它接收测试数据并将这些数据传递给被测模块；桩模块也叫存根模块，代替被测模块的下级模块，用以对被测模块的调用能力和输出数据进行测试。

2. 集成测试

采用一定的策略将已通过单元测试的一组模块组装成完整的系统，在组装过程中进行测试和集成，称为集成测试（或综合测试、组装测试）。集成测试一般依据概要设计说明书和集成测试计划进行。集成测试的主要目标是发现和接口相关的问题，如穿越模块接口的数据是否会丢失，一个模块对另一个模块是否会造成不应有的影响，几个子功能组合起来是否能实现主功能，全局数据结构是否会出现问题，单个模块的错误积累起来是否达到不能接受的程度等。

集成测试主要有两种方式：非渐增式集成测试和渐增式集成测试。

1）非渐增式集成测试

非渐增式集成测试是指对所有模块进行单元测试后，按软件结构图将所有模块连接起来当作一个整体进行测试。但是组装完成的程序很庞大，各模块之间相互影响，情况十分复杂，难以对测试过程中可能同时出现的很多错误进行定位和修改。

2）渐增式集成测试

渐增式集成测试采用循序渐进的方式，每次把下一个要测试的模块同已经测试通过的那些模块集成起来进行测试，每次增加一个模块。在渐增式集成测试中，又可以采用自顶向下和自底向上两种集成测试策略。自顶向下集成测试策略需要编制一批桩模块，自底向上集成测试策略需要编制一批驱动模块。

（1）自顶向下集成。

自顶向下集成测试从顶层主控模块开始，自顶向下地按照软件的控制层次结构，逐步把各个模块集成在一起。按照移动路线的差异，它又可分为深度优先和广度优先两种策略。

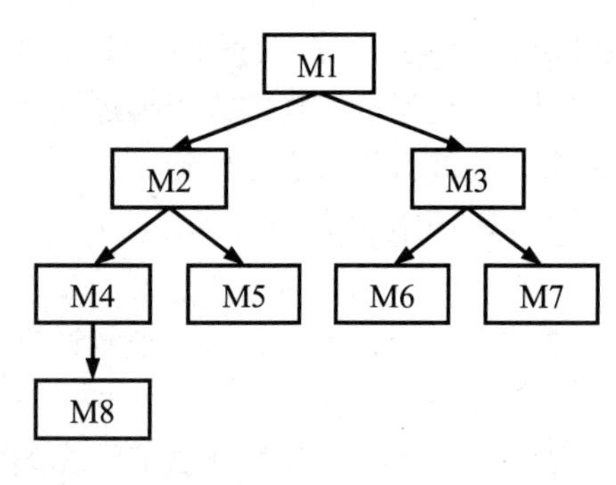

图 13.4　某软件结构图

深度优先策略从顶层的主控模块开始，按软件结构，沿某一路径（或子系统分支）自顶向下逐步地将每个模块边接入边测试，然后用同样的方法接入其他路径的模块群，最后将软件结构中的所有模块全部集成在一起。以图 13.4 为例，若选择从最左侧一条路径开始，则模块集成的顺序为 M1、M2、M4、M8、M5、M3、M6、M7。

广度优先策略沿控制结构层次水平地向下移动，先将下一层模块按顺序组装在一起，然后向下层移动，将全部模块组装完毕。在图 13.4 中，采用广度优先策略的模块集成顺序为 M1、M2、M3、M4、M5、M6、M7、M8。

自顶向下集成测试的主要优点在于它可以自然地做到逐步求精，一开始便能让测试人员看到系统的框架。它的主要缺点是需要提供桩模块，并且在输入/输出模块接入系统以前，在桩模块中表示测试数据有一定的困难。由于桩模块不能模拟数据，因此，如果模块间的数据流不能构成有向的非环状图，那么一些模块的测试数据便难以生成。同时，观察和解释测试输出往往也是困难的。

（2）自底向上集成。

自底向上集成采取自下而上的路线，从底层模块开始，沿软件结构自底向上组装测试，每次接入一个新模块，最终将系统的所有模块集成为完整的软件结构。

如图 13.4 所示，从每个分支的底层，找出底层模块 M5、M6、M7、M8，利用各自的驱动模块进行调用测试，其组装顺序可以是 M8、M4、M5、M2、M1 和 M6、M7、M3、M1。

在进行自底向上集成测试时，先测试底层模块，可以较早地暴露系统中重要模块的问题和错误，只需设计驱动模块，设计测试用例也相对容易。但是这种策略不能在测试早期显示出软件结构的整体轮廓，只有在等到加入最后一个模块时才能最终形成完整的软件结构。

（3）混合式集成。

为了弥补自顶向下和自底向上两种集成测试策略的不足，常采用混合式集成测试策略：对软件结构的中、上层模块采用自顶向下集成测试策略，对下层模块和关键算法模块采用自底向上集成测试策略，形成从上下向中间逼近的混合式集成测试策略。这种策略既兼得了自顶向下集成测试策略和自底向上集成测试策略的优点，又克服了两者的缺点。

关键模块的特征主要有：满足某些软件需求，在程序的模块结构中位于较高的层次（高层控制模块），较复杂、较易发生错误，有明确定义的性能要求。

3. 确认测试

确认测试也称验收测试，主要是由用户参加的测试，其目的在于确认组装完毕的软件是否满足软件需求规格说明书的要求。典型的确认测试通常包括有效性测试、软件配置复审、α 测试和 β 测试等。

有效性测试通常采用黑盒测试法，根据软件需求规格说明书中定义的全部功能、性能要求，以及确认测试计划来测试整个系统是否达到了要求，并提交最终的用户手册和操作手册。

软件配置复审的目的在于保证软件配置的所有文档资料的正确性、完整性与一致性。这些文档资料包括用户所需资料（如用户手册、操作手册）、设计资料（如详细设计说明书等）、源程序及测试资料（如测试分析报告等）。

α 测试和 β 测试用来发现那些通常只有最终用户才能发现的错误。α 测试是在一个受控的环境下，由用户在开发人员的“指导”下进行的测试，由开发人员负责记录错误和软件在使用中出现的问题。β 测试是由最终用户在自己的场所进行的测试，由用户记录问题并定期报告给开发人员。

4. 系统测试

若软件只是一个大型计算机系统的一个组成部分，则经过确认测试的软件还需要与系统的其他部分集成起来接受系统测试。系统测试的目的是检查确认测试合格的软件安装到系统中以后，能否与系统的其余部分协调运行，满足系统工程对它的要求。

系统测试通常包括恢复测试、安全测试、强度测试、性能测试等。

小 结

编程阶段的主要任务是把详细设计的结果翻译成用选定的程序设计语言编写的源程序。

良好的编程风格，如源代码的文档化、有规律的数据说明格式、简单清晰的语句构造及输入/输出格式等，都对提高程序的可读性和可维护性有很大的作用。

软件测试阶段的根本目标是尽可能多地发现并排除软件中潜在的错误。

软件测试的方法主要包括静态测试和动态测试。其中，动态测试又分为黑盒测试和白盒测试两类技术。黑盒测试着重验证软件功能和性能的正确性，其典型测试技术包括等价分类法、边界值分析法、错误猜测法、因果图分析法等。白盒测试着重验证程序内部逻辑结构，采用的逻辑覆盖标准主要有语句覆盖、判定覆盖、条件覆盖、判定/条件覆盖和条件组合覆盖。

大型软件的测试通常分为单元测试、集成测试、确认测试、系统测试 4 个步骤。

测试计划、测试方案和测试结果是软件配置的重要成分，它们对软件的可维护性的影响很大，因此必须仔细记录和保存。

习题 13

13.1 选择编程语言主要考虑哪些因素？

13.2 编程风格包括哪几方面？

13.3 测试阶段的目的和基本任务是什么？测试的基本原则是什么？

13.4 什么是黑盒测试法？它主要适用于哪些场合？叙述几种黑盒测试技术。

13.5 什么是白盒测试法？它主要适用于哪些场合？叙述几种白盒测试技术。

13.6 软件测试分为哪几个步骤？每个步骤与开发各阶段有什么对应关系？

13.7 单元测试的任务是什么？

13.8 什么是驱动模块？什么是桩模块？它们各有什么用处？它们分别在测试的哪个阶段使用？

13.9 集成测试有哪几种实施策略？试比较它们的优/缺点。

13.10 对如图 13.5 所示的程序段进行逻辑覆盖测试。若 x 和 y 是两个变量，可供选择的测试数据如图 13.5 中的表格所示，试分别给出实现判定覆盖和条件覆盖至少应选取的测试数据组。

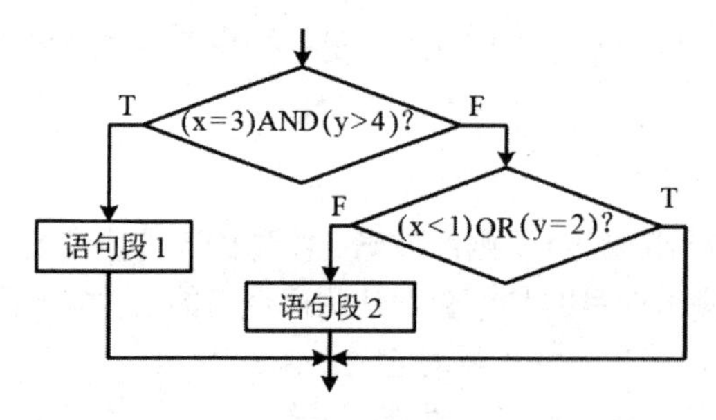

测试数据组	x	y
A	3	5
B	1	4
C	2	4
D	0	2

图 13.5　习题 13.10 图

13.11 一元二次方程式 $Ax^2+Bx+C=0$ 的求根程序有以下功能：①输入 A、B、C 这 3 个系数；②输出根的性质信息，包括两个相等或不相等的实根，两个大小相等、符号相反的实根，仅有一个实根，或者有两个虚根等；③输出根的数值。

试用黑盒测试法设计程序的测试用例。

第 14 章　软件维护

软件维护是软件生存周期的最后一个阶段，它处于系统投入运行以后的时期。软件维护的目标是保持软件的功能和性能能及时、准确地满足用户的需求。

14.1　软件维护概述

14.1.1　软件维护的分类

软件维护是指软件已经交付用户使用之后，为了排除故障、改进性能或满足用户新的需求而修改软件的过程。一般将软件维护划分为以下 4 类。

1. 纠错性维护

由于前期的测试不可能揭露软件系统中所有的潜在错误，因此用户在使用软件时仍会发现错误，诊断和改正这些错误的过程称为纠错性维护。通常遇到的错误有设计错误、逻辑错误、编码错误、文档错误和数据错误等。

2. 适应性维护

随着技术的发展，新的硬件设备不断被推出，系统软件（包括操作系统、编译系统等）、应用程序等也不断升级，为了使软件能适应新的运行环境而引起的程序修改活动称为适应性维护。

3. 完善性维护

在软件的正常使用过程中，用户很可能还会不断地提出新的需求，为了满足用户新的需求而增加或扩充软件功能的活动称为完善性维护。

4. 预防性维护

为了改进软件未来的可维护性或可靠性，或者为了给未来的改进奠定更好的基础而修改软件的活动称为预防性维护。

统计数据表明，各类维护活动所占比例分别为：完善性维护占 50%～60%，纠错性维护占 17%～21%，适应性维护占 18%～25%，其他的维护活动占 4%左右。

14.1.2　软件维护的代价

用于维护工作的劳动可分成生产性活动（如分析评价、修改设计和编写代码等）和非生产性活动（如理解程序代码的功能，解释数据结构、接口特点和性能限度等）。下述表达式给出了维护工作量的一个模型：

$$M=P+K\times\exp(c-d)$$

其中，M 是维护的总工作量；P 是生产性工作量；K 是经验系数；c 是复杂程度（非结构化设计和缺少文档都会增加软件的复杂程度）；d 是维护人员对软件的熟悉程度。

此模型表明，如果软件的开发途径不好（没有使用软件工程方法论），而且原来的开发人员不能参加维护工作，那么维护工作量和费用将以指数级增加。

影响软件维护代价的非技术因素主要有应用域的复杂性、开发人员的稳定性、软件生存周期、商业操作模式变化对软件的影响等。

影响软件维护代价的技术因素主要有软件对运行环境的依赖性、编程语言、编程风格、测试与改错工作、文档的质量等。

14.1.3　软件维护的策略

研究人员提出了一些维护策略以控制维护成本。

（1）纠错性维护——可以通过使用新的技术和开发策略来提高软件的可靠性，减少纠错性维护活动。例如，利用数据库管理系统、新的软件开发环境和较高级的编程语言开发软件来提高软件的质量，减少开发中引入的错误；充分利用现成的软件包；使用结构化编程技术，使程序易于理解和维护。

（2）适应性维护——在进行配置管理时，把硬件和操作系统及其他相关因素的可能变化考虑在内，将与它们相关的程序归到特定的模块中，在维护时，只需修改相关的模块即可。

（3）完善性维护——除前两类维护策略可用于完善性维护外，面向对象方法中类的继承、封装和多态性也可以较好地解决完善性维护问题。另外，原型化的开发方法对于减少以后的完善性维护也是非常有帮助的。

（4）预防性维护——将自检能力引入程序，通过非正常状态的检查发现程序问题。对于重要软件，通过周期性维护检查进行预防性维护。

14.1.4　软件的可维护性

1．软件可维护性的影响因素

软件的可维护性是衡量软件维护难易程度的一种软件属性。影响软件可维护性的 3 个主要因素如下。

（1）可理解性。模块化、结构化、详细的设计文档、源代码内部的文档说明和良好的高级程序设计语言等都对改进软件的可理解性有重要的贡献。

（2）可修改性。模块设计时的内聚、耦合、作用范围、控制范围等因素都会影响软件的可修改性。

（3）可测试性。源代码有良好的可理解性和较低的结构复杂度，齐全的测试文档，包括开发时期用过的测试用例与结果，都可提高软件的可测试性。

另外，可移植性、可重用性等也会影响软件的可维护性。

2. 提高软件可维护性的途径

开发时期有许多活动可以提高软件的可维护性，其中主要有两方面。

（1）提供完整和一致的文档。

文档的作用一是帮助维护人员读懂程序，二是方便对被维护软件进行测试。

在各个阶段，文档作为前阶段工作成果的体现和后阶段工作的依据，软件开发涉及的主要文档如图 14.1 所示。对软件文档来说，应包括如下描述信息：如何安装、使用和管理系统，软件系统需求分析和设计，系统的实现和测试。

用户文档：
- 用户手册
- 操作手册
- 维护修改建议
- 软件需求（规格）说明书

开发文档：
- 软件需求（规格）说明书
- 数据要求说明书
- 概要设计说明书
- 详细设计说明书
- 可行性研究报告
- 项目开发计划

管理文档：
- 测试计划
- 测试分析报告
- 开发进度月报
- 开发总结报告

图 14.1 软件开发涉及的主要文档

（2）采用现代化的开发方法。

在需求分析阶段，应确定开发时期采用的各种标准和指导原则，提出关于软件质量保证的要求；在概要设计阶段，应坚持模块化和结构化设计原则，考虑模块的清晰性、独立性和易修改性；在详细设计阶段，应采用标准的表达工具来描述算法、数据结构和接口，说明各个子程序使用的全局变量、公用数据区等与外部的联系；在编程阶段，应遵守单入口单出口的结构原则，提倡直截了当的编码风格，做好程序内部的注释。

14.1.5 软件维护的副作用

对一个复杂的软件系统进行修改，产生潜在错误的可能性就会增大。配置完整的文档资料和细致的回归测试都有助于减少错误，但是维护仍然可能会产生副作用。

所谓软件维护的副作用，就是指由于修改程序导致的错误或其他不需要的动作。软件维护的副作用主要有以下几种。

1. 修改代码的副作用

对于一条简单语句的一个简单的修改，有时也可能会带来灾难性的后果。最易出错的修改包括修改或删除子程序、语句标号、标识符，为提高执行效率而做的修改，修改文件的打开、关闭操作，修改逻辑操作符，由设计变动引起的代码修改，修改边界测试条件等。

修改代码的副作用有时通过回归测试可发现，此时应立即采取补救措施。然而，修改代码的副作用有时直到交付运行后才暴露出来，故对代码进行上述修改应特别慎重。

2. 修改数据的副作用

在进行软件维护时，经常要对数据结构的个别元素或结构本身进行修改。当数据被改变后，原有的软件设计可能对这些数据不再合适，这样就会产生错误。经常容易引起数据副作用的修改包括局部或全局常量的再定义，记录或文件格式的再定义，增减数据或其他复杂数据结构的长度，修改全局数据，重新初始化控制标志或指针，重新排列输入/输出表或子程序参数表。

设计文档化有助于限制修改数据的副作用，因为设计文档中详细地描述了数据结构并提供了一个交叉访问表，把数据和引用它们的模块一一对应了起来。

3．文档的副作用

如果源代码的修改没有反映在设计文档或用户手册中，就会出现文档的副作用。每当对数据流、软件结构、模块过程或任何其他有关特征进行修改时，都必须对相应的文档资料进行更新。在再次交付软件并投入使用之前，对整个文档进行复审将能减少文档的副作用。

14.2　维护过程

维护过程实质上可视为修改和压缩了的软件定义和开发过程，在维护时，需要建立维护组织，确定维护申请报告和评价的过程，为每个维护申请规定标准化的处理步骤，建立适用于维护活动的记录保管制度，并规定复审标准。

1．维护组织

尽管通常并不需要建立正式的维护组织，但是对一个小的软件开发团体而言，建立非正式的维护组织也是绝对必要的。维护管理员将维护申请交给相应的系统管理员，系统管理员对维护任务做出评价之后，由修改负责人决定后续应该进行的维护活动。

2．维护申请表

维护申请表用标准化的格式表达软件维护要求。用户填写软件问题报告表，完整描述导致出现该问题的环境（包括输入数据、全部输出数据，以及其他有关的信息）。如果申请适应性维护或完善性维护，则仅需提出一个简要的需求说明即可。由维护管理员和系统管理员评价用户提交的维护申请。

维护申请表是计划维护活动的基础。软件组织内部应该拟定软件修改报告，给出如下信息：满足维护申请要求所需的工作量、维护申请的性质及优先次序，以及与修改有关的事后状况。软件修改报告需要提交给修改负责人审批。

3．维护流程

图 14.2 描绘了一个维护申请从提出到实现的基本流程，即维护流程。

由图 14.2 可知，在接到维护申请后，首先要区分维护类型。对于纠错性维护，首先估计错误的严重性，如果是严重错误（如关键的子系统不能正常工作），则必须立即进行问题分析，指定维护人员开始工作；如果错误并不严重，则可以将其暂记入错误改正目录文件，定期安排维护。对于适应性维护或完善性维护申请，应在与用户充分协商的基础上确定每个维护申请的优先级，列入开发目录文件，等待统筹安排维护。如果一个维护申请的优先级特别高，则可立即开展分析和维护工作。

不管维护类型如何，都需要进行修改软件要求说明、修改软件设计、设计复审、必要的源代码修改、测试和复审等工作。

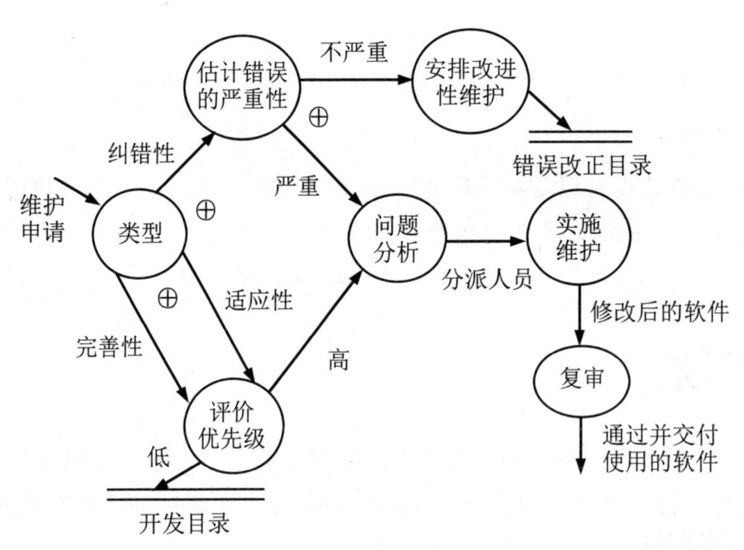

图 14.2　维护流程

4. 维护报告单

维护报告单用于记录维护时期对软件所做的每一次修改，其主要内容包括程序标识、机器指令条数、程序安装日期、安装以来程序失败次数、因程序变动而增加的源语句数、改动耗费的人时数、修改人员的名字、维护类型、累计用于维护的人时数、使用的程序设计语言、安装以来程序运行次数、程序变动的层次和标识、因程序变动而删除的源语句数、程序变动的日期、维护申请表的标识、维护开始/结束时间，以及与完成的维护工作相关联的净收益等。

5. 维护评价

一般可以从下述几方面度量维护工作：每次程序运行时的平均失效次数，投入在每类维护活动中的总人时数，每个程序、每种语言、每种维护类型的平均程序变动次数，维护时增加或删除一个源语句耗费的平均人时数，维护每种语言耗费的平均人时数，维护申请表的平均周转时间，不同类型的维护所占的百分比。

上述维护工作定量度量的结果可用于分析评价维护任务，也可作为开发技术、语言选择、维护工作量规划、资源分配及其他方面决策的依据。

小　结

软件维护活动可以分为纠错性维护、适应性维护、完善性维护和预防性维护 4 种类型。

影响维护的代价既有技术因素，又有非技术因素。

软件的可理解性、可修改性和可测试性是决定软件可维护性的基本因素。软件生存周期的每个阶段的工作都与软件可维护性有密切的关系。

良好的设计、完善的文档资料，以及一系列严格的复审和测试是软件质量的保证。因此，在软件生存周期的每个阶段都必须充分考虑维护问题。

文档是影响软件可维护性的决定因素，文档和程序代码必须同时维护。

习题 14

14.1　什么是软件维护？软件维护有哪些类型？

14.2　软件维护的代价与哪些因素有关？

14.3　软件的可维护性与哪些因素有关？在软件的开发过程中，应该采取哪些措施提高软件的可维护性?

14.4　维护活动中会产生哪些副作用？怎样避免软件维护的副作用？

14.5　简述软件维护的过程。

参 考 文 献

[1] 徐士良，葛兵．计算机软件技术基础[M]．4 版．北京：清华大学出版社，2014．

[2] 沈被娜，刘祖照，姚晓冬．计算机软件技术基础[M]．3 版．北京：清华大学出版社，2000．

[3] 严蔚敏，吴伟民．数据结构（C 语言版）[M]．北京：清华大学出版社，2007．

[4] 邓俊辉．数据结构（C++语言版）[M]．3 版．北京：清华大学出版社，2013．

[5] SAHNI S．数据结构、算法与应用：C++语言描述[M]．王立柱，刘志红，译．2 版．北京：机械工业出版社，2015．

[6] 张尧学，宋虹，张高．计算机操作系统教程[M]．4 版．北京：清华大学出版社，2013．

[7] 骆斌，葛季栋，费翔林．操作系统教程[M]．6 版．北京：高等教育出版社，2020．

[8] 陆松年．操作系统教程[M]．4 版．北京：电子工业出版社，2014．

[9] 汤小丹，梁红兵，哲凤屏，等．计算机操作系统[M]．4 版．西安：西安电子科技大学出版社，2014．

[10] TANENBAUM A S, BOS H．现代操作系统[M]．陈向群，马洪兵，译．4 版．北京：机械工业出版社，2017．

[11] SILBERSCHATZ A, GALVIN P B, GAGNE G．操作系统概念[M]．郑扣根，唐杰，李善平，译．9 版．北京：机械工业出版社，2018．

[12] DIJKSTRA E W. Cooperating Sequential Processes[J].Origin of Concurrent Programming, 1968.DOI:10.1007/978-1-4757-3472-0_2.

[13] COFFMAN E G, ELPHICK M, SHOSHANI A．System Deadlocks[J]．Computing Surveys, 1971, 3(2):67-78．

[14] JOHN L H, DAVID A P．计算机体系结构：量化研究方法[M]．6 版．北京：机械工业出版社，2019．

[15] 郑人杰，马素霞．软件工程概论[M]．3 版．北京：机械工业出版社，2020．

[16] 张海潘，牟永敏．软件工程导论[M]．6 版．北京：清华大学出版社，2013．

[17] 赵池龙，程努力，姜晔．实用软件工程[M]．5 版．北京：电子工业出版社，2020．

[18] 钱乐秋，赵文耘，牛军钰．软件工程[M]．3 版．北京：清华大学出版社，2016．

[19] 庄建南，唐学勇．科技软件工程概论[M]．南京：南京大学出版社，1993．

[20] PFLEEGER S L, ATLEE J M ．软件工程[M]．杨卫东，译．4 版．修订版．北京：人民邮电出版社，2019．

[21] SOMMERVILLE I．软件工程[M]．彭鑫，赵文耘，译．10 版．北京：机械工业出版社，2018．

反侵权盗版声明